U0188556

鸽病

防治图谱

主　编

赵宝华　戴鼎震　杨一波

上海科学技术出版社

图书在版编目(CIP)数据

鸽病防治图谱/赵宝华，戴鼎震，杨一波主编. —上海：上海科学技术出版社，2017.3（2024.10 重印）

ISBN 978-7-5478-3406-0

Ⅰ.①鸽… Ⅱ.①赵…②戴…③杨… Ⅲ.①鸽病-防治-图谱 Ⅳ.①S858.39-64

中国版本图书馆CIP数据核字（2016）第318726号

鸽病防治图谱

主编　赵宝华　戴鼎震　杨一波

上海世纪出版（集团）有限公司
上 海 科 学 技 术 出 版 社　出版、发行
（上海市闵行区号景路 159 弄 A 座 9F-10F）
邮政编码 201101　www.sstp.cn
浙江新华印刷技术有限公司印刷
开本 889×1194　1/32　印张 8
字数 180 千字
2017 年 3 月第 1 版　2024 年 10 月第 7 次印刷
ISBN 978-7-5478-3406-0/S·150
定价：48.00 元

内容提要

全书内容包括鸽病综合防治技术，鸽病毒性传染病，鸽细菌、支原体、衣原体和真菌性传染病，鸽寄生虫病，鸽营养缺乏症与代谢病，鸽中毒性疾病，普通病及胚胎病，共六个部分。书中主要介绍了常见鸽病的诊断和防治方法。在临诊症状和病理变化部分配有大量典型图片；在诊断部分除介绍常规诊断外，还有相似疾病的鉴别诊断，要点突出，有助于提高常见鸽病诊断的准确性，以便及时采取防治措施。

本书图文并茂，文字简明扼要，图片清晰、直观易懂，内容重点突出、实用性强，可供广大养鸽者、基层兽医工作人员参考。

编写人员

主　编

赵宝华　戴鼎震　杨一波

副主编

周　生　李慧芳　卜　柱　俞　燕　丁贤群

编　者

吴荣富　杨恒东　程　旭　陈维江　刘　梅
沈欣悦　李建梅　姜　逸　徐世永　常玲玲
付胜勇　章　明　朱春红　徐文娟　宋卫涛
张　安　范梅华　李　新　李婷婷　夏圣荣
邹建香　秦淑美　王金美　刘　鑫　万晓星
茅慧华　顾亚凤　陈　清　鞠久林

主　审

戴有礼

前　言

人类养鸽历史悠久，鸽经驯化分为信鸽、肉鸽和观赏鸽。随着人民物质文化生活水平的提高，我国赛鸽和肉鸽产业得到了蓬勃发展。信鸽竞赛是我国的传统体育赛事，有着良好的群众基础。据中国信鸽协会统计，2015 年我国信鸽爱好者超过 150 万人，每年新增幼鸽 2 000 万羽左右，各类比赛机构近 6 000 家（俱乐部、公棚、协会等），其产值超过 1 000 亿元。鸽是传统的滋补珍品，肉鸽养殖业经过 20 多年的发展，其产量和产值已位居特禽养殖之首，成为继鸡、鸭和鹅之后第四大禽类养殖产业。据中国畜牧业协会家禽分会统计，2015 年肉种鸽存栏量突破 5 000 万对，年产商品乳鸽 7.5 亿只以上，产值突破 300 亿元。

随着鸽饲养数量的增加和流通交易的频繁，鸽病也越来越多、越来越严重、越来越复杂。为此，中国农业科学院家禽研究所组织了 30 多位从事鸽病研究的专家、具有丰富临诊经验的一线技术骨干共同编著了《鸽病防治图谱》一书。在编写过程中，作者们充分利用丰富的专业知识和实践经验，使介绍的鸽病防治知识既科学严谨，又通俗易懂。书中收集了大量临诊症状和病理变化图片，症状典型、直观易懂，可帮助读者快速诊断鸽病，并及时采取措施。

本书在编写过程中，得到了江苏威特凯鸽业有限公司、泰州立春食品有限公司、南通天之鹿鸽业养殖股份有限公司、西安威力信鸽有限公司等单位及众多同仁们的大力支持和热情帮助，并提供了大量素材和极富价值的图片，借此一并表示诚挚的感谢！

虽然本书在文字撰写、图片遴选方面都做了精心准备，并进行了创新性尝试，但受收集材料和编者认识的局限性，书中一定会有不够全面甚至错误之处，敬请广大读者指正！

赵宝华

2017 年初春于扬州

目　录

第一部分　鸽病综合防治技术

第二部分　鸽病毒性传染病

第三部分 鸽细菌、支原体、衣原体和真菌性传染病

第四部分 鸽寄生虫病

第五部分　鸽营养缺乏症与代谢病

第六部分　鸽中毒性疾病、普通病及胚胎病

第一部分

鸽病综合防治技术

鸽为何生病？会生哪些病？病在鸽群中是如何传播的？如何有效控制疫病的发生？本部分内容将为您解开这些疑问，从而有助于防控鸽病的发生。

一、鸽病防控的原则

鸽病防控的原则主要有以下几点。

（1）树立“养防并重，预防为主”的鸽病防控理念：加强饲养管理，防止病从口入。饲喂的饲料要全价、优质、新鲜，饮用水要清洁、卫生、安全。搞好鸽场内外环境的清洁卫生和消毒工作，如料槽、水槽要经常清洗，垫料要及时清洁，鸽舍要保持干净和干燥，勤清鸽粪，以降低病原微生物数量。做好疫苗接种和合理预防用药，以提高鸽的抵抗力。建立完整的生物安全体系，防止病原微生物的侵入、扩散和传播。

（2）做好疫苗免疫工作：疫苗免疫是有效防控重大动物疾病暴发与流行的重要举措。良好的免疫可使后代拥有较好的母源抗体，以增强乳鸽早期抵御病原微生物侵害的能力，保证较高的成活率。为此，应加强免疫抗体的监测工作，通过了解鸽的母源抗体水平和鸽群的免疫水平，结合本场疾病流行特点和疫情实际发生情况，制定适合本场的免疫程序。

（3）建立疾病快速、准确诊断技术体系：采取综合性检查，对发生的疾病尽早尽快确诊。首先根据流行病学调查、临诊观察和病理剖检变化做出初步诊断，并采取应急控制措施。同时，采集相应病料送实验室检查（病原学、血清学、药敏试验等），以便准确诊断，从而采取针对性防治措施。

（4）重视种鸽疾病的净化：鸽沙门菌病、支原体感染等垂直传播的疾病，一旦在鸽群存在就很难根除，治疗也很困难。只有从种鸽下手，通过自繁自育，加强检疫、淘汰和净化等方式，建立支原体、沙门菌等阴性种鸽群。

（5）建立疫情监测和报告制度：加强疫情监测工作，做好疫情的预测、预报工作，一旦发生严重的传染病流行时，应采取紧急防疫措施，隔离病鸽，烧毁或深埋死鸽，环境及饲养用具彻底消毒。及时消灭病原微生物，可防止病原扩散、减少发病、降低损失。

二、鸽传染病基本知识

1. 传染病的概念

凡是由病原微生物引起、具有一定潜伏期和临诊表现，并具有传染性的疾病，称为传染病。传染病通常有细菌性传染病（如鸽大肠杆菌病）和病毒性传染病（如鸽新城疫）之分。

2. 传染病的特征

（1）由特异的病原微生物引起。

（2）具有传染性和流行性。

（3）被感染的机体发生特异性反应。

（4）耐过的动物能获得特异性免疫。

（5）具有特征性的临诊表现。

（6）具有明显的流行规律，如有明显的周期性或季节性。

3. 传染病流行的基本环节

传染病流行过程的 3 个基本环节：传染源、传播途径和易感性（图 1–1）。

（1）传染源：也称传染来源。是指某种传染病的病原微生物在其中寄居、生长、繁殖，并能排出体外的活的动物机体。通俗地讲，传染源就是患病鸽和病原携带者。鸽在急性暴发疾病的过程中或在病情转剧期可排出大量病

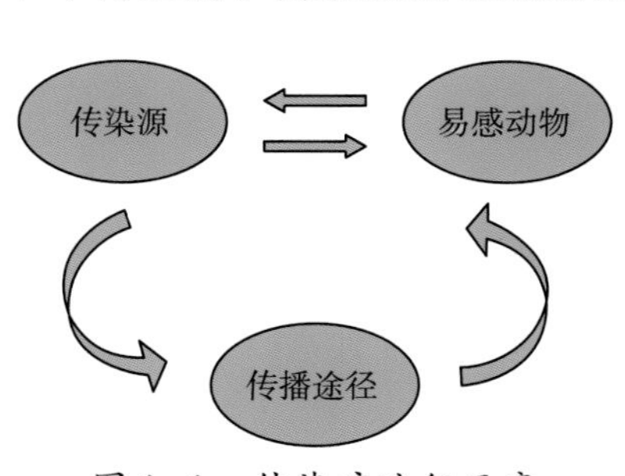

图 1–1　传染病流行示意

原微生物，故此时危害最大。当然传染源还有带菌（毒）家禽、昆虫、鸟类、老鼠等。

（2）传播途径：指病原微生物由传染源排出后，经一定的方式再侵入其他易感动物的途径。

（3）易感性：指鸽对于某种传染病病原微生物感受性的高低。通俗地说，鸽对某种传染病的病原微生物容易感染的程度。这是鸽病发生与传播的第三个环节，直接影响到传染病是否造成流行以及疫病的严重程度。易感性的高低主要与病原微生物的种类和毒力强弱有关，同时还与鸽的自身遗传特性（内因）、饲养管理水平（外因）和特异性的免疫状态（外因）有关。为此，应注意选择优良的品种或品系，加强饲养管理（如保证饲料质量，保持鸽舍清洁卫生，定期清理粪便，避免拥挤、饥饿等应激，合理通风，及时进行预防性给药和疫苗免疫接种，做好检疫、隔离工作等），就可以提高鸽特异性和非特异性免疫力，增强对疫病的抵抗力，降低对病原微生物的易感性，减少发病的风险。

4. 传染病的传播途径

传染病的传播途径可分为垂直传播和水平传播两种类型。

（1）垂直传播：由于种鸽患病，在没有任何外界因素的参与下，通过种蛋将细菌或病毒等病原微生物纵向传播给下一代，造成下一代自小就带有来自亲鸽的病原微生物（图 1–2），引起生病，如鸽沙门菌病、支原体感染等。

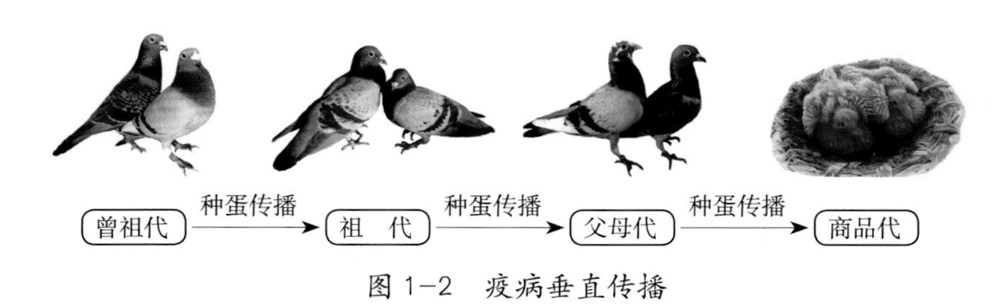

图 1–2　疫病垂直传播

（2）水平传播：外界（包括种鸽身上）的病原微生物以横向方式传染到健康鸽身上（图 1–3），引起感染发病。主要通过以下途径传播。

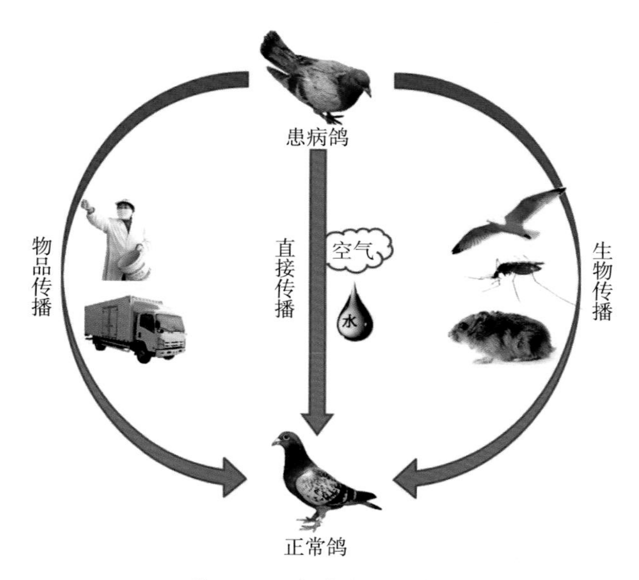

图 1–3 疫病水平传播

① 通过病鸽传播：现在养鸽大多实行了规模化、集约化方式，饲养数量多、密度大，一旦发生疫情，如果不能及时发现和处置，病鸽及一些亚健康的鸽会通过污染饲料、饮水、空气等途径或通过直接接触方式而感染鸽场内的其他鸽，导致全场鸽感染而使疫情扩散和蔓延。

② 通过人员传播：饲养人员、工作人员、参观者等未经严格消毒就进入鸽场，会将外界病原微生物带入鸽场。

③ 通过空气传播：在鸽舍通风不良、鸽群密度过高等情况下，病原微生物吸附于灰尘中，健康鸽吸入后引起发病，如鸽疱疹病毒

感染、衣原体感染等呼吸道传染病可通过飞沫传播。

④ 通过物品传播：被病原微生物污染过的饲料、饮水、食槽、水槽、车辆、器具等都是传播鸽病的重要途径，如鸽新城疫、鸽大肠杆菌病、鸽沙门菌病、鸽腺病毒病等以消化道为侵入门户的传染病主要通过这种方式传播。

⑤ 通过其他生物传播：其他生物主要有蚊子、苍蝇、鸟、猫、老鼠、黄鼠狼和体外寄生虫等。它们都是疾病传播者，能将病原微生物在鸽之间传播，也会将外界的病原微生物带入鸽群，如飞鸟能将鸽场外的新城疫病毒带入鸽场内，蚊虫通过叮咬而传播鸽痘病毒。

三、构建生物安全体系

构建生物安全体系是指防止把引起畜禽疾病或人兽共患病的病原体引进鸽群的一切饲养管理措施。通俗地讲，是防止有害生物进入和感染健康鸽群所采取的一切措施。构建生物安全体系必须在硬件和软件上都要下功夫，凡是与鸽群相接触的人和物，包括鸽舍、鸽、人员、饲料、饮水、设备甚至空气等，都是实施生物安全需要控制的对象，所以需要在做好硬件规划设计和建设的基础上，制定严格的操作规程和管理制度，确保生物安全体系达到效果。

（1）鸽场设施的规划与建设：鸽场要科学选址，尽量远离养殖场，以及大的湖泊、水道、公路和候鸟迁徙路径（图 1–4）。合理布局鸽场各功能区（生产区、管理区、病鸽隔离区）（图 1–5），避免相互干扰和造成疾病传播。鸽场内部道路建设要严格区分净道和污道（图 1–6）。尽量密封排污管道，使用机械刮粪收集鸽粪时粪池要设计成密封的，避免污染物外流，也有利于粪便无害化处理（图 1–7）。鸽舍的地面和墙壁要能耐受高压水的冲洗。要建设良好的防鼠、防虫和防鸟的安全措施。现代化鸽舍是全封闭式的，能控温控湿、纵向通风、机械除粪和自动消毒。

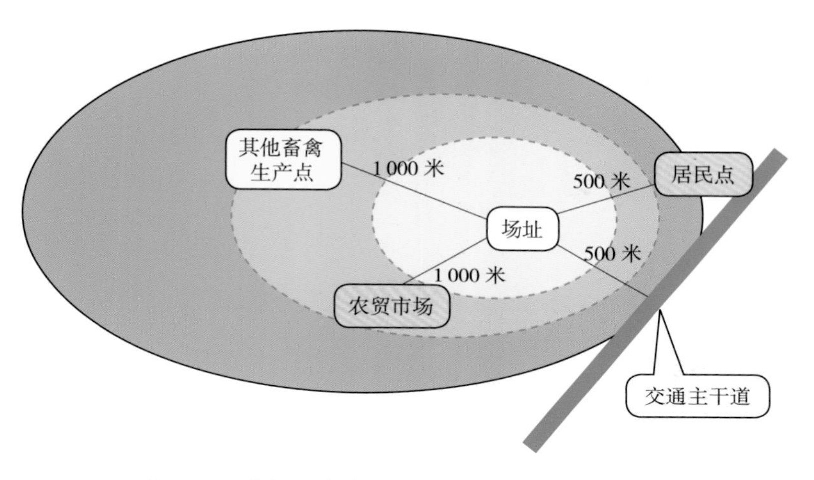

图 1-4　鸽场距离交通干线、居民区 500 米以上

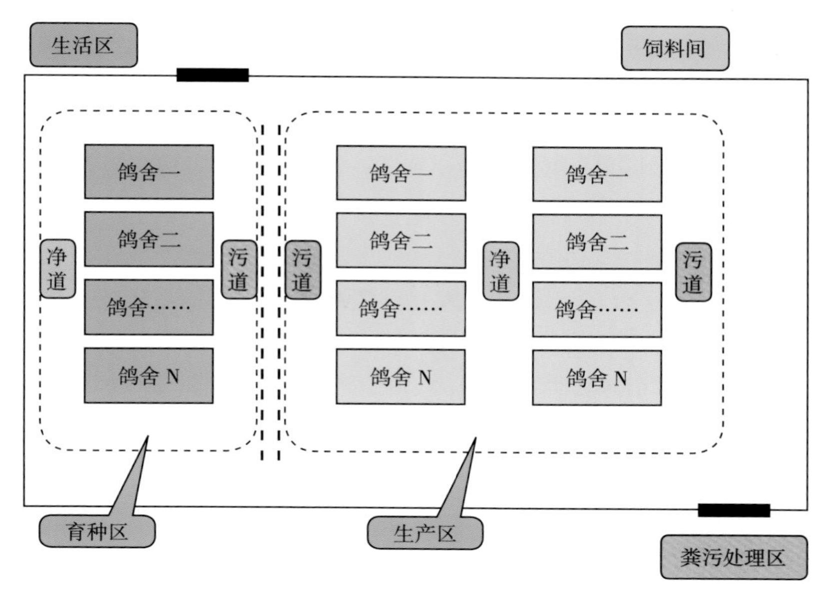

图 1-5　鸽场布局示意

图 1–6 鸽场通道划分

图 1–7 粪便无害化处理

（2）鸽场管理：首先是人的问题。强调人对整个养鸽生产环境的控制，而不仅仅局限于对单个鸽子及鸽群的管理与控制。同时强调对人员的管理，包括场主、管理人员、一线工人、服务人员、运输人员、邻居、合同工、来访者及其他相关人员。必须加强培训，使每个人认识到生物安全的重要性，使他们认识到生物安全是预防疾病、减少疾病危害的有效手段。其次是制定各项规章制度。主要包括消毒池管理制度、人员进出的规章制度、鸽舍内清洁卫生消毒制度、车辆消毒制度、工具消毒制度、垫料消毒制度、病鸽隔离制度和病死鸽无害化处理制度等。鸽场员工应主动、认真执行各项规章制度。第三是加强饲养管理。尽量避免不同品种的鸽子混合饲养，尽可能采用“全进全出”的饲养模式，合理通风，控制饲养密度，供应营养均衡的全价饲料，避免饲喂霉变或有毒素的饲料，减少或避免各种应激。

（3）生物安全体系：分 3 个层次（图 1–8）。

① 总体性生物安全：为最基本层次，包括场地选择、操作区域

及不同鸽品种的隔离、生物密度的降低和野生鸟类的驱除。这是整个疾病预防与控制计划的基础。

② 结构性生物安全：为第二层次，包括鸽场布局、鸽舍构造、辅助系统或设施如净道、污道、给排水系统、消毒设备、料槽等的建设。这一层次出现问题时，往往来不及纠正。

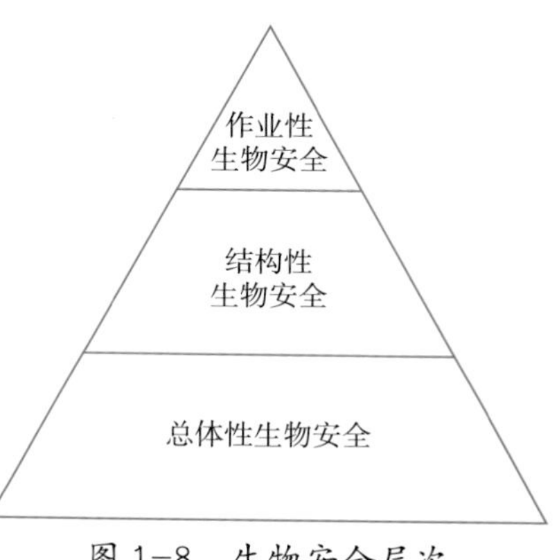

图 1-8　生物安全层次

③ 作业性生物安全：为第三层次，包括日常管理程序和具体操作。这一层次可以及时发现问题和做出相应的调整。合理制定和严格执行相关制度和规程，从而确保作业的安全。这是对管理者及所有人员的基本要求。

生物安全体系归纳来说：科学选址是基础，合理布局是前提，清洁卫生是根本，完善管理是保证，全进全出是手段，有效消毒是关键，确切免疫是核心，科学用药是补充。

四、建立严格的消毒管理制度

1. 消毒的意义

目前，畜禽养殖业正向规模化和集约化发展，动物相互接触的机会很多，一旦暴发传染病，病原微生物蔓延和传播的速度很快，往往难以及时控制，从而导致较大的经济损失。

消毒的目的是消灭鸽舍内及周围环境中的病原微生物，切断传播途径，预防传染病的发生或阻止传染病蔓延。

2. 影响消毒剂效果的因素

合理使用消毒剂很重要。消毒剂的效果受许多因素的影响而增强或减弱，具体影响因素有以下几种。

（1）微生物的敏感性：不同的病原微生物，对消毒剂的敏感性明显不同，如病毒对碱和甲醛很敏感，而对酚类的抵抗力却很强。大多数消毒剂对细菌有作用，但对细菌的芽胞作用很小。因此，在防治传染病时应考虑病原微生物的特点，选用合适的消毒剂。

（2）环境中有机质的影响：当环境中存在大量的有机物，如鸽子的粪、尿、血、炎性渗出物等，其会阻碍消毒剂直接与病原微生物接触，从而影响消毒剂效力的发挥。另一方面，这些有机物往往能中和和吸附部分药物，减弱消毒作用。因此，在使用消毒剂前，应进行充分清扫，彻底清除消毒物品表面的有机物，从而使消毒剂能够充分发挥作用。

（3）消毒剂的浓度：一般来说，消毒剂的浓度愈高，杀菌力越强，但随着药物浓度的增高，对机体活组织的毒性也就相应增大。另一方面，当浓度达到一定程度后，消毒剂的效力就不再增强。因此，在使用时应选择有效和安全的杀菌浓度，如 75% 乙醇杀菌效果要比 95% 乙醇好。

（4）消毒剂的温度：消毒剂的杀菌力与温度成正比，温度增高，杀菌力增强。通常夏季的消毒作用比冬季要强，因此冬天消毒时可加入适量开水，以增强消毒剂的杀菌力。

（5）药物作用的时间：一般情况下，消毒剂的效力与作用时间成正比。药物与病原微生物接触的时间越长，消毒效果就越好。若作用时间太短，往往达不到消毒的目的。

3. 常见的消毒方法

消毒的方法包括物理消毒法、化学消毒法和生物热消毒法。根据消毒的对象不同，可采用不同的消毒方法。

（1）物理消毒法：这是最基本的消毒方法，也是最经济、有效的消毒方法。

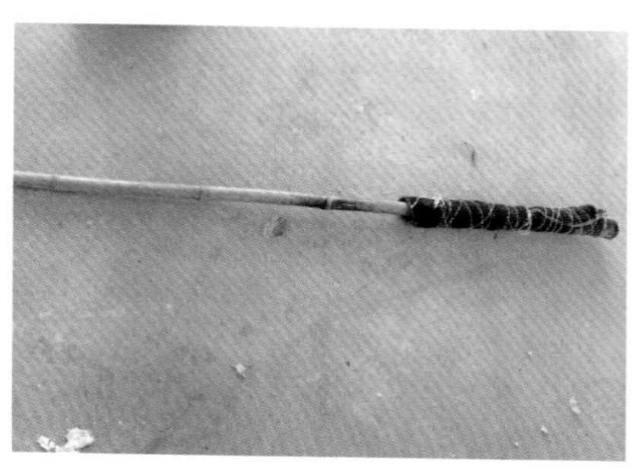
图 1–9　布料鸡毛掸

① 清扫：本法适合所有鸽舍、设施、设备及运输工具等，更适合日常鸽舍的清洁维护。清扫是最基本和最经济的消毒方法，也是进行其他消毒方法前必须开展的工作。及时、彻底地清扫鸽舍内粪便、灰尘、羽毛等废弃物，可去除鸽舍中 80% ~ 90% 的有害微生物。需要注意的是，在清扫前喷水或洒水，可避免灰尘飞扬，降低清扫工作对鸽健康的影响。常用的工具有扫帚、鸡毛掸等，部分鸽场因地制宜使用稻草、布条等材料制作鸡毛掸（图 1–9）。

② 更衣（鞋）：从鸽场外进入生产区以及从生产区进入鸽舍时应更换衣帽（鞋），可有效防止外界病原体进入鸽场、鸽舍。这是日常管理的重要环节之一。

③ 紫外线消毒：适合更衣室消毒。工作服、鞋用完后悬挂于更衣室内，开启紫外线灯（图 1–10），照射 1 ~ 2 小时。需要注意的是，工作服、鞋每周应清洗 1 ~ 2 次，并经 24 小时熏蒸消毒。

④ 冲洗：适合对空关鸽舍、鸽场内场地、车辆等消毒，使用工具是高压水枪（图 1–11）。对空关鸽舍的冲洗顺序是先屋顶，再墙

图 1–10　更衣室紫外线消毒

图 1–11　移动式高压消毒器具

图 1-12 煤油喷灯

壁和笼具，最后是地面。由高到低，避免后面冲洗的污水污染刚冲洗干净的地方或物品。部分鸽场在炎热季节带鸽冲洗，应尽量避免。进入鸽场的饲料运输车辆，应先在厂区外对其外表面消毒，然后通过消毒池对轮胎消毒后才能进入厂区；若需进入生产区必须再次消毒后方能进入。

⑤ 火烧：适合空关鸽舍的消毒，多在清扫、冲洗后进行。火烧是传统的消毒方法，使用的工具是煤油喷灯（图 1–12）。利用高温杀死病原体，其消毒作用彻底，效果比较好。需要注意的是，火烧前一定要先清扫干净，过多的灰尘、残留物会影响消毒效果；喷烧时千万不能烧到易燃材料，禁止在易燃易爆场所使用，避免出现火灾事故；做好个人防护工作，以免烧伤。另外需提醒的是，煤油喷灯只允许用符合规格的煤油，严禁用汽油或混合油，油量只能装满到 1/2，以防爆炸。

⑥ 喷雾：适合生产上对鸽舍的清洁工作。鸽属于鸟类，有飞翔特性，当喂料时，会拍打翅膀，扬起粉尘。据研究，鸽舍每克灰尘中大肠杆菌含量可达 10^5 ~ 10^6 个，而且鸽的呼吸系统特别发达，如此环境很易使鸽出现细菌感染和呼吸道疾病。针对鸽这样的生活特性，可选择在喂料前或同时进行喷雾消毒，一般不添加任何消毒剂，仅喷水就行。据研究，用水进行喷雾可清除鸽舍 80% ~ 90% 的灰尘，可使细菌量减少 84% ~ 97%。工具为专用的喷雾器（图 1–13）。

⑦ 煮沸：适合工作服、垫布、器皿等物品。一般在清洗后进行煮沸消毒，这是常用的消毒方法，也是非常经济实用的消毒方法。

需要注意的是，煮沸时物品一定要浸于水中；一定要烧沸，并且持续一定时间（一般为 30 分钟）；煮沸消毒的物品取出晾干后，需要放置于清洁的地方，避免被污染；煮沸消毒的物品一般现煮现用，放置时间不能太久，否则需要重新消毒。

图 1-13 喷雾消毒器

⑧ 高温高压消毒：适合兽医物品的消毒，工具为医用高压锅（图 1-14）。现在制颗粒饲料时也采用高温的方式生产，从这个角度看，喂颗粒饲料更卫生、更安全。

（2）化学消毒法：是鸽场常采用的消毒方法，并且消毒已从过去单一的环境消毒，发展到带鸽消毒、空气消毒和饮水消毒等多种形式，所用的消毒剂种类也非常多。

图 1-14 医用高压锅

① 浸泡消毒：在鸽场、鸽舍的进出口设置消毒池，可采用 10% 石灰乳、5% ~ 10% 漂白粉、2% 氢氧化钠，要经常保持药液的有效浓度，定期更换消毒剂，保持药物的有效性。凡耐浸泡的物品也可采用此法消毒。

② 喷雾消毒：将消毒液配制成一定浓度的溶液，用喷雾器进行喷雾消毒。喷雾消毒的消毒剂应对鸽和操作人员安全，没有副作用，

而对病原微生物有杀灭能力。需要注意的是，要想消毒效果好，雾滴的直径应在 100 微米左右，使水滴呈雾状，一般要求在空中停留的时间达 10 ～ 30 分钟，对空气、鸽舍墙壁、地面、笼具、鸽体表、鸽巢、栖架等发挥消毒作用。生产区、生活区环境每月喷雾消毒 2 次，消毒剂每月更换 1 次，以防止病原微生物产生耐药性。生产区鸽舍内外主要干道应每日清扫，每周使用规定的消毒剂消毒 1 ～ 2 次，消毒剂每周更换 1 次。尸体剖检室、剖检尸体的场所及运送尸体的车辆，用完立即消毒，对其经过的道路也应立即进行冲洗和消毒。

③ 熏蒸消毒：常用甲醛（市售一般为 40% 甲醛，俗称福尔马林）配合高锰酸钾等进行熏蒸消毒。消毒剂的气雾渗透到各个角落，消毒比较全面。消毒时必须封闭鸽舍，应注意消毒时室内温度不低于 18℃，舍内的用具等都应打开，以便让气体进入，盛放甲醛的容器不得放在地板上，必须悬吊在鸽舍中。药品用量：每立方米空间用福尔马林 25 毫升、水 12.5 毫升、高锰酸钾 25 克。计算、称量后，将水与福尔马林混合，倒入容器内，然后倒入高锰酸钾，用木棒搅拌，仅几秒钟就见有浅蓝色刺激性气体蒸发出来。经过 12 ～ 24 小时熏蒸消毒后方可将门窗打开通风，待刺激气味消散后关闭门窗，一般再空关 1 周后才可使用。

（3）生物热消毒法：多用于大规模废物和排泄物的处理。利用自然界中的嗜热菌繁殖产生的热，将鸽粪便中大多数病毒、除芽胞以外的细菌、寄生虫幼虫和虫卵等病原体杀灭。具体做法：收集新鲜鸽粪，拣净杂物，捣碎后按一定比例混合后发酵，一般鲜粪 35%，米糠或秸秆 35%，与切碎的青饲料 30% 混匀，再加入适量的水（以将上述肥料搅拌均匀后，刚好有极少量水渗出为度），然后起堆并用泥土或塑料封严，创造厌氧环境。环境温度在 10 ～ 15℃时发酵需 7 ～ 10 天，20℃以上时需 3 ～ 5 天，30℃时需 2 天即可。利用肥料在发酵过程中所产生的高温加快腐熟的速度，并将肥料中的纤维素、半纤维素、果胶物质、木质素进行分解，形成腐殖质。同时，对肥料中的有害微生物、虫卵、草籽进行杀灭。但要注意的是，由于堆肥中的肥料在发酵过程中会产生高温，过高的温度会使相当一部分的肥效损失。因此，在肥堆中要插入温度计，当肥堆中的温度达到65℃时，要适当加入冷水或适当将肥堆打开，以降至约45℃时再将肥料重新堆合。一般当肥堆内保持50 ~ 65℃，约1周可杀死有害微生物、虫卵及草籽，基本达到无害化处理指标，最后让温度缓慢降低，以利养分的转化及腐殖质的形成。

4. 常用的消毒剂

氢氧化钠（烧碱）、过氧乙酸（醋酸）、甲醛（福尔马林）、漂白粉、石灰乳、高锰酸钾、来苏儿、克辽林、百毒杀、新洁尔灭、洗泌泰、消毒净、度米芬（消毒灵）、双链季铵盐、环氧乙烷、次氯酸钠和碘溶剂等。

5. 鸽场的消毒制度

随着养鸽业向规模化、集约化的发展，为了保障鸽群的健康生长，必须建立完善的兽医管理制度。

（1）鸽场、鸽舍的入口处要设有消毒池，并经常交替更换消毒剂，以保证药效。大门口消毒池的大小为3.5米 ×2.5米（图1–15），深度为放置的消毒水应能对车轮的全周长进行消毒，消毒池上方应建设挡雨棚，消毒池旁边可另设行人消毒池，供人员进出使用。

图1–15　大门口消毒池，又称一级消毒池（车辆进出鸽场）

（2）生产区内严格控制外来人员参观，非鸽场工作人员和车辆不得随便进入（图1–16）。必须进入的车辆和人员经严格消毒后方可进入（图1–17），即便是场内工作人员，进入生产区前也须经过消毒室或消毒走廊更衣消毒。各栋鸽舍的饲养人员相对固定，不可

图 1–16　二级消毒池（车辆进出生产区）

图 1–17　养殖重地，非请勿入

随便串岗；鸽舍内工具也应固定使用，避免相互借用。

（3）鸽场内不得混养其他家禽或家畜，并尽可能杜绝野禽进入鸽场。

（4）鸽场工作人员不得从外面购买病死畜禽，也不能在外面从事家禽养殖活动，以防引入传染病。

（5）病鸽要及时隔离，死亡的鸽经兽医工作人员检查后可在离鸽场较远处深埋或焚烧，切忌到处乱丢或喂猪、狗等，以防病原微生物到处散布。场内饲养人员不得私自解剖病死鸽。

（6）定期对鸽舍内外的环境、地面进行消毒。一般要求每月对周围环境至少消毒 1 次，每周对鸽舍至少消毒 2 次，每天用清水对鸽舍喷洒 1 次。

五、做好免疫接种和药物防治

1. 疫苗及其种类

疫苗指具有良好免疫原性的病原微生物，经繁殖和处理后的制品，用以接种动物能产生相应的免疫力。这类物质专供相应的疾病预防之用。

疫苗分为活菌（毒）疫苗、灭活疫苗、类毒素、亚单位疫苗、基因缺失疫苗、活载体疫苗、人工合成疫苗、抗独特型抗体疫苗等。生产上常用的有冻干活疫苗和油乳剂灭活疫苗，如鸡痘冻干活苗、鸡新城疫Ⅳ系冻干活苗、鸡新城疫油乳剂灭活疫苗和禽流感 H9 亚型油乳剂灭活疫苗等。

2. 疫苗的接种方法

鸽预防接种的方法有多种，不同的免疫方法要求不同，注意避免因接种方法错误而导致免疫失败。

（1）饮水免疫：本法仅用于活疫苗的免疫，比较省工、省力，免疫效果较好。免疫前停水 2 ~ 3 小时，将疫苗混匀于饮水中，再让鸽饮用，控制在 15 ~ 30 分钟饮完，这样可使每只鸽都能饮到足够量的疫苗。需注意的是，饮水免疫前后 48 小时不得在饮水中添加消毒剂和带鸽喷雾消毒，因为消毒剂会影响疫苗的活性，从而影响免疫效果；如疫苗的浓度配制不当、疫苗的稀释和分布不均、水质不良、用水量过多、免疫前未按规定停水等都可影响疫苗的免疫效果。

（2）滴鼻与点眼：用滴管将稀释好的疫苗逐只滴入鸽的鼻腔内或眼内。滴鼻或点眼免疫时要控制速度，确保准确，避免因速度过快使疫苗未被吸入而甩出，导致免疫无效。

（3）气雾免疫：疫苗采用加倍剂量，用特制的气雾喷枪使雾化充分（图 1–18），雾粒子直径在 40 微米以下，让雾粒子能均匀地悬浮在空气中，悬浮时间持续 15 ~ 30 分钟。需要注意的是，如果雾滴微粒过大，沉降过快，鸽舍密封不严，会出现疫苗不能被鸽吸入或吸入不足，造成免疫失败。另外，免疫时鸽群需健康，尤其不能有呼吸道疾病，否则喷雾免疫会加重病情。

图 1–18　活疫苗喷雾专用机（雾滴大小可调节范围为 10 ~ 150 微米）

（4）注射免疫：包括皮下注射和肌内注射。选择合适的针头，若针头过长、过粗，会增大注射反应；切忌将疫苗注射到血管、神经、胸腔或腹腔内，以免引起出血、跛行或死亡。需注意的是，注射前应严格消毒注射器、针头、疫苗瓶、稀释液瓶等，加强对注射部位的消毒，及时更换针头。

（5）刺种：用刺种针或钢笔尖蘸取疫苗液在鸽的翅膀内侧少毛、无血管部位接种。主要用于鸽痘疫苗的免疫。刺种前，工具应煮沸消毒 10 分钟，接种时勤换刺种工具。

3. 接种疫苗的注意事项

（1）把好疫苗质量关：选择优质的疫苗，了解疫苗的性能和类型，认清疫苗的批号、出厂日期、厂家和用量，切勿使用过期疫苗和非法疫苗。

（2）做好疫苗的运输与保管：冻干疫苗自生产之日起在－15℃条件下可保存 2 年，在 10 ～ 15℃条件下只能保存 3 个月；灭活油乳剂疫苗存放于冰箱保鲜层或室温阴凉处，严防日晒。另外，疫苗运输时也要确保低温，防止疫苗的效价降低，甚至失效。

（3）正确使用疫苗：应按说明书正确使用疫苗，如新城疫Ⅳ系弱毒活疫苗一般采用生理盐水稀释，要现用现配；该苗可点眼、滴鼻、喷雾、饮水，选择饮水时剂量应加倍，用疫苗前应停水 2 小时左右，严禁用含氯离子的自来水；配好的疫苗尽可能在 1 小时内用完。避免阳光直接照射疫苗，否则影响疫苗质量。灭活油乳剂疫苗使用前要从冰箱取出，回温到室温再使用；使用时要做到不漏种，剂量准确，方法得当。剩余的疫苗应无害化处理，可用消毒液浸泡，也可高压灭菌或焚烧处理。

（4）避免消毒药对活疫苗的影响：冻干苗是一种活毒（菌）疫苗，消毒药可杀死活的病毒（菌），引起疫苗中活病毒（菌）数量下降，使冻干苗质量不达标，从而造成免疫失败。目前，在养鸽生产中每周都使用消毒药对鸽舍、用具进行冲洗或喷雾消毒，还有的养鸽户用 0.05% 高锰酸钾等消毒液饮水，用于肠道防腐消毒。因此，在接种冻干疫苗前后 2 天内严禁饮用消毒药水和对鸽进行喷雾消毒，经消毒后的饮水器和食槽必须用清水冲洗干净后才能使用。

（5）防止抗病毒药对活毒疫苗的影响：因抗病毒药在体内可抑制病毒的复制，从而严重抑制了活毒疫苗在体内的抗原活性，影响免疫抗体的产生，所以在用活毒疫苗前后 2 天内禁用抗病毒药。

（6）降低母源抗体对疫苗的中和作用：母源抗体是指种鸽较高的免疫抗体经卵黄输送给自己的后代，这种天然被动免疫抗体可让乳鸽抵抗其对应强毒的侵袭。如鸽过早接种疫苗，疫苗会被母源抗体所中和，母源抗体越高，被中和的越多，疫苗的免疫效果受影响也越大。因此，应根据母源抗体的水平决定鸽的首次免疫接种日龄。

（7）减少疫苗之间的相互干扰：新城疫弱毒冻干活疫苗与新城疫油乳剂灭活疫苗同时使用，可以弥补各自的不足，免疫效果会更好。若在新城疫油乳剂灭活疫苗使用后间隔 7 ~ 10 天再使用新城疫弱毒冻干活疫苗，反而使这两种疫苗相互干扰，降低免疫效果。

（8）制定合理的免疫程序：为了更好地达到防疫效果，控制传染病，应根据自身鸽场实际情况结合当地流行疫情制定适合本鸽场的免疫程序，科学合理地确定免疫接种的时间、疫苗的类型和接种方法等，有计划做好疫苗的免疫接种，减少盲目性和浪费现象。应定期检测鸽群血清抗体，掌握鸽群免疫水平。当发现抗体达不到保护水平时，需及时补种疫苗，提高抗体水平。

4. 合理使用兽药

（1）严格掌握兽药的适应证：根据临诊症状，弄清致病原因，选用适当的药物。一般讲，革兰阳性菌引起的感染，可选用青霉素、红霉素和四环素类药物；革兰阴性菌引起的感染，可选用氟苯尼考等药物。对耐青霉素及四环素的葡萄球菌感染，可选用红霉素、庆大霉素等药物；对支原体引起的感染则可选用四环素族广谱抗生素和林可霉素；对真菌引起的感染则选用制霉菌素等。

（2）选择最佳药物：在有条件的情况下，最好通过药敏试验，选择敏感药物，确定最佳防治用药措施。

（3）注意兽药的用法和用量：使用药物时应严格剂量和用药次数与时间，首次剂量宜大，以保证药物在鸽体内的有效浓度。疗程不能太短或太长，如磺胺类药物一般连续用药不宜超过 5 ～ 7 天，必要时可停药 2 ～ 3 天后再使用。用药期间应密切注意药物可能产生的不良反应。给药途径也应确当，严重感染时多采用肌内注射，一般感染和消化道感染以内服为宜，但对严重消化道感染引起的败血症，应选择注射与内服并用。

（4）抗生素的联合应用：联合用药一般可提高疗效、减少毒性作用和延缓细菌产生耐药性，如新诺明与甲氧苄氨嘧啶合用，抗菌效果可增强数十倍。但红霉素与青霉素、磺胺嘧啶钠合用，可产生沉淀而降低药效。因此，用药时应注意发挥药物间的协同作用，避免药物间的配伍禁忌。

（5）防止细菌产生耐药性：除了掌握抗生素的适应证、剂量、疗程外，还要注意抗生素的交替使用，避免滥用抗生素，防止产生耐药性。

（6）选择合适的给药方法：使用药物时应严格按照说明书及标签上规定的用药方法给药。在鸽发病初期，鸽子能吃料饮水，给药途径选择方式多；在疾病中后期，若鸽吃料饮水明显减少，通过消化途径难以给药，最好选择注射给药。采用内服给药时，一般宜在饲喂前给药，以减少胃内容物对药物的影响；刺激性较强的药物宜在饲喂后给药。饮水给药时，应在给药前断水 2 ～ 3 小时，让鸽有渴感。混饲给药时，一定要将药物混合均匀，最好用搅拌机搅拌，人工搅拌时可将药物先与少量饲料混匀，然后再将混过药的饲料与其他料混合，这样逐级加大饲料量，直到全部饲料混合，最后再充分搅拌均匀。采用注射给药时，要注意按规定进行消毒，控制好每只鸽的注射量。注射动作应仔细、快速，位置准确，严防刺伤内脏器官或将药液漏出体外。

（7）严格遵守休药期规定：对毒性强的药物需特别小心，以防中毒。为防止鸽肉、鸽蛋中的药物残留超标，严格执行停药期规定，特别在出售或屠宰上市前 5 ~ 7 天必须停药。

（8）减少兽药对疫苗的影响：在疫苗免疫前后 48 小时，对鸽禁用抗病毒药和消毒药，碱性强的药物（如磺胺类药物）也不宜与疫苗同时使用。

（9）做好用药记录：包括用药目的、用药时间、药物名称、批号、生产厂家、用药方法、用药剂量、用药次数、用药效果、用药开支及鸽的反应等。

（10）注意药物的批号及有效期：抗生素的保存有一定期限，购买药品时要注意药品包装上标明的注册商标、批准文号、生产日期、有效期等，防止伪劣假药和过期失效的药品流入养鸽场。

六、认真执行检疫、隔离和封锁

1. 检疫

通过各种诊断方法对鸽及产品进行检疫，及时发现病鸽，并采取相应的措施，防止疫病的发生与传播。为保护本场鸽群，应做好以下几点检疫工作。

（1）种鸽应定期检疫：对垂直传播性疫病如鸽沙门菌病、鸽支原体感染、鸽衣原体感染等呈阳性反应者，不得留作种用，通过定期检疫、淘汰，建立垂直性疾病阴性种鸽群。

（2）引种时注意检疫：从外地引进种鸽或种鸽蛋，必须检查是否有供种资质，了解产地的疫情和饲养管理状况，并对种鸽群进行检疫，不宜从有垂直性疫病的种鸽场引种。

（3）定期进行免疫抗体检测：养鸽场对危害较严重的传染病如新城疫、禽流感等要定期抽样采血，进行抗体检测，依据抗体水平确定最适免疫时机。对免疫后抗体水平达不到要求的，应寻找原因并加以解决，及时调整免疫程序。

（4）加强饲料监测：不仅对饲料成品进行检测，对玉米、小麦、豌豆、骨粉等原料也需要检测，主要监测黄曲霉菌毒素和进行细菌学检查，一旦发现有害物质超标或污染了病原菌，应少用或不用，或经处理后再用，避免发生中毒或导致疾病。

（5）加强环境监测：定期或不定期检测空气、饮用水、水杯、料槽、孵化器等的病原菌种类和数量，检测饮用水中细菌总数和大肠杆菌数是否符合卫生指标。

（6）开展药敏试验：定期或不定期对病鸽进行细菌分离、鉴定，测定病原菌对抗菌药物的敏感性，指导合理用药，避免无效药物的应用，节省开支，提高防治效果。

（7）做好流行病学调查：在当地有计划、有组织收集流行病学的信息，注意新发生疾病的动向和特点，以便采取针对性防疫措施。

2. 隔离

通过各种检疫的方法和手段，将病鸽和健康鸽分开饲养，目的是为了控制传染源，防止疫情继续扩大，以便将疫情限制在最小的范围内就地扑灭。根据疫情和场内具体条件采取相应的隔离方法，一般可以分为以下 3 类。

（1）病鸽：病鸽（包括临诊典型症状、非典型症状、经检测为阳性的鸽子）是危险的传染源。烈性传染病，应根据国家法律法规及时无害化处理。一般性疾病，则进行隔离，如少量病鸽时将有病的剔出隔离；若数量较多，可将病鸽留在原舍里，对健康的鸽子进行隔离。

（2）可疑感染鸽：指未发现任何症状，但与病鸽同笼、同舍，或有明显接触，这些鸽子可能处于疾病潜伏期，也要隔离，可对其进行药物防治或紧急防疫。

（3）假定健康鸽：除病鸽和可疑感染鸽外，鸽场内其他鸽均属假定健康鸽。对假定健康鸽也要注意观察，加强消毒，必要时也应紧急防疫。

3. 封锁

当养鸽场暴发国家法定报告的烈性传染病，如高致病性禽流感、新城疫等，应按规定上报，经政府宣布封锁，对半径 3 千米内的鸽子全部进行扑杀，扑杀后进行无害化处理，并对环境进行彻底消毒。严禁疫区的畜禽及其他动物产品对外销售，人员、车辆进出需要严格消毒，对 5 千米以内的家禽实行紧急防疫。

七、切实提高疾病诊断水平

对鸽病的诊断包括临诊综合诊断和实验室诊断。

1. 综合诊断

（1）流行病学调查：流行病学调查是疾病诊断的基础，涉及的内容十分广泛，如地理地貌、季节、生态环境、卫生状况、饲养设施、饲养管理、鸽群动态、身体状况、免疫水平、疾病状况（发病鸽群的病情、发病率、死亡率和治疗情况）等。某些传染病的症状虽然相似，但其流行特点和规律不一定相同，有时结合流行病学调查可进行区分。

流行病学调查往往以交谈的方式向养鸽户了解本次疫情流行的情况，内容包括：最初发病的时间，随后的蔓延情况，发病期间用药的情况，发病鸽的品种、年龄、性别，查明其发病率和死亡率；了解疫情来源，核查本场过去是否发生过类似的疫病、附近地区是否曾发生过类似的疫病，环境、气候是否发生变化，发病前是否从其他地方引进种鸽、畜禽、畜禽产品、饲料，输出地有无类似疫病存在。另外，了解传播途径和方式，如了解当地畜禽调拨以及卫生防疫情况等。通过以上情况的了解，不仅可以为诊断提供依据，而且也能为制订防治措施打好基础。

通过流行病学调查可做出初步诊断，其结论可作为采取应急措施的依据，因为确诊尚需一定时间，不宜等待。

（2）临诊症状观察：对个体和群体进行观察检查是一种最基本、最常用的疾病诊断方法，主要观察鸽子外貌、行为习性、精神状态，检查体温、心跳、呼吸、粪便、可视黏膜、外伤等变化，依据观察检查结果与数据进行分析，可以做出初步诊断（印象），也可以作为采取应急措施的依据。

（3）病理剖检：剖检时需要全面检查尸体，也可根据流行病学、临诊初步判断对特定部位、组织器官做重点检查。一般实践经验丰富者，可采取后者以争取时间。剖检病鸽的数量，应依据疾病发生情况、疾病的性质和鸽群组成而定，通常抽取不同年龄的鸽、急慢性病鸽、发病鸽和病死鸽进行剖检。

剖检前需详细观察病鸽的外部变化，如鸽的毛色、营养状况、可视黏膜（眼结膜、鼻瘤等）、爪及肛门周围有无粪便污染等，检查皮肤损伤、出血、淤血、丘疹，检查翅和腿关节、趾爪等形状，并作详细记录，以便进行病情分析。

剖检主要观察的组织器官如下。

① 消化系统：首先检查上消化道，观察嘴的外形和硬度，有无损伤；检查口腔、食道和嗉囊黏膜色泽、内容物、充血、出血、坏死灶、溃疡灶和嗉囊内容物性状等。检查胸腹腔有无渗出液，观察渗出液的颜色和数量，检查是否有内容物、附着物、浆膜出血等。检查肝脏被膜色泽、充血、出血、坏死灶、肿瘤结节和附着物的大小及硬度等，切开观察其切面是否外翻。检查脾脏色泽、大小、结节、充血、出血、坏死灶、切面情况等。观察胰腺颜色、大小是否正常，表面有无出血斑点、结节、坏死灶等异常。注意腺胃、肌胃黏膜有无异常，特别是腺胃乳头有无出血、溃疡，胃壁是否增厚或肿胀。肌胃检查要剥去角质层后观察有无出血、溃疡等变化；肌胃与腺胃交界处有无出血。注意观察肠系膜及浆膜有无充血、出血、

结节，剪开肠管观察其黏膜有无充血、出血、溃疡、坏死等变化，有无寄生虫，肠内容物的性状是否异常，泄殖腔黏膜的变化。

② 呼吸系统：检查自鼻腔至气管黏膜的色泽，有无充血、出血和分泌物等。观察气囊是否透明，有无渗出物。检查肺的弹性、色泽、充血、出血、质地、结节、坏死灶等。

③ 神经系统：检查脑膜有无充血、出血，脑实质有无充血、出血、水肿和坏死等病变。检查腿部坐骨神经有无纹路消失、水肿等现象。

④ 生殖系统：应注意观察卵巢有无肿胀、变形、变色、变硬等，产蛋鸽应注意卵黄等形状是否圆滑，卵黄膜的色泽是否正常。公鸽注意睾丸、输精管有无异常。肾脏注意其颜色变化，是否肿胀、充血、出血，有无增生或坏死，输尿管内有无尿酸盐沉积。

⑤ 免疫系统：检查脾脏有无颜色变化，是否肿胀、充血、出血，有无增生或坏死。检查胸腺有无充血、出血、肿胀、萎缩，检查盲肠是否有出血。

⑥ 其他：检查心脏大小，心包膜、心内外膜和心冠脂肪是否有出血；心包液是否清亮，颜色是否正常；心肌的颜色、出血、弹性与致密性等，质地是否正常，有无增生、坏死或肿瘤。

通过流行病学调查、临诊症状观察及剖检病死鸽，可以对一般性常见病做出初步诊断，确诊需进一步做实验室检查。

2. 实验室诊断

（1）微生物学诊断：包括病料的采集；病料涂片、镜检；分离培养和鉴定；动物接种试验。

（2）病理组织学诊断：主要制作病理切片，观察组织病变。

（3）血清学诊断：包括凝集反应、中和反应、沉淀反应、补体结合反应、免疫荧光抗体试验、免疫酶技术等。

（4）免疫学诊断：包括血清学试验，变态反应。

（5）分子生物学诊断：包括 PCR 技术、核酸探针技术、DNA 芯片技术等。

八、实行无害化处理措施

1. 粪便的危害及其无害化处理

粪便的危害主要有两个方面：一方面是粪便中含有未被消化吸收的蛋白质，排出体外 24 小时后会被分解成氨气，是鸽舍最常见和危害较大的气体。氨气无色，具有刺激性臭味，人可感觉的最低浓度为 4 毫克 / 米 ^{3}，易被呼吸道黏膜、眼结膜吸附而产生刺激作用，使结膜产生炎症；吸入气管使呼吸道发生水肿、充血，分泌液堵塞气管；氨气可刺激三叉神经末梢，引起呼吸中枢和血管中枢神经反射性兴奋；氨气还可麻痹呼吸道纤毛或损害黏膜上皮组织，使病原微生物易于侵入，从而减弱鸽对疾病的抵抗力；影响食欲，使发病率和死亡率上升，降低生产性能。另一方面是粪便含有许多有害微生物、寄生虫及其虫卵。据研究，每克粪便中含有大肠杆菌可达 10^6 ~ 10^7 个。粪便中常见的病原微生物有大肠杆菌、沙门菌，另外，一些病毒如新城疫病毒、禽流感病毒等都能通过粪便传播，是疾病传播的主要传染源。

可见，及时清理粪便可有利于改善鸽舍中的空气质量，同时对粪便进行无害化处理可减少鸽舍中病原微生物和寄生虫虫卵的数量，降低发病的风险，从而有利于鸽群的健康。

由于鸽粪量很大，生产上深埋或焚烧方法费用较高，养殖场往往选择堆肥发酵的方法对鸽粪进行无害化处理。

2. 病死鸽无害化处理

病死鸽体内有大量的病原微生物，是疾病传播最常见的重要传染源，必须严格按照国家《病害动物和病害动物产品生物安全处理规程》（GB16548-2006）对病死鸽进行深埋或焚烧等无害化处理。在掩埋病死鸽时应注意远离住宅、水源、生产区，要求掩埋地点的土质干燥、地下水位低，并避开水流、山洪的冲刷地带，掩埋坑的深度为距离尸体上表面的深度1.5 ~ 2米，掩埋前在坑底铺上2 ~ 5厘米厚的石灰，病死鸽投入后再撒上一层石灰，填土夯实。焚烧尽量选择焚烧炉（图1–19），不但卫生环保，而且灭菌（毒）更彻底，只是成本相对偏高。

图1–19　焚烧炉

第二部分

鸽病毒性传染病

我国已经报道的鸽病毒性传染病有鸽新城疫、鸽痘、鸽腺病毒感染、禽流感、鸽圆环病毒感染、轮状病毒感染、鸽Ⅰ型疱疹病毒感染等，常见的主要有鸽新城疫和鸽痘。

一、鸽新城疫

鸽新城疫俗称鸽瘟，又称鸽Ⅰ型副黏病毒病，曾称巴拉米哥。本病是新城疫家族中的重要成员。20世纪70年代末本病起源于中东，1981年传至欧洲，然后迅速传遍世界各地，造成新城疫第三次全球大流行。

目前，鸽新城疫在我国已是鸽首要传染病。一是因为其危害大。鸽群常突然发病，并迅速蔓延，具有发病快、流行期长、发病率和死亡率高的特点。病死率一般为30%～80%，严重时，死亡率可达95%以上。病鸽的康复时间较长，通常需要1个月左右才逐渐康复，有些需要更长时间才能康复，部分患病鸽甚至无法康复。二是与我国养殖现状有关。信鸽深受广大群众喜好，全国各地都有信鸽协会，经常举办飞行比赛，使鸽新城疫防不胜防；我国肉鸽养殖业是个新兴的产业，多采用传统养殖模式，以散户养殖为主，缺乏科学指导，很易感染和传播疫病。三是与新城疫感染的宿主范围不断扩大有关。伴随着病毒的不断演化，目前可感染的鸟类宿主范围已超过250种，近年来还有猪等哺乳动物以及人发生感染的报道。四是与鸽新城疫防控技术落后有关。对鸽新城疫病原研究上不够深入，缺乏预防鸽新城疫的专用疫苗，免疫程序应用也不够科学，致使鸽新城疫时常暴发和发生地方性流行。

1. 病原

本病的病原是鸽新城疫病毒，为副黏病毒科成员。鸽新城疫病毒与鸡新城疫病毒同属于禽Ⅰ型副黏病毒，为有囊膜的单股负链RNA病毒。

鸽新城疫病毒不易变异，只有一个血清型，但本病毒各毒株之间的致病力差异极大。根据鸽新城疫病毒对鸽和鸡致病性的不同，将毒株大致分为三种类型：第一类是对鸽致病而对鸡不致病的鸽强毒株、中强毒株或弱毒株，是引起欧洲、亚洲鸽群广泛流行的毒株，属中发型病毒；第二类是对鸽和鸡都致病的强毒株，属速发型病毒；第三类是对幼鸽和雏鸡均不致病的弱毒株和无毒株，属缓发型病毒。从我国流行的鸽新城疫病毒基因型分析，近年来在病鸽中分离到的鸽新城疫病毒大多数为基因Ⅵ型的强毒株，其他有基因Ⅶ型、Ⅱ型和Ⅲ型等毒株。

鸽新城疫病毒存在于病鸽的所有组织器官、体液、分泌物和排泄物中，以脑、脾、肺含毒量最高，以骨髓含毒时间最长；鸽新城疫暴发 2 ～ 8 周后，仍能从粪便污染物、蛋壳表面、羽毛中分离到病毒。分离鸽新城疫病毒时，多采用病鸽的脑和脾作为接种材料。本病毒在低温条件下抵抗力强，在 4℃可存活 1 ～ 2 年，−20℃能存活 10 年以上；真空冻干病毒在 30℃可保存 30 天，15℃可保存 230 天；不同毒株对热的稳定性有较大的差异。

鸽新城疫病毒对日光、高温及消毒剂抵抗力不强，经 100℃ 1 分钟、55℃ 45 分钟、紫外线照射 3 分钟、阳光直射 30 分钟均可被灭活；常用消毒剂的正常浓度会很快将其杀灭，如 2% 氢氧化钠溶液、3% 石炭酸溶液、1% 臭药水和 1% 来苏儿等 3 分钟内都能杀死病毒。很多因素能影响消毒剂的效果，如病毒的数量、毒株的种类、温度、湿度、阳光照射、贮存条件及是否存在有机物等，其中有机物和温度的影响最大。本病毒对氯仿、乙醚、胰蛋白酶、盐酸（pH 5.0）敏感，0.1% 甲醛溶液作用 24 小时能完全灭活病毒，可用于制造灭活疫苗。另外，青霉素、链霉素和 0.02% 硫柳汞对鸽新城疫病毒的活性没有影响，一般选用它们作为本病毒分离和制造疫苗时抑制细菌生长，减少细菌污染。

2. 流行病学

不同品种、日龄、性别的鸽均可被鸽新城疫病毒感染，但以乳鸽、青年鸽最为易感。本病一年四季都可流行，但以春、秋季多发，往往呈地方流行性。本病的发病率和死亡率差异较大，与鸽的日龄、免疫水平、饲养密度、环境等密切相关。乳鸽、青年鸽感染后发病率、死亡率较高；成年鸽有一定的抵抗力，尤其是开产 2 ～ 3 年的成年鸽群感染后发病率、死亡率较低。本病的流行期较长，鸽群从发病到恢复正常一般要 30 ～ 40 天，病愈鸽生产性能严重下降，部分需要 3 个月甚至半年才恢复产蛋、带仔，有些甚至会丧失种用价值。

主要传染源是病鸽和带毒鸽，可通过消化道、呼吸道、眼结膜、创伤以及泌尿生殖道等感染途径侵入。混群时很容易传播本病，当健康鸽与病鸽或带毒鸽直接接触，或间接摄入被鸽呼吸道或消化道排泄物污染的垫料、饲料、饮水时，本病即在鸽群中传播开来。通过被污染的运输车辆、笼具、用具、工作服等也能传染本病。病死鸽的尸体、内脏及废弃物处理不当，也可成为本病的传染源。野鸟、老鼠、猫、狗和昆虫也可将本病带入鸽群，引起本病的蔓延。天气突变、长途运输等应激因素是本病的常见诱因。从疫区引入种鸽是发生鸽新城疫的重要原因。

目前，鸽新城疫已遍及我国绝大多数养鸽地区，尤其在广东、广西、江苏、安徽、江西等养鸽集聚地区大面积散发，局部地区具有流行性。在不同地区和鸽场呈现不同流行形式，特别是养鸽历史较长的发病鸽场，时常反复感染，如果不采取强有力的措施，很容易批批发生，蔓延不断，具有盘踞性。

3. 临诊症状

本病自然发病潜伏期一般为 1 ～ 10 天，通常为 3 ～ 5 天。病程 3 ～ 7 天，有时达 10 多天或更长。

临诊上可分为最急性、急性、亚急性和慢性 4 个型。最急性型多见于流行初期和雏鸽，常无明显症状而突然死亡。本病常见的是急性型，精神委顿，病初体温升高到 42 ～ 43℃，出现头颈扭曲或转圈运动的神经症状、拉黄绿色稀粪的肠炎症状等典型症状。鸽也会出现亚急性和慢性型症状，多由急性型转化而来。

鸽新城疫病毒侵入鸽体后，根据侵害器官和系统不同而表现出不同的症状。

（1）侵害神经系统：鸽新城疫病毒具有嗜神经性，病鸽往往表现各种神经症状，起初表现为精神沉郁（图 2–1）；随之，出现脚麻痹，行走困难，喜卧伏，并伴有单侧或双侧翅下垂（图 2–2）。如有阵发性痉挛发生时，鸽肌肉震颤，扭头、歪颈或颈僵直（图 2–3），看见食物想吃，但总啄不准，难以吃到嘴，欲向前行但走不开，只能原地转圈或作圆圈运动，头向后仰呈角弓反张状（图 2–4），常表现摇头、扭头、歪颈、软脚、转圈、共济失调为主的神经症状。

图 2–1　精神沉郁

图 2–2　脚麻痹无力，卧地，一侧翅下垂

图 2–3　扭头、颈僵直

图 2–4　转圈，头后仰呈角弓反张状

（2）侵害消化系统：鸽新城疫病毒侵害消化系统而引起明显的特征性症状，病鸽体温升高，饮水增加，羽毛蓬乱，畏寒缩颈，呆立，但尚能逃离捕捉。侵害嗉囊，造成嗉囊损伤，食欲下降，吃料骤降，严重时甚至食欲废绝，嗉囊空软，口吐黏液，倒提流口水（图2–5），严重的流墨绿色口水（图2–6）。侵害胃肠道，起初病鸽拉黄绿色、青绿色或灰白色糊状或水样稀粪（图2–7），后期拉墨绿色黏性稀粪（图2–8），病鸽外观可见肛门周围的羽毛被灰白或绿色的粪便沾污（图2–9）。慢性型或病程较长的鸽异常消瘦，从而失去种用价值。

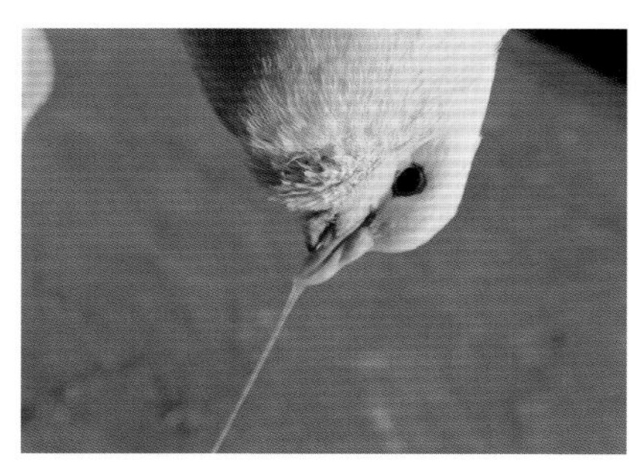

图2–5　倒提流口水

图2–6　严重者倒提流墨绿色口水

图2–7　拉黄绿色稀粪

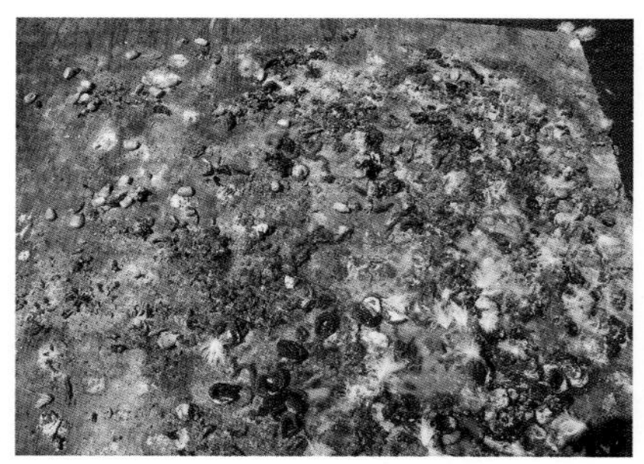

图2–8　拉绿色、灰白色的稀粪

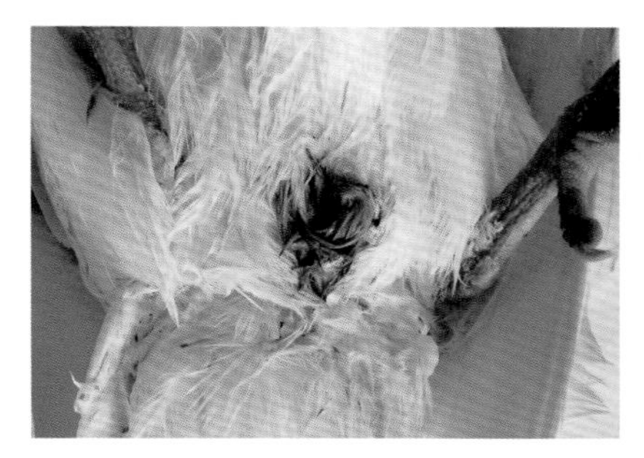

图 2-9　鸽肛门被绿色粪便沾污

图 2-10　砂壳蛋、破蛋增多

（3）侵害呼吸系统：鸽新城疫病毒对气管、支气管有损伤，对肺损伤不显著。病鸽呼吸道症状一般不明显，这与鸡患新城疫有所区别。

（4）侵害免疫系统：鸽新城疫病毒入侵血液引起病毒血症，产生强烈的免疫反应，造成病鸽体温升高，拉黄绿色粪便。

（5）侵害生殖系统：鸽新城疫病毒感染母鸽会引起卵巢炎、输卵管炎，造成卵黄坏死而出现卵黄性腹膜炎，表现产蛋量急剧下降和蛋品质下降。另外，砂壳蛋、破蛋、软壳蛋增多（图 2–10）。鸽新城疫病毒会引起公鸽睾丸病变，造成精液减少和精子品质下降，影响种蛋受精率和孵化率。

（6）其他：部分病鸽会发生眼结膜炎、眼球炎、眼睑肿胀等症状。

4. 病理变化

鸽新城疫引起的病变与鸡新城疫病变大致相同。外观多见病死鸽的眼球下陷，胫脚干皱，羽毛尤其是肛门周围及后腹区羽毛被黄绿色或墨绿色粪便沾污。剖检病死鸽主要表现为全身败血症，病变以消化道最为严重，全身各组织器官呈广泛性充血、出血，最常见、典型病变在腺胃、肌胃和肠道。

根据鸽新城疫病毒侵害器官和系统不同而表现出各自的特征性病变。

（1）侵害神经系统：剖检病死鸽往往见到颅骨顶部多有出血斑（图 2–11），有时脑膜有小点状出血（图 2–12），脑组织水肿、充血、出血。

图 2–11　脑充血、出血

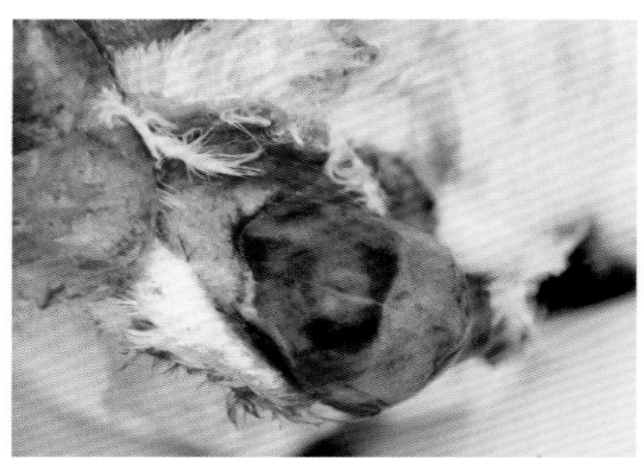
图 2–12　脑充血、出血，脑膜有小点状出血

（2）侵害消化系统：鸽新城疫病变在消化系统最为严重且有明显的特征性症状。食道黏膜有条纹状出血（图 2–13），腺胃乳头出血（图 2–14），腺胃与肌胃交界处黏膜有出血甚至呈条纹状出血，胃内容物变成墨绿色（图 2–15），肌胃角质膜下黏膜有点状、斑状出血（图 2–16）。胰腺出血、坏死（图 2–17）。小肠和直肠黏膜脱落、弥漫性出血（图 2–18、图 2–19），部分出血、水肿，严重的可见肠有坏死性结节，剖开可见枣核样溃疡病变（图 2–20）。泄殖腔滞留石灰样白色稀粪（图 2–21），黏膜出血（图 2–22）。肝脏肿胀，部分病例肝有出血斑和小的灰白色坏死灶。

（3）侵害呼吸系统：可见喉头黏膜充血、出血（图 2–23）。气管、支气管黏膜充血、出血（图 2–24），严重时呈出血环样（图 2–25），有时气管内有黏液或干酪样物。肺多有不同程度的灰色肝变。

（4）侵害免疫系统：胸腺出血、坏死（图 2–26），脾脏肿胀、充血、淤血、出血、坏死（图 2–27）。

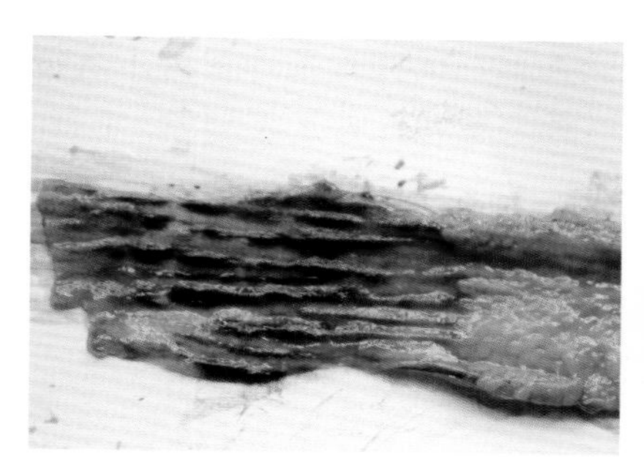

图 2-13　食道黏膜有条纹状出血

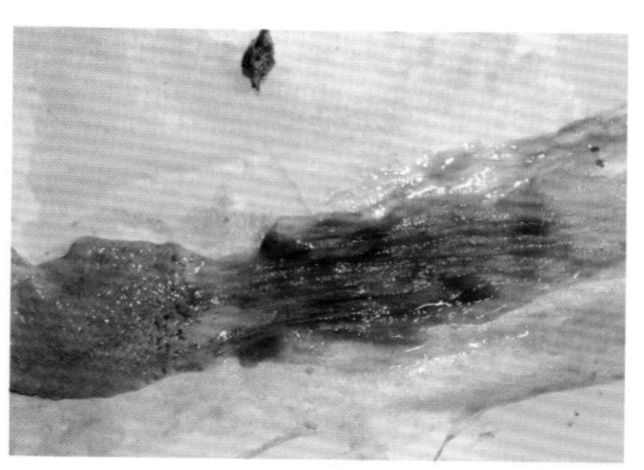

图 2-14　腺胃乳头出血

图 2-15　胃内容物变成墨绿色

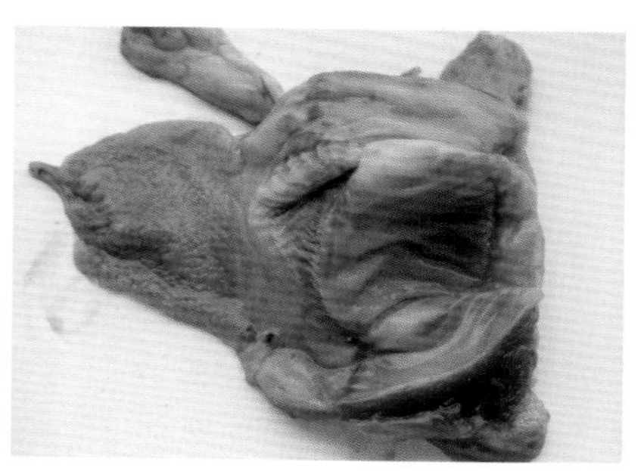

图 2-16　肌胃角质膜下黏膜有点状、斑状出血

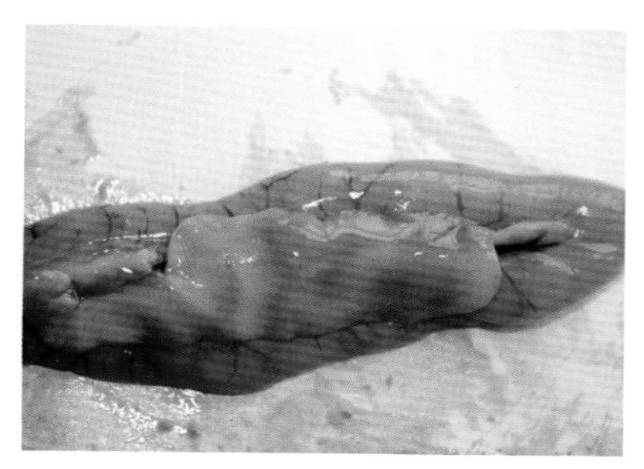

图 2-17　胰腺肿大、出血

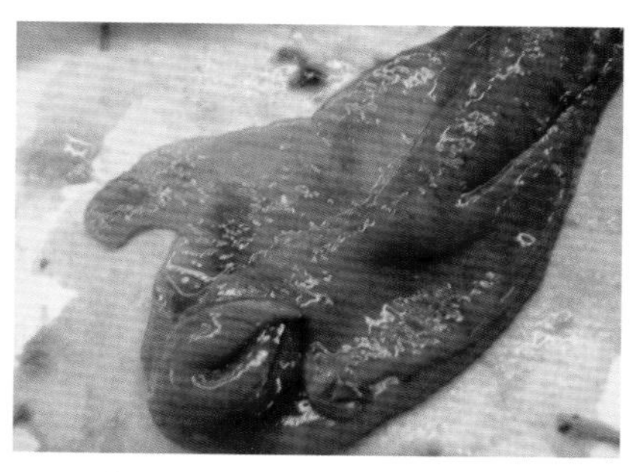

图 2-18　肠道广泛性出血

图 2-19　肠黏膜脱落、弥漫性出血

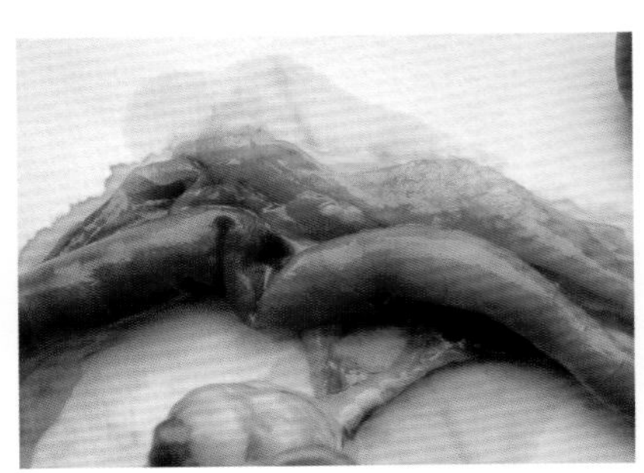

图 2-20　肠道出现坏死性结节，呈枣核样溃疡病变

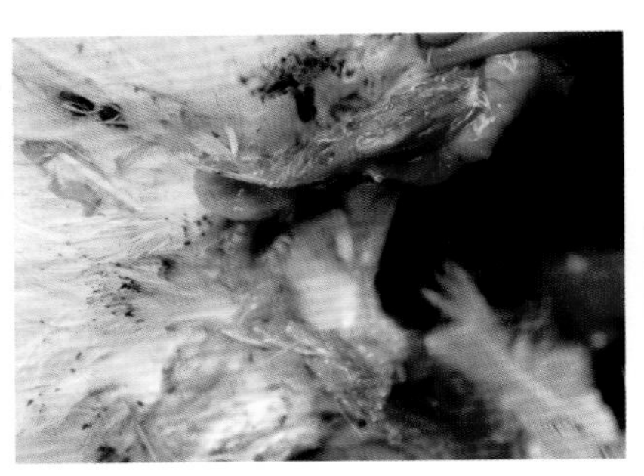

图 2-21　泄殖腔滞留灰白色稀粪

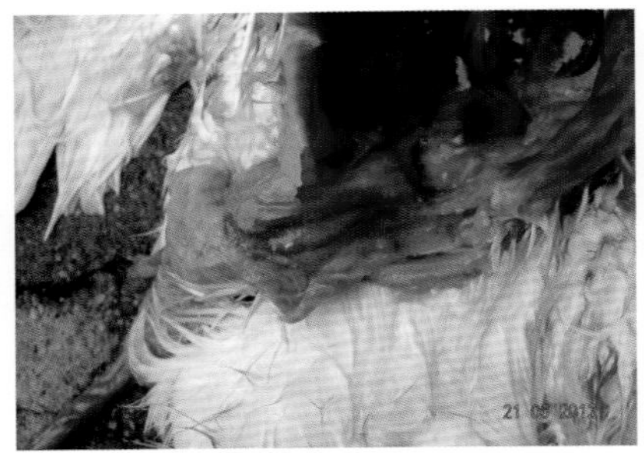

图 2-22　泄殖腔黏膜出血

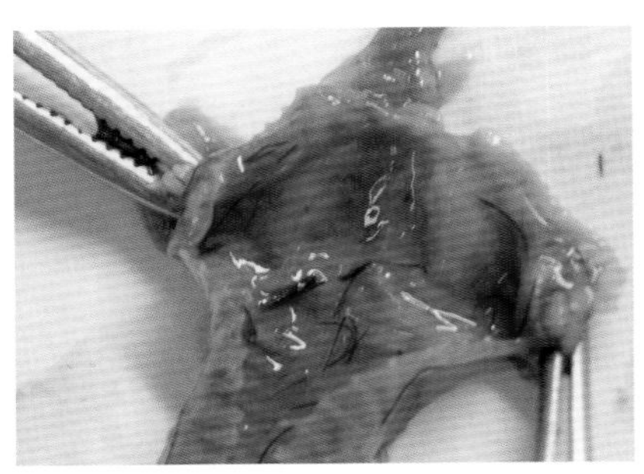

图 2-23　喉头黏膜充血、出血

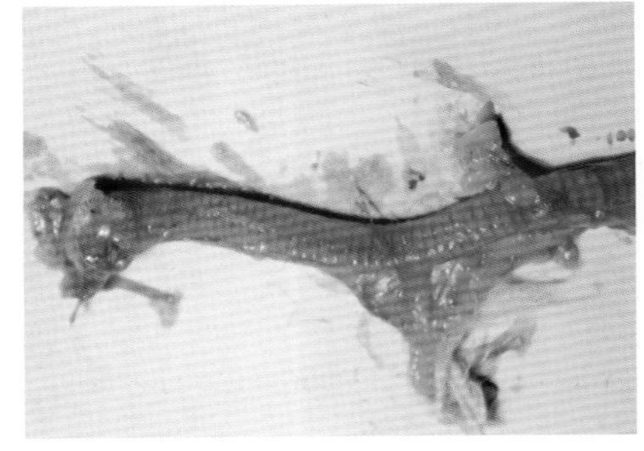

图 2-24　气管黏膜充血、出血

图 2-25　气管出血，呈出血环状

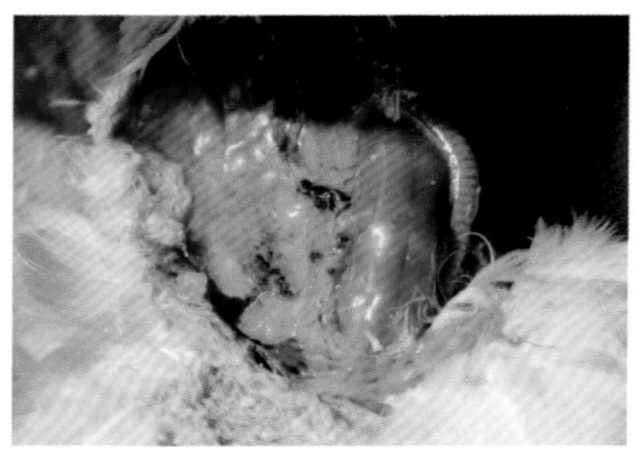

图 2-26　胸腺出血、坏死

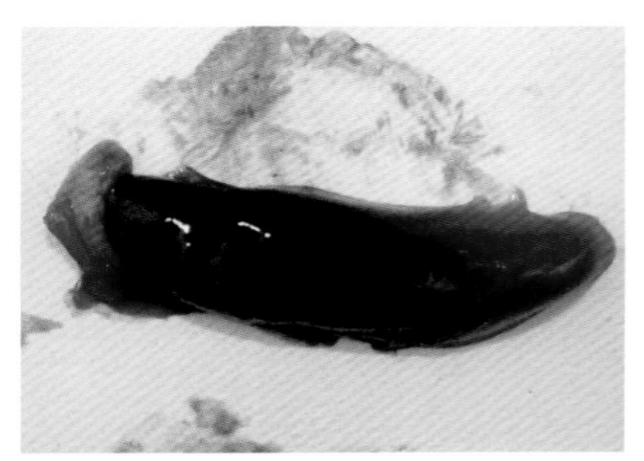

图 2-27　脾脏肿胀、充血、出血

图 2-28　卵泡变性坏死

（5）侵害生殖系统：母鸽出现卵巢炎、输卵管炎、卵黄性腹膜炎，可见卵泡变性坏死（图 2-28）。公鸽出现单侧或双侧睾丸充血、淤血、坏死（图 2-29）。

图 2-29　睾丸充血、淤血、坏死

（6）侵害泌尿系统：引起肾脏肿大、坏死，输尿管堵塞（图 2-30）。

图 2-30 肾脏肿大、坏死，输尿管堵塞

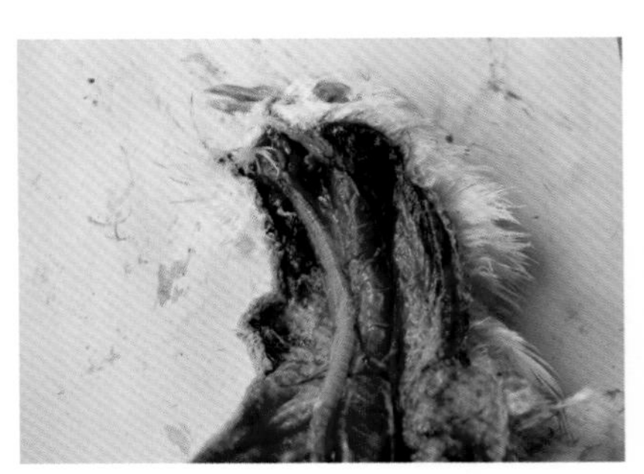
图 2-31 颈部皮下广泛性淤血、充血

（7）其他：皮肤较难剥离，剥离皮肤后可见肌肉干燥，稍潮红，胸肌有的较丰满但也有菲薄的。皮下广泛性充血、淤血，颈部尤其明显，常表现红、紫红、黑红色样淤斑性出血（图 2-31），这是本病固有的特征性病变。

5. 诊断

生产上出现以乳鸽、青年鸽为主的急性发病，临诊上出现扭头、转圈等神经症状和拉绿色稀粪等肠炎症状，剖检观察到腺胃、肌胃、肠道出血等消化道病变和脑出血的神经系统病变，可初步诊断为鸽新城疫。

通过微量血凝抑制试验（HI）检测鸽血清中鸽新城疫抗体水平，也是诊断本病的一种简便方法，但这种试验至少需要进行 2 次，采集发病时和康复后的血清，若后一次比前一次的抗体滴度明显升高（相差 2 孔以上），可怀疑鸽群感染了鸽新城疫。

确诊最好进行病毒的分离鉴定，往往采集病死鸽的脑组织作为病毒分离的病料，这样被细菌污染的机会减少，分离的成功率也会较高。对分离获得的病毒经稳定传代后，通过血凝试验（HA）和血凝抑制试验进行病毒鉴定，确认分离株是否是鸽新城疫病毒。鸽新城疫病毒通过 SPF 鸡胚传代时，会引起鸡胚类似于鸡新城疫产生的病变，常见的病变有鸡胚全身充血和出血（图 2–32），翅尖和爪出血（图 2–33），脑（图 2–34）、肝（2–35）、肾（图 2–36）出血，尿囊膜充血、出血、水肿（图 2–37）。

对鸽新城疫的诊断方法还有聚合酶链式反应（PCR）、酶联免疫吸附试验（ELISA）、核酸探针技术、电镜技术、荧光抗体技术（FA）、限制性内切酶片段长度多态性分析（RFLP）和核酸序列分析等，以上诊断方法各有其优缺点。

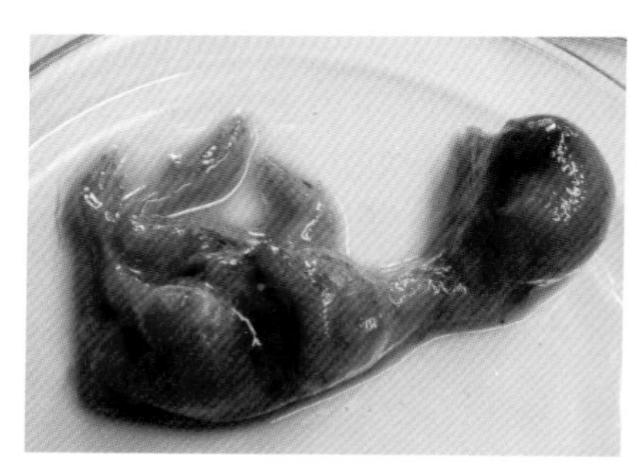

图 2–32　鸽新城疫病毒感染鸡胚引起全身充血、出血

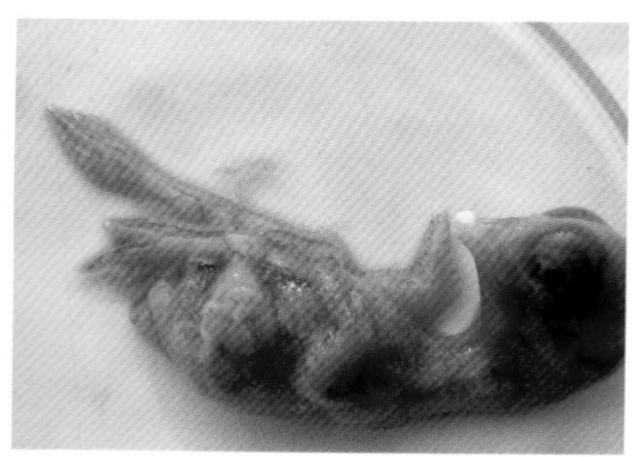

图 2–33　感染鸡胚翅尖和爪充血、出血

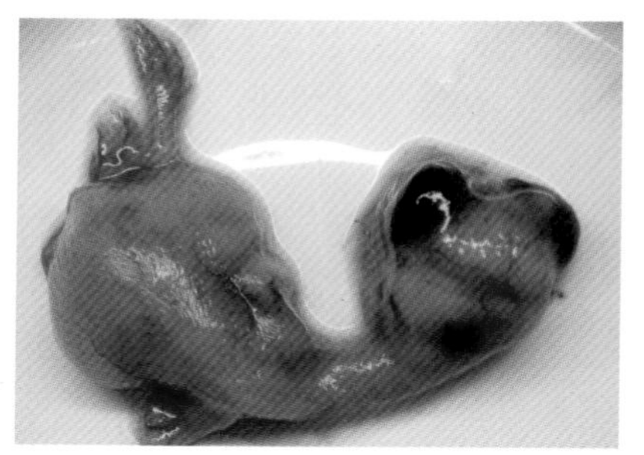

图 2–34　感染鸡胚脑后勺出血

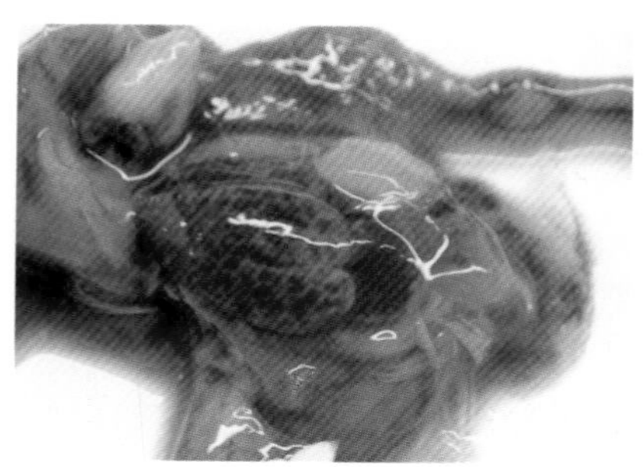

图 2–35　感染鸡胚肝出血、出血和坏死

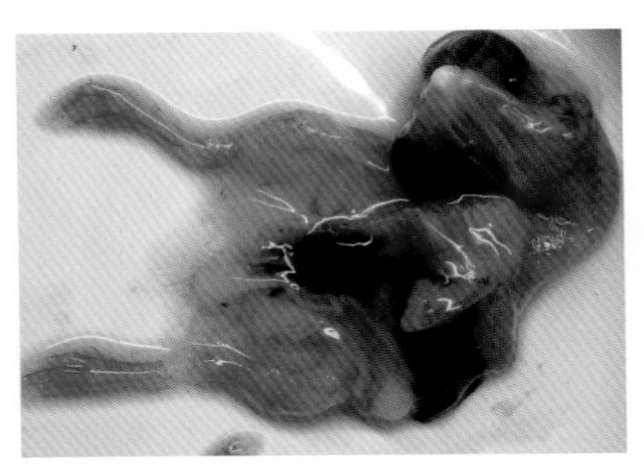

图 2-36　感染鸡胚肾脏充血、出血

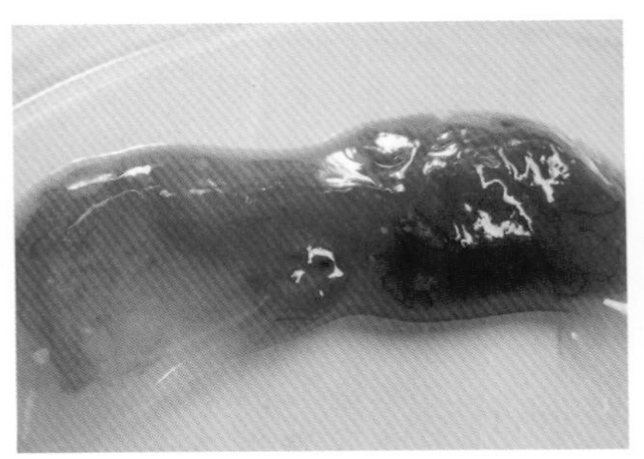

图 2-37　尿囊膜增厚、充血

本病的临诊症状、病理变化与禽流感、鸽沙门菌病（鸽副伤寒）、禽霍乱、禽脑脊髓炎和维生素 B_1 缺乏症有相似之处，容易混淆，在临诊上要注意鉴别诊断。

（1）与禽流感的鉴别诊断：鸽新城疫与禽流感在临诊症状和剖检病变上有部分相似，不过至今尚无鸽感染高致病性禽流感发病的报道，已报道的主要是鸽感染 H9 亚型低致病性禽流感，临诊表现以呼吸困难和产蛋率大幅下降为主要症状，死亡率很低，也无扭头歪颈等神经症状。通过实验室方法可准确区分，既可以根据禽流感病毒和新城疫病毒凝集红细胞种类的不同进行区别，也可以通过血凝抑制试验检测抗体方法进行区别。

（2）与鸽沙门菌病的鉴别诊断：虽然鸽新城疫和鸽沙门菌病都有水样或黄绿色稀粪及肢体麻痹，但鸽沙门菌病发病慢，发生神经症状的比较少（约 5%），死亡率不高；剖检肺部有炎症、肉芽结节，肝脏有针尖样黄白色坏死点，脾脏肿大；通过肝脏等组织可分离到细菌，经过生化鉴定可确定为沙门菌；本病使用抗生素有疗效。而鸽新城疫发病快，神经症状发生率高，常可达 20% 以上，死亡率高，有颈部皮下广泛性出血、腺胃乳头出血和肌胃角质膜下斑状出血等特征。

（3）与禽霍乱的鉴别诊断：禽霍乱可侵害各种家禽，鸭最易感染。本病往往无先兆症状，鸽子突然死亡，一般死亡率不高，偶尔死亡数也很多。新城疫的死亡数一般呈渐进性增多，拉绿色稀粪和出现扭头等神经症状。从病变来看，禽霍乱肝脏表面的灰白色坏死点及脏器浆膜面（尤其是心冠脂肪及心外膜）的出血，具有特征性；而鸽新城疫则不易见到肝的坏死点，以腺胃、肌胃和肠道黏膜出血为特征。禽霍乱的肝组织触片瑞氏染色见有两极着色的巴氏杆菌，使用磺胺药等抗菌药物可治愈。

（4）与禽脑脊髓炎的鉴别诊断：禽脑脊髓炎有明显的震颤（尤其是头部），这与本病震颤类似，但缺乏扭头歪颈、拉绿色稀粪的临诊症状。禽脑脊髓炎剖检可见腹部皮下和脑有蓝绿色区，眼单侧或双侧有同样的变色区，缺乏腺胃、肌胃、肠道等出血病变。这两种病无论是临诊症状还是剖检病变区别都比较明显，有利于鉴别。

（5）与维生素 B_1 缺乏症的鉴别诊断：维生素 B_1 缺乏症会引起神经症状，呈现“观星”姿势，头向背后极度弯曲，呈角弓反张状，腿软无力。病程表现为渐进性的，由轻而重。在喂相同饲料的情况下，表现为全群发病，补充维生素 B_1 后症状即改善。剖检死亡的雏鸽呈皮下广泛性水肿。

6. 防治措施

鸽新城疫的预防工作是一项综合性工程，生物安全措施、饲养管理、消毒、防疫、免疫监测等多个环节缺一不可，绝不能单纯依赖疫苗来控制本病。

（1）做好生物安全措施：合理选择场址，尽量远离其他养殖场和散养户 500 米以上，远离大的湖泊、水道、候鸟迁徙路径和公路，坚决杜绝混养其他家禽。合理布局鸽场功能区，生产区、生活区和隔离区严格分开。生产区内将种鸽舍、青年鸽舍和育肥鸽舍分开，设置净道和污道，建设良好的防鼠、防虫和防鸟的安全措施，对粪便废弃物和病死鸽进行无害化处理。加强饲养管理，供给优质的饲料、清洁的饮水和适合的保健砂；改善卫生环境，定期对场地进行消毒，人员进出必须制定严格的规章制度，尽量避免外来人员、禽类、车辆、器具等进入生产区。如从外场引进鸽子，一定要隔离饲养30天以上，经观察确认引进的鸽群健康后才可以混入本场鸽群。在转场、长途运输或天气突变时，可给鸽群适量加喂维生素C或多种维生素，以增强鸽群的抗应激能力。

（2）定期做好疫苗接种和免疫监测：目前国内尚没有鸽新城疫专用疫苗，在生产中多采用鸡新城疫疫苗。实践证明，鸡新城疫Ⅳ系中La Sota株、N79株、Clone 30株三种弱毒冻干活疫苗对鸽新城疫有一定交叉保护力，临诊使用也是安全的。但鸡新城疫Ⅰ系毒株已被世界动物卫生组织划定为强毒，鸡新城疫Ⅰ系冻干活疫苗要慎重选用，尤其严禁用于首免，它会给养鸽场带来生物安全隐患甚至直接产生危害。

具体可分为没有被鸽新城疫污染的鸽场和被鸽新城疫污染的鸽场两个方面区别制定免疫程序。

没有被鸽新城疫污染鸽场的免疫程序：①20～25日龄，鸡新城疫Ⅳ系弱毒活疫苗2倍量滴鼻、点眼。②50～60日龄，鸡新城疫Ⅳ系弱毒活疫苗2～3倍量饮水或喷雾。③开产前10～20日，鸡新城疫Ⅳ系弱毒活疫苗2～3倍量饮水或喷雾，或注射鸡新城疫油乳剂灭活疫苗0.5毫升/羽。④产蛋期间，每6个月鸡新城疫Ⅳ系弱毒活疫苗2～3倍量饮水或喷雾，或每12个月注射鸡新城疫油乳剂灭活疫苗0.5毫升/羽。

被鸽新城疫污染鸽场的免疫程序：①15～25日龄，鸡新城疫Ⅳ系弱毒活疫苗2～3倍量滴鼻、点眼并注射鸡新城疫油乳剂灭活疫苗0.3毫升/羽。②45～55日龄鸡新城疫Ⅳ系弱毒活疫苗2～4倍量饮水或喷雾+注射鸡新城疫油乳剂灭活疫苗0.4毫升/羽。③开产前7～10日，新城疫Ⅳ系弱毒活疫苗2～4倍量饮水或喷雾+注射鸡新城疫油乳剂灭活疫苗0.5毫升/羽。④产蛋期间每9～12个月用鸡新城疫Ⅳ系弱毒活疫苗3～5倍量饮水或喷雾+注射鸡新城疫油乳剂灭活疫苗0.5毫升/羽。

以上免疫程序仅供参考，最好跟踪检测鸽新城疫抗体，根据鸽群监测到的抗体水平，结合本场实际和当地周边疫情流行情况，制定适合本场的合理免疫程序，并跟踪检查免疫效果。如果灭活苗选用含有与本场相匹配的毒株研制的鸽新城疫油乳剂灭活疫苗，效果会更好些。

（3）做好其他疫病的防控工作：主要做好禽流感、鸽痘等疾病的常规免疫预防工作，同时注意其他常见疾病的预防工作，如鸽毛滴虫病、大肠杆菌病、曲霉菌病等。通过针对性措施，减少这些疾病的暴发，从而降低鸽新城疫的发生。

（4）发病后的处理：鸽场一旦发生本病，首先做好隔离封锁工作，将发病鸽挑出来送往隔离区，及时淘汰症状严重的鸽，对病死鸽进行无害化处理，防止疫情的扩大。其次，加强饲养管理，做好环境消毒和带鸽消毒工作，可选用亚氯酸钠（按 1∶1 500 稀释）或 2% 氢氧化钠进行环境消毒，选用百毒杀（按 1∶600 稀释）带鸽消毒，并注意减少应激，避免受凉、受热、惊吓等。第三，对健康鸽进行紧急免疫，每只皮下注射鸡新城疫油乳剂灭活疫苗 0.5 毫升，必要时可采用弱毒疫苗和灭活疫苗同时免疫，能有效阻止疫情的蔓延。

在发病早期或对症状较轻的病鸽，可采取治标、治本和扶正三管齐下的措施，有利于控制疫情，促进病鸽的康复。

① 抗病毒：解决病毒血症，是治本措施。可选用一些抗病毒的药物，如干扰素、白介素、细胞因子等生物制品，双黄连、黄芪多糖等中草药制剂抗病毒防治效果显著。另外，使用抗新城疫卵黄抗体、高免血清治疗发病鸽，亦有成功治愈的病例报道。

② 清热解毒：解除鸽子体内高热，是治标措施。由于病毒血症引起鸽子体温升高，发高热，造成鸽饮食欲下降、精神沉郁、消化不良、拉墨绿色粪便，采取清热解毒治疗会取得良好的康复效果。可在饲料或饮水中添加中草药或中草药制剂，具有清热败毒功效的中草药有金银花、连翘、紫花地丁、蒲公英、板蓝根、大青叶、黄连、黄柏等，方剂有黄连解毒汤（黄连、黄芩、黄柏、栀子）、消

黄散（黄药子、白药子、知母、栀子、黄芩、大黄、连翘、郁金）等。治疗本病可试用中药银翘解毒片，1 次半片至 1 片，1 日 2 次，连喂 5 天。也可用黄芩 100 克、桔梗 70 克、半夏 70 克、桑白皮 80 克、枇杷 80 克、陈皮 30 克、甘草 30 克、薄荷 30 克（后下），煎水供 100 只饮用 1 天，连用 3 天。此外还可用金银花、板蓝根、大青叶各 20 克，煎水饮服或灌服，每只鸽每次 5 毫升，日服 2 次。

③ 抗菌消炎：修复肠道菌群，解决肠炎，防止细菌继发感染。可在饲料或饮水中添加广谱抗生素（如强力霉素、环丙沙星、氟苯尼考等）。

④ 活血化瘀：血瘀阻于脑会引起扭头曲颈等神经症状，常选用川芎、桃仁、红花、银杏、丹参、三七等药物组成方剂，可缓解和预防神经症状的发生，有利于鸽子的康复。

⑤ 增强抵抗力：补充体能，解决体弱体虚问题。可在饲料中增加营养成分（如速补多维、维生素 C 等），加强饲养管理，避免应激。

二、鸽　痘

鸽痘是鸽的一种常见、接触性、高度传染性病毒病。

鸽痘传播慢，其特征是体表无羽毛部位皮肤出现散在的、结节状痘痂（皮肤型）；或上呼吸道、嘴角、口腔、咽喉和食道黏膜出现纤维性坏死，形成一层黄白色干酪样假膜（黏膜型，又称白喉型），从而影响运动、吞咽、呼吸，极易造成患病鸽因饥饿或窒息而死亡。随着养鸽业的发展，本病的发生和流行也日益严重，成为影响养鸽经济效益的重要疫病之一。

1. 病原

鸽痘由鸽痘病毒感染所引起。鸽痘病毒是痘病毒科、禽痘病毒属的成员之一，大小 250 ~ 350 纳米，是已知最大的动物病毒。

某些禽痘病毒具有较强的宿主特异性，在自然条件下，往往对同种宿主有致病性，对异种宿主不致病或致病性弱，但有些禽痘病毒在人工感染时也可使异种宿主致病。鸡痘病毒是最常见的禽痘病毒类型，是该属的代表种，危害很大，致病力较强，可引起鸽、鹌鹑、火鸡、麻雀等禽类感染发病。鸽痘病毒对鸽的致病力较强，对鸡和火鸡仅产生轻度感染，对其他家禽不感染。由于鸽痘病毒与鸡痘病毒在抗原性上非常相似，对鸡和火鸡具有强的免疫原性，故可选用鸽痘病毒作为种毒研制疫苗，用于预防鸡痘和火鸡痘。

鸽痘病毒大量存在于病鸽的皮肤和黏膜病灶中，在痘痂内含病毒最多。本病毒对外界自然因素抵抗力相当强，阳光照射数周仍可保持活力。对干燥有明显的抵抗力，在干燥痂皮中能存活几个月甚至数年之久，冷冻干燥和 50% 甘油盐水可使鸽痘病毒长期保持活力达几年，－15℃下保存多年后仍有致病性。对乙醚有抵抗力，可耐 1% 苯酚和 0.1% 福尔马林达 9 天。对氯仿敏感，在鸽粪和泥土中活力通常不超过几周，在腐败的环境中本病毒很快死亡。常用消毒剂如 1% 氢氧化钠、1% 醋酸、0.1% 升汞可在 5 ～ 10 分钟内杀死鸽痘病毒；福尔马林溶液熏蒸，经 1.5 小时可杀死本病毒；50℃加热 0.5 小时或 60℃加热 8 分钟能杀死本病毒。

2. 流行病学

不同品种、日龄和性别的鸽子均会感染鸽痘。未曾接触过鸽痘病毒的巢中乳鸽因羽毛少、抵抗力差，易感性最高，发病率可达 95% 以上，死亡率可达 10% ～ 40%。青年鸽易感性次之，发病率一般在 50% 左右。成年鸽发病率较低，尤其是接触过鸽痘病毒或感染后康复的鸽可终生免疫。一旦鸽场发生了鸽痘，以后会多年持续存在，很易暴发，对未接种过鸽痘疫苗的鸽子构成严重威胁。

鸽痘通常经病鸽与健康鸽直接接触而传染。脱落和碎散的痘痂是传播鸽痘病毒的主要形式。痘病毒通过损伤的皮肤或黏膜而侵入。多见于头部、鼻瘤，因笼具引起外伤而传播，或经过拔毛后从毛囊侵入，或因口腔、食道和眼结膜的黏膜破损而侵入。鸽痘病毒属蚊传虫媒病毒，库蚊、疟蚊等吸血昆虫以及体表寄生虫如虱、螨等传播，特别是蚊子在传播本病中起着重要的媒介作用。蚊虫吸吮过病灶部的血液之后，带毒时间可长达 10 ~ 30 天，叮咬易感的健康鸽，很易引起感染发病，这是夏秋季节鸽痘流行的主要传播途径。由于鸽痘病毒耐干燥，在外界存活时间较长，其毒力可保存几个月。因此，人、物品和车辆等在传播病原上应予以重视。除通过直接接触而感染外，黏膜型鸽痘的病鸽消化道分泌液中含有大量病毒，可通过污染饮水、饲料和用具等间接感染。

饲养管理不良（如密度太大、拥挤、通风不良、阴暗潮湿、啄伤等）、体外寄生虫感染、维生素缺乏、混合感染（如混有鸽支原体感染等疫病）等因素的存在，可使鸽痘加速发生或病情加重，严重的可造成鸽子大批死亡。

鸽痘的发生与蚊虫叮咬极其相关，而蚊虫叮咬的发生与气温有很大的关系。蚊子在 17℃以下一般不叮咬鸽子，在 27℃以上时叮咬活跃，在 37℃以上时叮咬迅速，故本病的发生具有明显的季节性。具体来说，我国南方地区 3 ~ 10 月份和北方地区 5 ~ 8 月份，为鸽痘的可能发生期。实际上本病一年四季都可发生，一般在夏、秋季多发生皮肤型鸽痘；其他季节则以黏膜型鸽痘多见。

3. 临诊症状与病理变化

鸽痘根据临诊表现可分 3 种类型，即皮肤型、黏膜型和混合型，但以皮肤型多发。本病自然感染的潜伏期一般为 4 ~ 10 天，有时可长达 2 周后才出现症状。本病的病程通常为 3 ~ 4 周，但如果存在混合感染，则病程较长。如果痘病毒毒力较强，而控制措施又不得力，则可引起鸽子从一部分感染发展为全群暴发。本病一般能逐渐康复，皮肤型的病例比黏膜型的更容易恢复。

鸽痘临诊症状的严重程度取决于痘病毒毒力、病灶分布情况、鸽子体质和其他并发因素的影响。鸽痘产生的病理损伤——痘痂或假膜则比较明显和相对典型，往往通过肉眼即能识别。

（1）皮肤型：皮肤型鸽痘一般无明显的全身症状，但感染严重的病例或体质衰弱者，则表现精神委顿，食欲不振，体重减轻，生长受阻。痘痂若在眼睑上，影响较为明显，鸽表现眼睛怕光，流泪，结膜炎，眼睑粘连乃至失明，影响采食，最终因饥饿衰竭而死亡。成年鸽影响产蛋，产蛋减少甚至于完全停产。

病变发生在无羽毛、裸露的皮肤上，常可见眼睑（图 2–38）、鼻瘤（图 2–39）、喙、腿部（图 2–40）、爪（图 2–41）、肛门等部位出现灰白色的细小痘疹，随后体积迅速增大，形成如豌豆大的灰色或灰黄色结节，痘疹表面凹凸不平，结节坚硬而干燥，有时结节的数目很多，可互相连接而融合，产生大的痂块，3 ~ 4 周后痂皮脱

图 2–38　眼睑出现鸽痘

图 2–39　鼻部痘疹

图 2–40　脚部出现痘痂

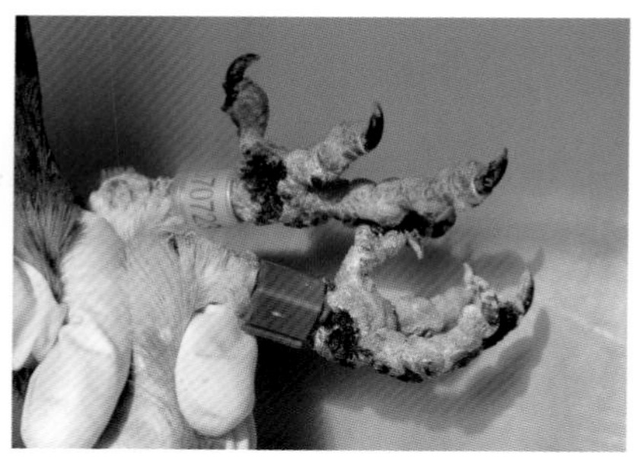

图 2–41　爪部出现痘痂

落，留下灰白色的瘢痕。

（2）黏膜型：俗称鸽白喉。病变发生在鼻腔、嘴角、口腔、咽喉、食道黏膜上。病初症状不明显，随着病程的发展，病鸽表现精神不振，厌食，眼和鼻孔流出的液体初为浆液性黏液，以后变为淡黄色的脓液。时间稍长，若波及眶下窦和眼结膜，则眼睑肿胀，结膜充满脓性或纤维蛋白性渗出物。鼻炎出现 2 ~ 3 天后，嘴角、口腔（图 2–42、图 2–43）和咽喉（图 2–44）等处的黏膜出现痘疹，初呈圆形的黄色斑点小结节，以后小结节相互融合形成一层黄白色干酪样的纤维性坏死性假膜，覆盖在黏膜上面，这些假膜是由坏死的黏膜组织和炎症渗出物凝固而成的。假膜不易剥落，有恶臭，撕去假膜则露出出血性溃疡面。

随着病程的加深，口腔和喉部黏膜的假膜不断扩大和增厚，阻塞口腔和喉部，影响病鸽的吞咽和呼吸，嘴往往无法闭合，采食、饮水发生障碍，呼吸困难，病鸽频频张口呼吸，发出"嘎嘎"的声音。体重迅速减轻，精神委靡，生长不良。严重时，脱落的破碎小块痂皮掉进气管，会引起窒息，造成死亡，雏鸽的病死率可高达 50%。

（3）混合型：是皮肤型与黏膜型混合发生的类型（图 2–45）。临诊上较多见，病情往往较单一类型的严重，危害也较大。病鸽表现明显的临诊症状，若发生肠炎，会出现严重腹泻，造成死亡；部分病例转为慢性肠炎，致使鸽生长不良，消瘦。临诊可见以上皮肤

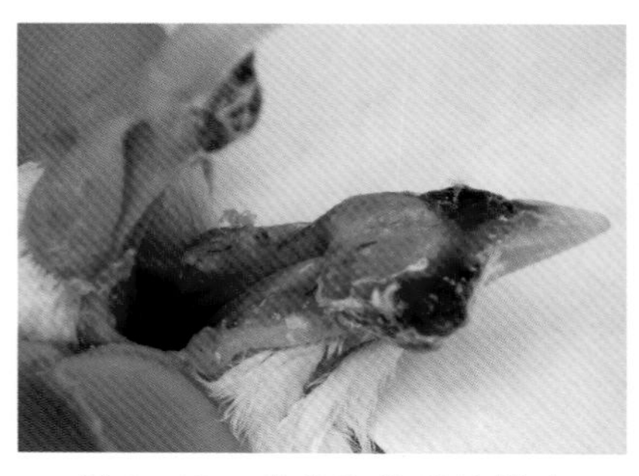

图 2–42　嘴角处黏膜性鸽痘

图 2–43　口腔出现黄白色痘痂

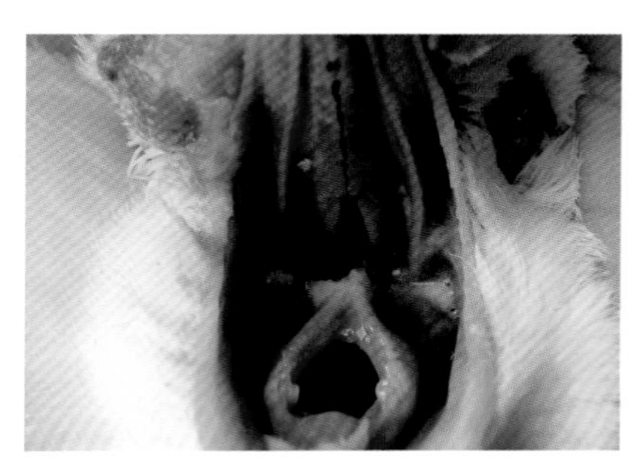

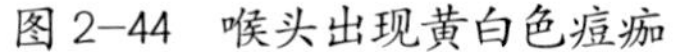
图 2-44　喉头出现黄白色痘痂

图 2-45　鼻瘤与嘴角混合型鸽痘

型和黏膜型的病理变化。

鸽痘特征性组织学病变是在患部皮肤或黏膜上皮细胞以及感染鸡胚的绒毛尿囊膜上皮细胞的胞质内形成包涵体，包涵体中可以看到大量的病毒粒子，即原生小体。

4. 诊断

根据眼睑、喙、鼻瘤、腿部、爪等无羽毛部位皮肤上出现结痂病灶，或嘴角、口腔、食道内黏膜出现痘疹或假膜，结合不同季节的流行特点可做出初步诊断，如蚊虫发生的夏季、初秋以皮肤型多见，而冬季以黏膜型多发。确诊须通过病毒分离与鉴定；或经组织病理学检查，制作组织切片，发现感染上皮细胞的胞质内存在大量嗜酸性包涵体和原生小体；也可通过免疫扩散试验、间接荧光抗体技术、ELISA、PCR 等血清学或免疫学方法进行确诊。

鉴别诊断时应注意与恙虫病、鸽念珠菌病、鸽毛滴虫病和维生素 A 缺乏症相区别。

（1）与恙虫病的鉴别诊断：皮肤型鸽痘与恙虫病都表现在皮肤上出现疙瘩样病变，但后者不产生脓疱，而且呈脐状红肿，中央有一小红点，用针可挑出极小的虫体。

（2）与鸽念珠菌病的鉴别诊断：鸽念珠菌病与黏膜型鸽痘在口腔黏膜上有相似病变。鸽念珠菌病一年四季均可发生，常发生于 1 ~

3月龄仔鸽，多伴有呕吐，呕吐物呈豆腐渣状；剖检可见消化道黏膜覆盖有鳞片状的干酪样假膜，假膜难以剥离，有酸臭味，撕去假膜则露出凹陷的溃疡灶。而黏膜型鸽痘多在冬季发生，其口腔内痂状物或假膜难以剥离，有恶臭，撕去假膜则露出出血性溃疡面。

（3）与鸽毛滴虫病的鉴别诊断：鸽毛滴虫病与黏膜型鸽痘在口腔黏膜上有相似病变。鸽毛滴虫病一年四季均可发生，常发于1月龄内的乳鸽。病鸽口腔常有小片淡黄色干酪样物，容易做无血分离，且剥离后不留痕迹。如做湿片镜检，可看到游动的毛滴虫。

（4）与维生素A缺乏症的鉴别诊断：维生素A缺乏症病程表现为渐进性，由轻到重，在喂相同饲料时出现全群发病。虽维生素A缺乏症患病的眼和口腔也有与鸽痘相似的病变，但其全身症状较为明显，眼明显肿胀，有多量的干酪样渗出物；肾脏肿大，充斥着大量尿酸盐，成网状结构；输尿管肿胀；食道有白色的小脓灶。

5. 防治措施

预防措施主要是加强饲养管理，改善饲养环境，搞好鸽舍的卫生消毒防疫工作。注意鸽舍的布局要合理，饲养密度不宜过大，不同日龄、不同品种的鸽群应分群饲养，鸽舍保持良好的通风，供给充足的全价饲料和新鲜的保健砂，增强鸽子自身的抵抗力。避免各种原因引起的啄癖或机械性外伤，杜绝鸡、鸽混养。新引进的鸽子要经过隔离饲养，经30天观察，证实无疫病后方可合群。在夏、秋季应注意彻底消灭鸽舍内外的蚊子等吸血昆虫，可选用0.03%除虫菊酯、0.01%溴氰菊酯、0.01%氰戊菊酯和0.06%蝇毒灵等杀虫剂喷洒鸽舍、产蛋箱、地面及用具等，杀灭蚊虫，以防其传播疫病。

有的养鸽场在蚊虫盛行季节于鸽舍内安装电子灭蚊灯，取得良好的灭蚊效果。采用中草药复方制剂对防治鸽痘也具有良好作用，方剂一（广西陈梦林提供）：山芝麻、鱼腥草、一点红各500克，加水2500克，煮到浓缩一半，再兑水5倍，供鸽自由饮水。方剂二（上海许克坚提供）：金银花50克、野菊花100克、蒲公英50克、紫花地丁 100 克、紫背天葵 30 克、黄芩 30 克、没药 10 克、乳香 10 克、连翘 50 克，煎熬 3 次，将第 1 次煎熬的药水与第 2 次、第 3 次煎熬的药水混合，然后按 1∶10 稀释，供 1 000 只鸽子饮用。

预防本病最有效的方法是疫苗免疫。由于目前国内尚无商品化鸽痘疫苗，通常用鸡痘活疫苗（鹌鹑化弱毒株）代替，有一定的交叉免疫保护效果。为预防鸽痘的发生，在鸽痘流行季节前进行疫苗免疫；在热带地区可在任何时间接种。在种鸽场和过去发生过本病的养鸽场，所有日龄的鸽（包括乳鸽）都要接种疫苗，对每批新生鸽应在可能发病的日龄以前就要接种疫苗。鸽痘疫苗接种常用刺翼接种法，肌注、羽毛囊接种保护效果也较好，经口接种保护效果不确切、不稳定。刺种部位用 75% 乙醇消毒，不宜使用碘酒消毒；刺种后 7 ~ 10 天接种部位出现红肿，随后产生痂皮，2 ~ 3 周痂皮脱落，故一般在刺种后 7 ~ 10 天应逐个检查，观察刺种部位是否有皮肤肿胀和结痂，刺种部位无反应者，应重新补刺。乳鸽出生 3 周以上接种，保护期可达 9 个月以上；成年鸽应在产蛋前再接种 1 次。

鸽子一旦发病，应严格隔离，及时治疗，严重的应淘汰，并经无害化处理（深埋或焚烧等），健康鸽应紧急接种疫苗，对鸽场内外环境加强消毒，增加鸽舍消毒次数。

对患病鸽的治疗，皮肤型鸽痘可将硬痂揭去，然后在疤痕处涂上外用消毒药（如 1% 碘伏、0.5% 紫汞、0.02% 高锰酸钾溶液、1% 聚维酮碘溶液等），同时可用 0.1% 结晶紫饮水，并在饲料或饮水中添加抗生素以防止继发感染。存在于皮肤病灶中的病毒对外界环境的抵抗力很强，因此经隔离治愈的病鸽应在完全康复 2 个月后才能合群。黏膜型鸽痘早期可用庆大霉素眼药水点眼治疗，用 0.4% 盐酸吗啉胍饮水；口腔有病灶时，可先用镊子剥去假膜，用 0.01% 高锰酸钾溶液或 0.2% 聚维酮碘溶液冲洗，再涂碘甘油，或撒上冰硼酸；同时，在饲料中添加 0.2% 阿莫西林或 0.3% 泰乐菌素，防止继发感染，尤其是防止葡萄球菌的感染；另外在饲料中添加规定剂量 3 ~ 5 倍的多种维生素，增强鸽子抗应激能力，提高鸽子的耐受力，降低患病鸽的死亡率。

三、禽流感

禽流感又称欧洲鸡瘟、真性鸡瘟。本病是由A型流感病毒引起的一种禽类（家禽和野禽）的高度接触性传染性疾病综合征。本病广泛流行于世界上许多国家和地区，是目前危害养禽业最严重的疫病之一。需要特别说明的是，根据致病性的不同，禽流感可分为高致病性禽流感、低致病性禽流感和无致病性禽流感。我国仅将高致病性禽流感列入一类动物疫病，低致病性禽流感被列为二类动物疫病。只有高致病性禽流感才是人兽共患病，故大家不要谈“流”色变。

1992年我国广东鸡群首先报道发生H9N2低致病性禽流感，以引起呼吸道症状、产蛋下降为主；2004年我国家禽暴发49起H5N1高致病性禽流感疫情，出现大面积死亡，扑杀了900万只家禽，亚洲约1亿只家禽病死或被扑杀。可见，禽流感造成的经济损失巨大，已成为严重威胁养禽业的疫病。

1. 病原

禽流感病毒为正黏病毒科、流感病毒属的成员，根据流感病毒核蛋白（NP）和基质蛋白（MS）抗原性的不同，可将流感病毒分为A、B、C 3个血清型。禽流感属于A型，A型流感病毒能感染多种动物，包括人、猪、马、禽、海豹等。病毒粒子呈杆状或球状，直径为80 ~ 120纳米，表面长有10 ~ 12纳米的密集钉状膜蛋白，钉状膜蛋白有两种，一种血凝素（HA），具有血凝活性，能凝集禽类和哺乳动物红细胞；另一种是神经氨酸酶（NA）。由于不同禽流感病毒的HA和NA有不同的抗原性，目前已发现有16种HA和9种NA，分别命名为H1 ~ H16和N1 ~ N9，不同的HA抗原或NA

抗原之间无交叉反应或交叉保护比较差。如果 HA 和 NA 基因随意重排，则可产成 144 种禽流感病毒亚型。同时，禽流感病毒的另一特点就是，病毒的抗原性变异高，在病毒增殖过程中很容易发生基因漂移、遗传重组而变异，使禽流感病毒的抗原性和致病性发生改变，从而导致不断出现新的毒株。禽流感病毒虽然亚型众多，但多数毒株是低致病性的，只有 H5 和 H7 亚型的少数毒株是高致病性的。

迄今为止，高致病性禽流感都是 H5、H7 亚型，家禽、水禽、特禽、珍禽、候鸟和猫科动物等对高致病性禽流感易感，一旦被感染，其发病率和死亡率都很高。至于鸽是否被高致病性禽流感感染发病，目前尚有不少争论。

禽流感病毒没有超常的稳定性，对理化因素并没有超常的抵抗力。禽流感病毒对氯仿、乙醚、丙酮、去污剂等脂溶剂比较敏感。本病毒对热敏感，56℃ 30 分钟、60℃ 10 分钟、65℃ 5 分钟或更短的时间均可使之失去感染性。紫外线照射很快被灭活，在阳光直射下 40 ~ 48 小时也可使其灭活。福尔马林、高锰酸钾、过氧乙酸、氢氧化钠、漂白粉、二氯异氰尿酸钠、新洁尔灭、消毒灵等消毒剂均能迅速破坏其感染性。但禽流感病毒对湿冷有抵抗力，病毒在冷冻禽肉和骨髓中可存活 10 个月以上，在－20℃低温、干燥或甘油中病毒可保存数月至 1 年以上，在－196℃低温下存活 42 个月以上。在干燥的血块中 100 天或粪便中 90 天仍可存活，在感染的机体组织中具有更长时间的活性。

2. 流行病学

禽流感病毒在自然条件下能感染多种禽类，至少在 50 种禽类中发现了禽流感病毒或抗体。在自然条件下火鸡、鸡、鸭最为易感，其次是珍珠鸡、野鸡和孔雀，鸟类中燕鸥、燕子、麻雀等也易感，鹅和鸽易感性较低，哺乳动物一般不易感。

毕英佐等已经在华南地区从病死鸽中分离到 H9 亚型低致病性禽流感病毒；贾贝贝进行活禽市场的鸽血清学调查结果表明，鸽 H9 亚型禽流感病毒的抗体阳性率达 24.4%；2011 年冬季安徽省、浙江省出现了 H9 亚型低致病性禽流感流行，涉及多个地区，发病急，传染快，以呼吸道疾病和产蛋率急剧下降为主，经济损失严重，提示需重视 H9 亚型低致病性禽流感对鸽的危害，加强对禽流感的检测。

禽流感病毒很易因重组或漂移而变异，不同禽类和鸟类在禽流感传播中具有潜在中间宿主的作用，为保持和出现新的和潜在的高致病性禽流感毒株提供了条件。鸽子活动范围大，有与家禽、水禽以及其他自由迁徙鸟类的接触机会，因而鸽子可能与水禽一样也是禽流感基因重组病毒主要的储存库。鉴于鸽子在禽流感病毒传播中的重要作用，应该重视对鸽禽流感的防疫工作。

本病一年四季均可发生，气温骤冷骤热的季节较易暴发，以冬春季为主要流行季节。

3. 临诊症状

潜伏期从几小时到 14 天不等。禽流感的临诊症状千差万别，从无症状的隐性感染到呼吸系统疾病和产蛋下降，再到死亡率达 100% 的急性败血症等多种表现形式。临诊症状主要表现为侵害呼吸道、消化道、生殖道及神经系统的症状。疾病的严重程度取决于病毒毒株的毒力、被感染的禽种及有无并发感染等。

至今尚无鸽自然感染 H5N1 亚型高致病性禽流感的报道。

鸽感染 H9N2 亚型低致病性禽流感时，传播速度快，3 ~ 5 天便能感染全场鸽群；发病率高达 100%；死亡率低，一般只有 5% 左右，若混合或继发感染时，死亡率显著上升，可高达 50%；产蛋下降明显，一般会下降 50% 以上，甚至停产。病鸽表现精神沉郁，可能有短时间发热，呆立，饮食欲减少；呼吸道症状表现明显，咳嗽，打喷嚏，呼吸困难，有啰音，重者张口呼吸或发出“怪叫”声，可视黏膜、冠发绀（图 2–46），严重的可窒息死亡。眼肿流泪，流鼻液，下痢，部分拉绿色粪便。产蛋率大幅下降，蛋品质下降，破蛋、砂壳蛋、软皮蛋和畸形蛋等不合格蛋增多（图 2–47）。部分鸽有头肿，

图 2-46　呼吸困难，可视黏膜发绀

图 2-47　破蛋、砂壳蛋增多

眼结膜潮红、充血症状。

4. 病理变化

禽流感产生的病理变化在病变部位和严重程度上有很大的差别，这主要取决于感染毒株毒力的强弱、病程的长短、禽种的不同等。

因鸽至今尚无高致病性禽流感感染的病例，在此不做介绍。

低致病性禽流感病变主要在呼吸道，尤其是窦的损害，以卡他性、纤维性或脓性炎症为特征。喉气管黏膜水肿、充血并间有出血（图 2-48），气管充血、出血，严重的呈出血环样（图 2-49、图 2-50），在支气管内有黄白色干酪样物堵塞（图 2-51），眶下窦肿胀，有浆液性至脓性渗出物；气囊膜混浊（图 2-52），纤维素性腹膜炎；整个胸腺肿胀、充血，上 3 对胸腺易充血、出血；腺胃乳头及乳头之间出血（图 2-53），肌胃角质膜下有时可见出血（图 2-54）；胰腺有灰白色至灰黄色的斑状坏死点（图 2-55），有时呈透明样坏死（图 2-56）；肠道黏膜充血、出血（图 2-57）；输卵管黏膜充血、水肿（图 2-58），卵泡充血、出血、变性、坏死（图 2-59）；肾脏肿大、充血（图 2-60）；脑部充血、出血（图 2-61）；心冠脂肪出血（图 2-62），有时心内膜出血，心肌坏死；睾丸一侧或两侧出血，法氏囊充血或内有干酪样分泌物。

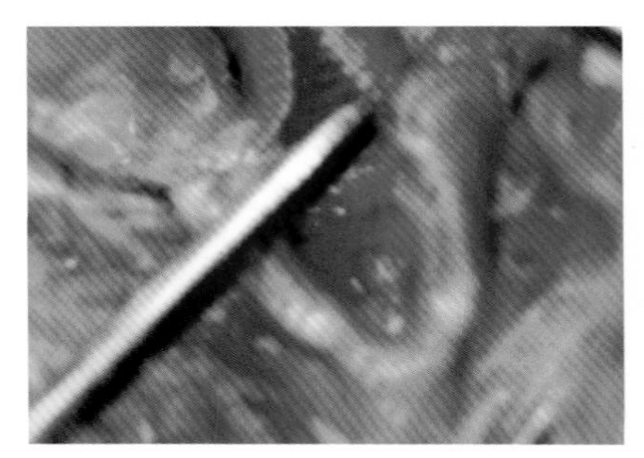

图 2-48　喉头充血、出血

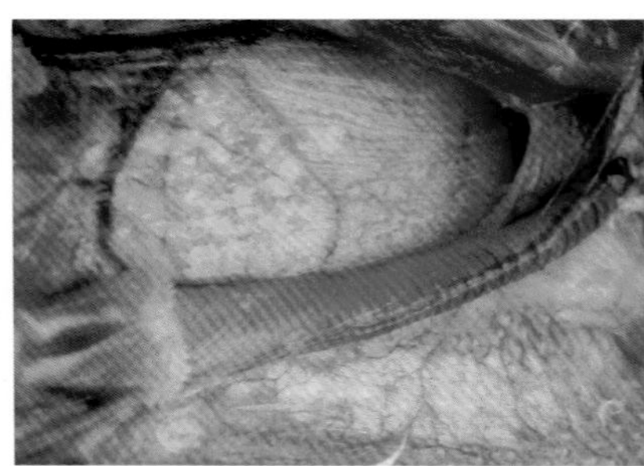

图 2-49　气管呈环状出血

图 2-50　气管充血、出血，并有血凝块

图 2-51　支气管内有黄白色干酪样物堵塞

图 2-52　气囊膜混浊

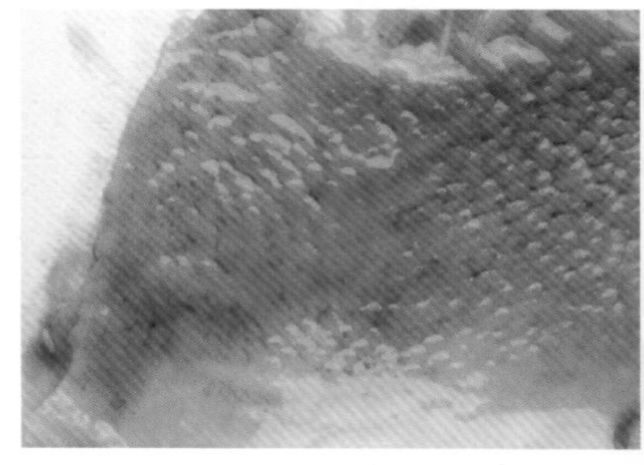

图 2-53　腺胃乳头及乳头之间出血

图 2-54　肌胃角质膜下出血

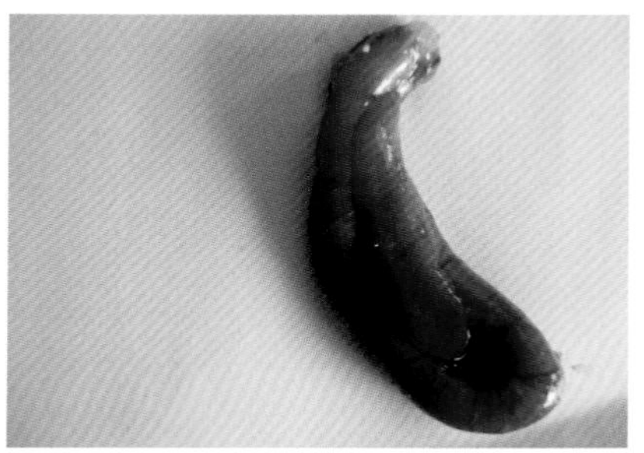
图 2-55　胰腺有灰白色坏死点

图 2-56　胰腺有透明样坏死

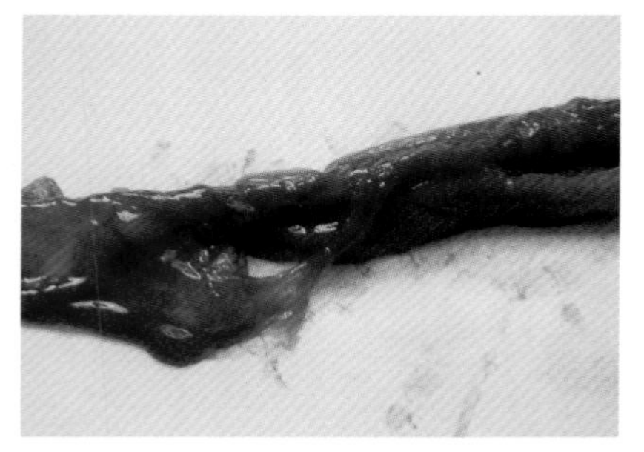
图 2-57　肠道黏膜充血、出血

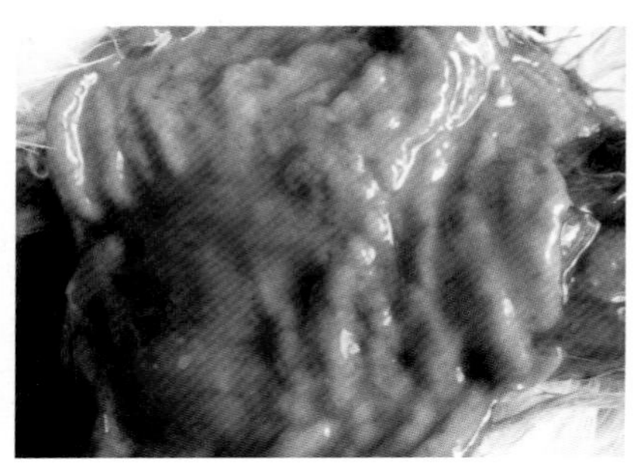
图 2-58　输卵管黏膜充血、水肿

图 2-59　卵泡变性、坏死

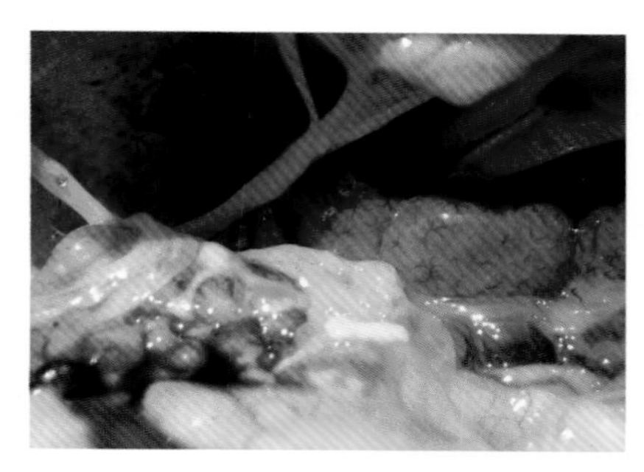

图 2-60 肾脏肿大、充血

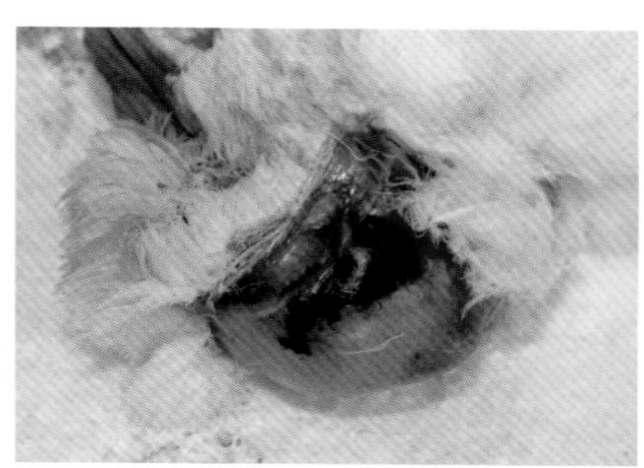

图 2-61 脑部充血、出血

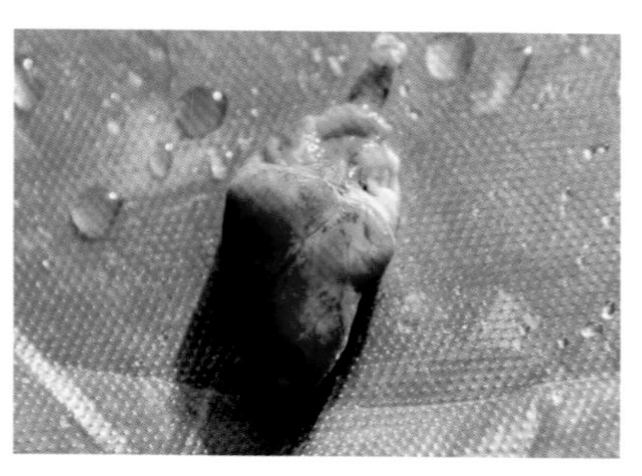

图 2-62 心冠脂肪出血

5. 诊断

H9 亚型低致病性禽流感可根据流行病学、临诊症状和剖检变化可做出初步诊断，并可根据实验室血清学试验确诊。H9 亚型低致病性禽流感应注意与鸽新城疫的鉴别诊断。

6. 防治措施

目前，对禽流感尚无特效的防治药物，也无鸽专用禽流感疫苗。预防主要是严格检疫，把好国门关，防止禽流感从国外传入。不从有本病的鸽场、地区引种，防止引入本病。鸽场选址时应远离鸡场、水禽场等。本场严禁饲养鸡、鸭、鹅等禽类，以免横向交叉感染。鸽场应有良好隔离措施，避免与野鸟接触。严格执行卫生消毒防疫制度。

接种疫苗是行之有效的防治方法。国家规定强制接种 H5N1 亚型禽流感油乳剂灭活疫苗或禽流感基因重组苗，能有效预防和控制高致病性禽流感的暴发。H9N2 亚型低致病性禽流感油乳剂灭活疫苗是商业化、自主选择的疫苗，各鸽场可根据本场和当地疫情决定是否接种。若当地有本病流行，最好接种，以免被其他禽类传染而发病。

免疫程序和方法（仅供参考）：35 ~ 40 日龄时首免，每只 0.3 毫升禽流感油乳剂灭活疫苗；开产前 15 ~ 20 天二免，每只 0.5 毫升；以后每隔 9 ~ 12 月接种 1 次，每只 0.5 ~ 1 毫升。接种部位一般选在鸽翼窝部，接种方式为皮下注射。

使用具有清热败毒的中草药制剂或双黄连、黄芪多糖等抗病毒中成药对 H9 亚型低致病性禽流感有一定的预防和早期治疗作用；干扰素、白介素等生物制品也有一定的早期治疗效果。若发生 H9 亚型低致病性禽流感疫情，应严格执行兽医卫生防疫措施，将病鸽全部淘汰，对病死鸽、垫料和鸽粪实行无害化处理；严密封锁鸽场，彻底消毒；对健康鸽进行紧急免疫，每只皮下注射 H9N2 亚型禽流感油乳剂灭活疫苗 0.5 毫升。

四、鸽腺病毒感染

鸽腺病毒存在于鸽眼、呼吸道和上消化道的黏膜内，平时呈隐性感染，一般很少将腺病毒当作原发性病原体，常见于其他疾病的并发症（例如混合感染鸽大肠杆菌病等），也可见于有免疫缺陷或免疫抑制的鸽群（如黄曲霉菌毒素中毒），这样腺病毒很快就发挥机会性病原体的作用，引起鸽子呼吸道、肝脏及消化道方面的疾病。鸽腺病毒感染不仅有急性嗉囊炎和肠炎的病型，有时也会出现鸽包涵体性肝炎或鸽支气管炎的病型。

1. 病原

腺病毒科分为哺乳动物腺病毒和禽腺病毒两个属。鸽腺病毒是禽腺病毒的一员。

目前将禽腺病毒分为 3 个群。禽腺病毒 I 群来自鸡、火鸡、鹅和鸽等禽类，具有共同的群特异抗原。禽腺病毒 I 群血清学分类，从细胞培养物上生长情况以及其核酸特性的比较和分析，禽腺病毒Ⅰ群至少有12个血清型，但目前在病鸽身上分离到的只有第8型腺病毒。Ⅱ群包括火鸡出血性肠炎、大理石脾病和鸡脾肿大症的病毒，这些病毒具有可与Ⅰ群相区别的群特异抗原，它们在形态、化学组成等方面与Ⅰ群腺病毒相似，彼此可用限制性内切酶指纹图谱和单克隆抗体加以区分。Ⅲ群是与产蛋下降综合征有关的病毒以及来自鸭的相关病毒，具有与Ⅰ群部分相同的抗原。

目前已确认鸽腺病毒分为Ⅰ群腺病毒（又称典型腺病毒）和Ⅱ群腺病毒（又称坏死性肝炎病毒）。腺病毒在原发或继发病原的确切作用尚不完全清楚。

自然界腺病毒的抵抗力较强，对热的抵抗力相对强，在室温下可保持活性达6个月之久，在4℃可存活70天，50℃存活10～20分钟，56℃存活5分钟。抗酸，可耐受pH 3～9，故能通过胃肠道而不被杀灭，仍保持其活性。由于没有脂质囊膜，对脂溶剂，如乙醚、氯仿、胰蛋白酶等具有抵抗力。0.1%甲醛和0.1%聚维酮碘是有效的消毒剂。

2. 流行病学

血清学调查证明，腺病毒感染在家禽中广泛存在，可从鸡、火鸡、野鸡、鸽、鹌鹑和鹅等禽类中分离到，并广泛存在抗体。我国鸡的腺病毒阳性率为8%～60%；据王金和（1996）的调查发现，腺病毒在台湾地区鸽的阳性率为63%。

腺病毒可保持潜伏感染，从健康鸽肠道内也常常可以检测出非病原性腺病毒。病鸽呼吸道的分泌物、呕吐物带有大量腺病毒，会污染空气、水源、饲料等，致使腺病毒在环境中可广泛存在，散布于粪便、巢盆、鸽笼、饲料和用具等处，其中在粪便中病毒滴度最高，很易水平传播。直接接触粪便是主要传播方式，空气、人员和用具等也可水平传播。另外，垂直传播也是非常重要的途径，腺病毒可通过种蛋传播。

本病一年四季都会感染发病，但有一定的季节性，即每年的 2 ～ 7 月是主要流行期，尤其好发于春夏冷热交替时节。本病发生快，传播迅速，发病率高达 100%；死亡率比较低，一般只有 2% ～ 3%，但若与大肠杆菌或球虫混合感染，死亡率会上升。

3. 临诊症状与病理变化

鸽腺病毒感染是全身感染疾病，临诊症状不典型，没有特征性病变。潜伏期 3 ～ 5 天。病鸽感染后 3 ～ 4 天的死亡率最高，但也有维持 2 ～ 4 周以上的病鸽，只出现下痢现象。

鸽Ⅰ群腺病毒感染也称为“幼鸽下痢症”，表现急性嗉囊炎和肠炎，嗉囊积食，特征是上吐下泻。Ⅰ群腺病毒主要感染 1 年内的鸽子，尤其是 3 ～ 5 月龄的幼鸽，赛鸽更易感。临诊可见患病鸽精神委顿，羽毛蓬松（图 2–63），厌食，蹲伏，体温上升，贪饮，嗉囊胀大且呈软样（图 2–64），呕吐，突发性腹泻，粪便大多呈淡黄色或黄绿色水样（图 2–65），有时呈白色。体重下降，脱水。疾病传播很快，数天后，鸽棚内的鸽子就有可能全群感染，发病率通常达 100%，但死亡率通常较低（除非有大肠杆菌等并发感染）。没有混合感染的鸽子，大约 2 周就可康复，但飞翔能力较差（持续几周到数月）。

图 2–63　精神委顿，羽毛松乱

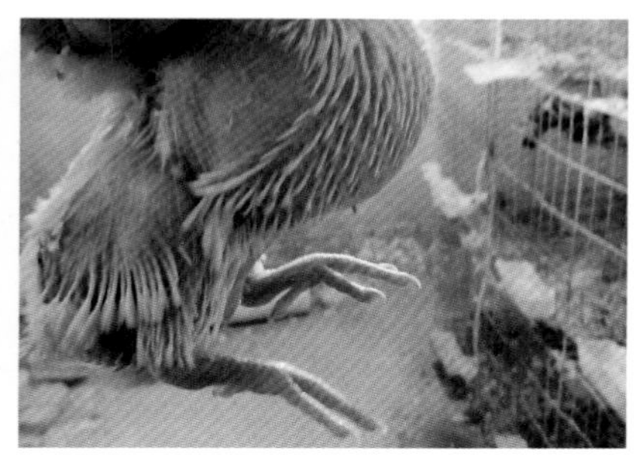

图 2–64　嗉囊肿胀、膨大、软化

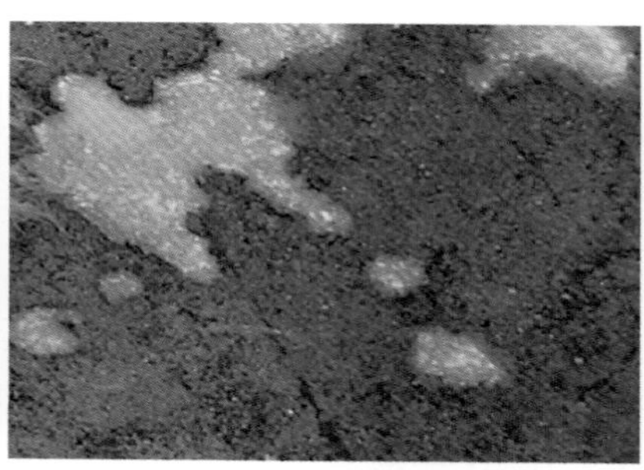

图 2–65　腹泻，粪便呈黄色水样（左），有时拉水样白色稀粪（右）

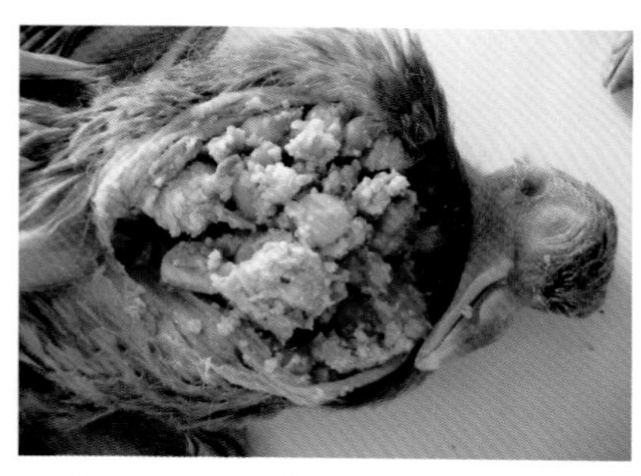

图 2–66　嗉囊炎，内容物酸败

剖检的主要病变是嗉囊炎、肠炎和肝炎，嗉囊内容物不消化，酸败发臭（图 2–66）；急性卡他性肠炎，肠黏膜表面被覆多量浆液和炎性渗出物，黏膜潮红、肿胀，有时呈点状或线状出血；肝色浅，质脆，肿大。

Ⅱ群腺病毒可感染 10 日龄到 6 岁的任何阶段的鸽子。一般很少见有临诊症状，被感染的鸽子通常 24 ~ 48 小时死亡。Ⅱ群腺病毒持续感染的时间可达 6 ~ 8 周，并不断有新的零星病例发生，死亡率 30% ~ 70%，甚至可达 100%。也有报道，鸽子感染Ⅱ群腺病毒后，鸽棚里的一些鸽子很快出现死亡，而其他鸽子却仍然完好无损。剖检无特征性病变，主要病变有肝炎，肝脏颜色变浅至微黄色、肿大，肝和骨骼肌有时有出血斑。

组织病理学研究结果显示，被感染的鸽子肝脏大面积坏死，肝细胞核内出现嗜酸性或嗜中性的包涵体。Ⅰ群腺病毒病有时被误诊为“包涵体性肝炎”，是基于病理组织学角度考虑的。鸽子的小肠上皮绒毛细胞出现萎缩，细胞核内有包涵体。

4. 诊断

本病的诊断比较困难，没有特征性临诊症状和病变，且本病的真正发病原因目前尚不清楚。通过流行病学调查和临诊症状观察，在使用抗生素或磺胺类药物治疗不好或没有明显改善时，可初步怀疑是腺病毒感染。腺病毒感染的确诊，可从上消化道、上呼吸道、粪便，以及病变肝脏、胰腺、肾脏、咽部采样，采用鸽肾或肝细胞进行病毒分离，通常还要结合组织病理学方法，检查被感染鸽子的肝细胞坏死情况，以及肠细胞或肝细胞内是否含有包涵体等。双向琼脂扩散、间接免疫荧光试验、酶联免疫吸附试验等血清学检测也有利于诊断，关键是应选用尽可能明确区别的标准抗血清。

鉴别诊断上注意与嗉囊炎的区别。腺病毒感染具有传染性，传播很快，数天后鸽棚内的鸽子可能会全群感染，发病率通常达100%。普通嗉囊炎往往单个发病，两者较易区分。

5. 防治措施

腺病毒往往隐性感染，只有受应激等因素造成免疫力下降时才会致病，故只要加强日常饲养管理，满足鸽子的营养需要，做好卫生消毒工作，定期驱虫，减少各种应激，提高自身抵抗力，即可降低受感染的概率。

目前，国内暂时没有商业化鸽专用腺病毒疫苗，根据目前的知识，尚不能确定腺病毒在疾病中的原发作用，因此没有用疫苗进行免疫的必要。据国外研究报道，鸡产蛋下降综合征油乳剂灭活疫苗对鸽腺病毒感染有一定的交叉保护作用。

发生鸽腺病毒感染后，首先对患病鸽立即停止喂料，嗉囊肿胀严重的，可使用0.1%聚维酮碘溶液或0.01%高锰酸钾溶液冲洗嗉囊，并提供电解质多维饮水、适时喂服维生素C水溶液，以防止败血和组织坏死；喂服盐酸甲氧氯普胺注射液，以促进胃蠕动，加强排空，待嗉囊内留存食物消化排空后再少量、多次喂料。其次，及时采取抗病毒治疗，以控制毒血症。业内已证明，穿心莲具有抗菌和抗病毒功效，能清热解毒、凉血消肿，对治疗腺病毒感染有不错的效果。对轻者、群体可口服用药，严重的可注射穿心莲注射液。第三，采取抗菌治疗，以防止败血症的发生。选择一些治疗肠炎的抗生素如黄连素、诺氟沙星、卡那霉素、氟苯尼考等。最后，喂服微生态制剂，以重建肠道菌群平衡。经以上措施，一般 3 ~ 5 天基本恢复正常，并且治愈后不易复发。

五、鸽圆环病毒感染

鸽圆环病毒感染是 20 世纪 90 年代初发现的一种新的主要影响青年鸽的接触性传染病。本病是一种免疫抑制性疾病，因其经常合并、继发，从而加重其他病毒性疾病、细菌性疾病和真菌性疾病的感染严重程度，致使鸽子生病或死亡，给养鸽效益带来损失。我国已有鸽圆环病毒感染的病例报道，因对鸽圆环病毒感染的诊断方法目前还难以普及，对其危害严重性尚认识不足。

1. 病原

圆环病毒是已知动物病毒中最小的一种无囊膜、单股负链环状 DNA 病毒。鸽圆环病毒常潜伏感染，往往侵袭淋巴器官，引起免疫力下降，导致鸽子对多种条件性病原二次感染的易感性增加。

鸽圆环病毒对外界抵抗力较强。对乙醚、氯仿不敏感，用丙酮处理 24 小时仍有活性，在酸性条件下（pH 3.0）作用 3 小时仍然稳定。加热，56℃或 70℃ 1 小时，80℃ 15 分钟仍有感染力，80℃ 30 分钟使本病毒部分失活，100℃ 15 分钟完全失活。在 50% 酚中作用 5 分钟，在 5% 次氯酸中（37℃）作用 2 小时本病毒失去感染力。本病毒对福尔马林和含氯制剂敏感，可选其用于消毒。

由于对鸽圆环病毒的扩繁技术研究较少，通过鸡胚、鸡胚成纤维细胞和鸡肾细胞分离或扩繁本病毒均未成功。

2. 流行病学

本病主要通过带毒鸽、鸟、被污染的用具、笼舍以及人员相互接触而水平传播，感染鸽的粪便中存在圆环病毒，可以通过饲料、饮水摄入或呼吸道吸入而发生间接感染。以前认为圆环病毒不会经胎（卵）传染给雏鸽，不过曲家华等研究认为，本病毒存在经蛋垂直传播的可能性。

在鸽圆环病毒阳性群中，通常可见 2 ~ 12 月龄青年鸽患病。死亡率差异很大，从 0 ~ 100% 不等。这可能受多种因素影响，不仅与圆环病毒毒力、感染年龄有关，还与病毒所引起的免疫抑制病而继发其他病毒、细菌、真菌、寄生虫等病原感染有关。继发感染通常是造成死亡的直接原因。

3. 临诊症状

鸽圆环病毒主要感染 2 ~ 12 月龄青年鸽，乳鸽因从亲鸽乳中获得相应抗体而不会发病。本病的潜伏期一般为 8 ~ 14 天，典型发病后在 1 ~ 2 周内相继死亡，3 ~ 4 周死亡达到高峰。病鸽通常表现为精神委顿、缩颈、嗜睡、衰弱倦怠、食欲减退、厌食、生长发育不良而消瘦、呼吸困难、水样腹泻、飞行能力下降等。其临诊特征性症状是贫血（图 2–67），眼砂变淡（图 2–68），喙、口咽黏膜颜色

图 2–67　鸽消瘦、贫血

图 2–68　眼砂变淡

由红急转为苍白。有时也会出现翅膀、尾部和身体上羽毛渐行性营养不良、脱落，喙变形，这些也是本病的典型特征。

因鸽圆环病毒可抑制鸽机体的免疫功能，常继发鸽新城疫、鸽痘、鸽大肠杆菌病、鸽支原体病、鸽毛滴虫病等疾病，致使临诊症状也随继发病的不同而不同，往往表现相应继发疾病的临诊症状。

4. 病理变化

眼砂明显退色、苍白，黄眼变成暗绿色，沙眼变成清水白桃，牛眼变成清黑眼。主要损害体内的免疫器官——胸腺和法氏囊。一般胸腺、法氏囊出现坏死、萎缩（图 2–69），呈深红褐色退化；严重时因萎缩而消失，使免疫功能受到抑制。脾脏萎缩。肝脏、肾脏肿大，变黄，质脆。胃肠道和肌肉由于贫血而表现得极为苍白，还伴有点状出血。其他肉眼病变与继发感染有关。

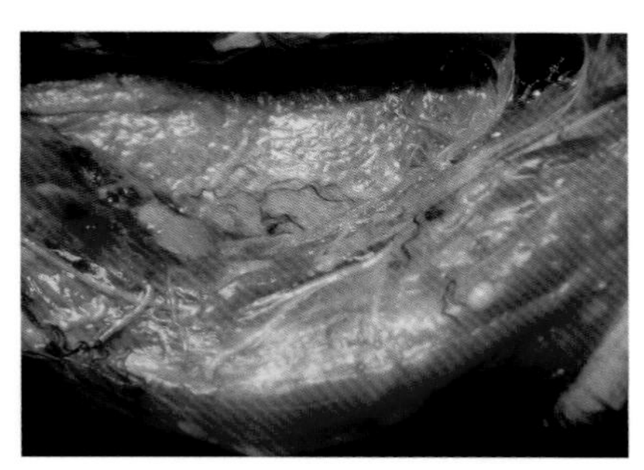

图 2–69　胸腺出血、萎缩

鸽圆环病毒感染的组织病理学变化主要包括淋巴器官（法氏囊和胸腺）萎缩，骨髓再生不良。其病理损伤程度还与感染程度有关。病理显微损害表现从初级和次级淋巴组织增生开始至淋巴组织衰竭，有时可见脾脏淋巴滤泡增生，并伴有不同程度的散在的淋巴细胞坏死，弥散增生的病理组织中出现严重的淋巴细胞衰竭。脾脏巨噬细胞胞浆内有明显的葡萄串状嗜碱性包涵体，法氏囊细胞中可见胞质和胞核内包涵体，在肠道和支气管的相关淋巴组织也可见到胞质包涵体，在被侵害的羽毛和羽毛囊上皮细胞中同样会见到核内和胞质包涵体。骨髓的再生不良与成红细胞、髓细胞的出现具有较明显的相关性。肝脏、胰脏、肾脏、甲状腺、肾上腺、睾丸、嗉囊和心肌中有不同程度的淋巴细胞浸润。在伴随细菌、真菌、病毒等混合感染时，其病理变化会显得更为复杂。

5. 诊断

鸽圆环病毒感染可通过以往病史和临诊表现贫血做出初步判断。剖检观察法氏囊出现萎缩是一个重要的临诊指标。鸽圆环病毒感染主要发生在幼鸽群中，如果鸽发生圆环病毒与细菌、病毒、真菌及寄生虫同时感染，会使原本症状典型的疾病变得更加复杂化，给疾病的早期诊断制造不少障碍，需要注意鉴别。

目前还不能通过病毒分离或血清学方法来诊断鸽圆环病毒感染，本病的确诊需要根据病理组织学和电镜检查，在中枢淋巴组织和外周淋巴组织的单核细胞以及法氏囊的滤泡上皮中检出特征性“葡萄簇状”包涵体有助于本病的准确诊断。另外，聚合酶链式反应和核酸探针技术也是检测圆环病毒的有效方法。

与腺病毒感染的鉴别诊断：鸽腺病毒感染主要侵害小至10日龄的乳鸽、大至6岁的成年鸽。发病往往表现急性嗉囊炎，嗉囊积食。特征是上吐下泻，没有明显的呼吸道症状。

6. 防治措施

只要健康状况良好，黏膜细胞壁完整的鸽子，病毒是很难入侵的。

（1）搞好预防工作：本病尚无特效的治疗药物，也无商品化疫苗。主要是平时搞好预防工作，建立生物安全体系，做好疾病综合防治措施的落实；加强饲养管理，减少应激，提高机体的抵抗力；定期消毒，杜绝和有效地控制圆环病毒传入。

（2）做好免疫监控：由于鸽圆环病毒可能干扰鸽新城疫疫苗等的免疫效果，因而在本病流行期间不宜进行疫苗免疫接种，尤其是鸽新城疫疫苗的接种工作。为了解接种疫苗是否受到鸽圆环病毒的干扰，在疫苗接种后应进行抗体监测，做好免疫接种反应、免疫接种效果的监控工作。

（3）治疗：鸽圆环病毒感染损害机体的重要免疫器官——法氏

囊和胸腺，一旦确认感染鸽圆环病毒，需进行免疫功能的修复。尽早使用抗病毒药和抗生素，控制继发感染，减少死亡率和淘汰率。目前临诊上采用黄芪多糖、双黄连等中成药来治疗本病，也可选用黄芪、板蓝根、白头翁、茜草、大青叶、麻黄、半夏、连翘、黄连、金银花等中草药复方制剂。在饮水或饲料中添加广谱抗生素，如罗红霉素、泰乐菌素、卡那霉素、氟苯尼考等，以防细菌性继发感染。

六、鸽Ⅰ型疱疹病毒感染

鸽Ⅰ型疱疹病毒感染是由Ⅰ型疱疹病毒引起的鸽的一种以急性经过和极高死亡率为特征的病毒性传染病。本病于 1945 年首次被报道，自 1967 年以来，许多国家已从患病鸽中分离到本病毒。本病广泛存在于世界各地。

1. 病原

鸽Ⅰ型疱疹病毒（PHV1）属于疱疹病毒科 β 疱疹病毒亚科。迄今为止，从鸽中分离的所有鸽Ⅰ型疱疹病毒株的抗原性相似，培养特征相同，因此鸽Ⅰ型疱疹病毒只有一个血清型。本病毒在抗原性上与火鸡疱疹病毒、马立克病病毒、传染性喉气管炎病毒、鸭瘟病毒有所差别，与猎鹰疱疹病毒、猫头鹰疱疹病毒无区别，说明这 3 种疱疹病毒的血清型相同。

鸽Ⅰ型疱疹病毒具有疱疹病毒典型的形态学和理化特性。本病毒能在鸡胚成纤维细胞、鸡胚肾细胞、鸡胚肝细胞和小仓鼠肾脏细胞上生长，在细胞核内可见考德氏 A 型包涵体。

2. 流行病学

鸽子是鸽Ⅰ型疱疹病毒的自然宿主，病毒的感染是潜伏性的。1 ~ 6 月龄幼鸽易感，成年鸽较少发病。

本病呈世界性分布，欧洲的大多数鸽子都感染了鸽Ⅰ型疱疹病毒（至少 50% 的鸽带有特异性鸽Ⅰ型疱疹病毒抗体）。比利时 60% 鸽舍内有本病毒存在，这些鸽舍中的鸽子大多患有呼吸道疾病，并从 82% 患有急性鼻炎的鸽子咽部分离到鸽Ⅰ型疱疹病毒。如从国外引进种鸽，应做好本病的检疫工作。

易感鸽可通过直接接触患鸽Ⅰ型疱疹病毒的病鸽而感染，目前认为鸽Ⅰ型疱疹病毒感染不会经蛋垂直传播。感染鸽群中的成年鸽为病毒携带者，其中有些鸽间歇性排毒，在繁殖季节和哺育乳鸽期间绝大多数隐性感染的成年鸽在其咽喉可再次排毒。因此，常在孵育后不久将本病直接传染给后代，然而乳鸽可通过卵黄从母体中获得抗体得到保护，幸免于发病和死亡，而成为无症状的带毒者。

通过病毒接种试验发现，幼鸽在接种后 24 小时开始有病毒排出，且排毒高峰至少持续 7 ～ 10 天。感染后 1 ～ 3 天出现典型病变，此时排毒达到高峰。发生过本病的鸽群可能会复发，但不表现临诊症状。高滴度的特异性抗体不能防止这种复发性感染，而几乎没有特异性抗体的鸽子很少出现这种复发性感染。

鸽Ⅰ型疱疹病毒在鸽体的分布：典型的鸽Ⅰ型疱疹病毒感染，病毒通常局限于上呼吸道和消化道。自然感染或咽部人工感染病鸽，病毒可能扩散到全身，且伴有病毒局部增殖和气管、脾、肝、肾及脑等组织器官出现病变。事实上，在感染早期会出现病毒血症。在存在高滴度的特异性抗体时，鸽Ⅰ型疱疹病毒仍可从一个细胞传到另一个细胞。因此，鸽Ⅰ型疱疹病毒可通过组织接触或通过血液传播，尤其在鸽出现免疫抑制时更易发病。

3. 临诊症状

潜伏期为 2 ～ 4 天。当母源抗体不能保护雏鸽免于感染，或导致带毒者体质下降时，会出现临诊症状。急性型病鸽羽毛蓬乱，精神沉郁，食欲减少甚至厌食，严重下痢。鼻瘤由白色变为灰黄色，当压迫鼻瘤时，鸽子常因本能或受敏感性刺激而打喷嚏。鼻腔通常被鼻黏液和其他分泌物堵住（图 2–70），鼻黏膜充血，有炎症，流出鼻液。单侧或双侧眼睛常出现结膜炎，眼睑肿胀（图 2–71）。出现呼吸困难，有啰音。患病的青年鸽不能从母源抗体得到保护，同时会表现全身性感染，并出现肝炎。病程一般 2 ～ 7 天，转归多死亡。

慢性型病鸽，如果并发或继发鸽毛滴虫病、鸽支原体病或细菌性疾病时，发病的鸽子表现典型的呼吸道症状，可见鼻窦炎及明显的呼吸困难，消瘦，营养不良。有的病例出现神经症状。

图 2–70　呼吸困难，鼻腔常被鼻黏液等堵住

图 2–71　单侧性结膜炎，眼睑肿胀，因呼吸困难而引起喙发绀

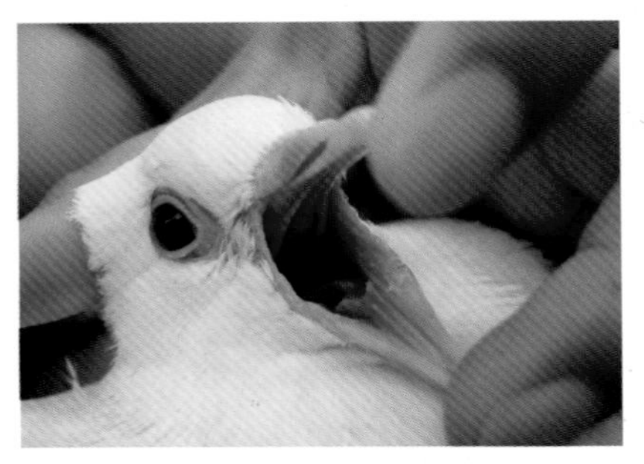

图 2–72　口腔黏膜充血，有小面积的溃疡

4. 病理变化

典型的鸽 I 型疱疹病毒感染，通常病变在呼吸道和消化道。病鸽口腔、咽、喉黏膜充血，严重的可见坏死病灶和小溃疡灶（图 2–72），咽部黏膜可能覆盖几层白喉性假膜。当病毒感染出现毒血症时，肝脏和脾脏也出现坏死斑点、坏死灶（图 2–73、图 2–74）。伴发细菌感染的病鸽气管内塞满

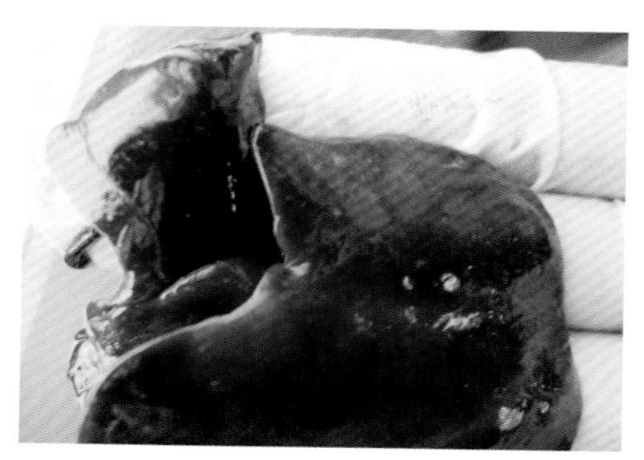

图 2-73 肝脏出现坏死灶

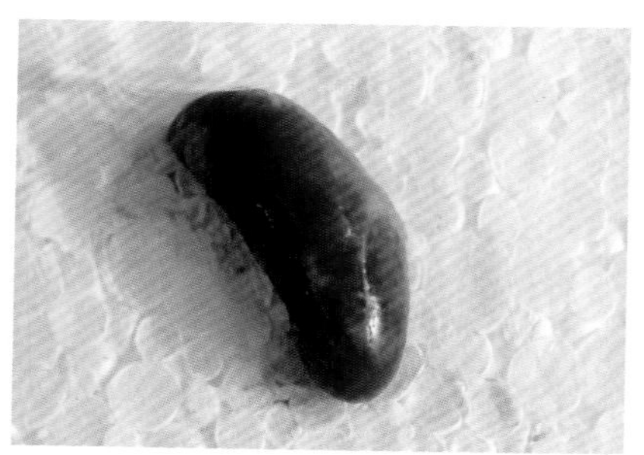

图 2-74 脾脏出现坏死点、出血

干酪样物质，有些病鸽表现鼻窦炎、气囊炎、肺炎和心包炎（主要见于混合感染鸽支原体病、鸽大肠杆菌病和鸽曲霉菌病）。

组织学病变特征是核内包涵体。在咽部多层鳞状上皮和唾液腺中可见大量的坏死灶，其中含有不同程度变性和坏死的细胞，在邻近的上皮细胞中存在核内包涵体。全身性感染的病鸽表现肝炎，许多肝细胞中发现核内包涵体。有时在胰腺和脑中也可见病变。

5. 诊断

本病没有特征性临诊症状和病变，仅依靠呼吸道等症状和肉眼可见的病变很难做出诊断。确诊需要依靠病毒分离鉴定和血清学检查，把从感染的鸽子咽部获得的拭子接种于鸡胚成纤维细胞，能够容易地分离到鸽Ⅰ型疱疹病毒，但是从内脏器官，如气管、肺或肝脏分离病毒比较困难。血清学方法可选用病毒中和试验或间接免疫荧光技术，也可采用反向免疫电泳技术检测鸽Ⅰ型疱疹病毒感染的特异性抗体。然而血清学方法无法证明单个鸽体发生了鸽Ⅰ型疱疹病毒感染。其原因，一是并非每一鸽体正处于排毒期，二是隐性携带者的血清并非转为阳性。为此，检查某一鸽群时待检样品数应尽可能多些。另外，可结合组织病理学检查，刮取咽喉上皮细胞或制作肝脏触片，镜检观察到上皮细胞或肝细胞存在核内包涵体有助于确诊。

本病须注意与鸽新城疫、黏膜型鸽痘、鸽毛滴虫病、鸽念珠菌病进行鉴别诊断。

（1）与鸽新城疫的鉴别诊断：本病与鸽新城疫在临诊症状上有些相似，不过鸽新城疫以拉绿色稀粪和出现神经症状为主，传播快，发病率很高，死亡率较高，出现扭头曲颈等神经症状的很多，剖检可见腺胃乳头和肌胃出血等特征性病变，根据临诊症状和剖检特征可以做出区别。

（2）与黏膜型鸽痘的鉴别诊断：黏膜型鸽痘多发于冬季，表现呼吸困难，消瘦，在上呼吸道、口腔和食管部黏膜出现假膜，一般不会波及嗉囊、腺胃。假膜不易剥落，恶臭，撕去假膜则露出出血的溃疡面，同时体表往往也会出现痘痂，故通过临诊症状和剖检特征可以做出区别。

（3）与鸽毛滴虫病的鉴别诊断：鸽毛滴虫病一年四季均可发生，常发于 1 月龄内的乳鸽。病鸽口腔常有小片淡黄色干酪样物，容易做无血分离，且剥离后不留痕迹；如做湿片镜检，可看到活动的小虫体。

（4）与鸽念珠菌病的鉴别诊断：鸽念珠菌病一年四季均可发生。常发于 2 ~ 4 月龄的童鸽，伴有呕吐，呕吐物呈豆腐渣状。剖检可见口腔、食道和嗉囊黏膜覆盖有鳞片状的干酪样假膜，假膜难以剥离，有酸臭味，撕去假膜则露出出血性溃疡灶。

6. 防治措施

目前尚无特效药物供本病的治疗，也无疫苗供免疫预防之用。因早期感染后的鸽往往成为无症状的病毒携带者和排毒者，依靠定期检疫、隔离或扑杀阳性鸽是比较理想的防治措施。加强种鸽场的检疫工作，不从污染场引种；做好平时的饲养管理工作，加强消毒工作，保证空气质量；减少应激，提供优质、全价的饲料，保证营养需要，提高自身抵抗力。

国外试验接种油乳剂灭活疫苗和弱毒疫苗，结果发现，免疫接种有助于防止自发性排毒、减少阳性感染鸽早期的排毒、缓解临诊症状，因而有助于控制病毒的扩散。

一旦发病，给予抗病毒、抗菌治疗。可选择使用一些中成药和生物制剂等抗病毒药物，如双黄连、黄芪多糖和干扰素等；同时在饲料或饮水中添加泰乐菌素、罗红霉素等广谱抗生素。及时采取以上应对措施可取得不错的疗效。

七、鸽轮状病毒感染

轮状病毒于 1977 年首次报道，此后，许多国家从鸡、鸭、火鸡、鸽中检测到抗体，并从这些禽类粪便中分离和检测到轮状病毒。禽轮状病毒感染呈世界性分布。

现已确定，轮状病毒是引起多种禽类（包括鸽子在内）的肠炎和下痢的一个主要病因，对养禽经济效益影响非常大。轮状病毒可从禽类传播到哺乳动物，或反过来从哺乳动物传播到禽类，具有公共卫生意义。

鸽轮状病毒感染以腹泻、脱水和泄殖腔炎为特征。

1. 病原

轮状病毒归类于呼肠孤病毒科轮状病毒属。按轮状病毒抗原的不同，分 A、B、C、D、E 几个群。A 群轮状病毒又称常规轮状病毒，可见于禽类、哺乳动物及人。其他各群又称非典型轮状病毒，其中 D 群仅见于禽类。

可通过鸡胚卵黄囊接种途径分离本病毒，本病毒也可在鸡胚肾细胞、鸡胚肝细胞上生长。与在雏鸡肾细胞上培养情况相比，鸽轮状病毒在牛肾细胞上培养时其病毒滴度较高。轮状病毒在细胞培养物中连续传代通常需要对病毒接种物进行胰酶处理，大多数病毒分离物在初代分离时并不产生细胞病变，而在出现可见的细胞致病作用之前需要在细胞培养物中连传数代。除鸡轮状病毒 132 株外，迄今在细胞培养物中分离到的轮状病毒全部属于 A 群轮状病毒。

在公开发表的资料中，有关轮状病毒理化特性的资料较少。鸽轮状病毒对氯仿和脱氧胆酸钠处理有抵抗力，对氯仿处理 30 分钟和酸（pH 3.0）作用 2 小时仍然稳定。而在有镁离子存在的情况下，56℃处理 30 分钟能使其感染性下降 100 倍。

2. 流行病学

鸽、火鸡、鸡、珍珠鸡、雉、鸭及伴侣鸟都能自然感染。任何年龄的禽都易感，其中以 6 周龄内的雏禽最易感，发病后临诊症状也更为严重。

病鸽和带毒鸽随粪便排毒，从而污染环境、用具、鸽舍、饲料和饮水，以直接接触或间接接触的途径水平传播。是否经种蛋垂直传播、是否存在动物性传播媒介，均未得到证实。

本病在新生或雏鸡的感染率高达 90% ~ 100%，多发于晚秋、冬季和早春季节。鸽的这方面研究尚未见报道。应激因素（特别是寒冷、潮湿、卫生条件差）、喂非全价饲料和其他疾病的侵袭等都能诱发或加重本病的发生，并增加其病死率。

图 2-75　腹泻严重，粪便呈水样

3. 临诊症状

本病潜伏期较短。病鸽在病初精神差，食欲减退，消化功能紊乱。继而委靡、嗜睡、不食和剧烈腹泻，粪便呈水样（图 2-75），严重脱水，体瘦，贫血，呆伏于地，最后因衰竭而死亡。体表有粪污，趾部发炎并粘附粪便。

4. 病理变化

剖检病变主要在肠道，小肠内有大量的液体和气体（图 2-76），肠黏膜充血、出血和水肿（图 2-77）。另外，机体脱水，泄殖腔发炎，肌胃内有羽毛等异物。

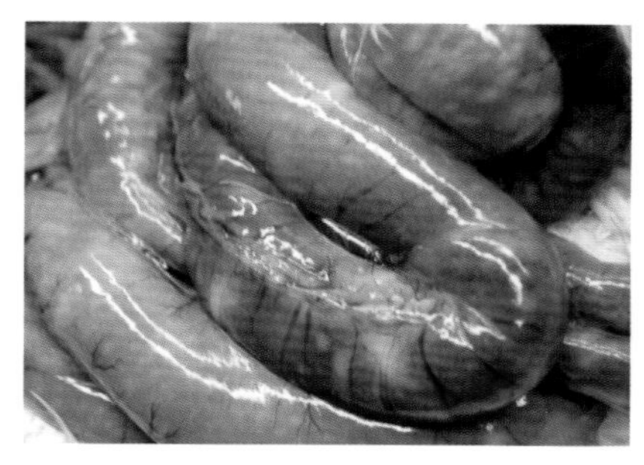

图 2-76　小肠肿胀，充满大量混有气泡的液体

图 2-77　肠黏膜出血、水肿

5. 诊断

鸽轮状病毒感染的诊断需要有一定的设备条件。经典的方法是用电子显微镜直接观察和鉴定粪便或肠内容物中的病毒。A 群轮状病毒还可用细胞培养的方法进行病毒分离。因禽类中普遍存在轮状病毒抗体，故不采用血清学的方法来诊断，但可根据肠的充气、充液变化及水样腹泻，做出假定性诊断。

本病须与有水样腹泻的疾病如鸽大肠杆菌病、鸽新城疫、球虫病，以及急性中毒病等引起的水样腹泻进行鉴别诊断。

（1）与鸽大肠杆菌病的鉴别诊断：鸽大肠杆菌病腹泻严重，拉土黄色稀粪，恶臭，呼吸困难，剖检以肺部和气囊感染为主，肺有肉芽肿结节，有气囊炎、心包炎、肝周炎、卵黄性腹膜炎等病变。肠道有臌气、充盈，肠道变薄，肠黏膜充血、出血，肠黏膜易脱落。

（2）与鸽新城疫的鉴别诊断：鸽新城疫以拉绿色稀粪和出现神

经症状为主，传播快，发病率和死亡率较高。出现扭头曲颈等神经症状的很多。剖检可见腺胃乳头和肌胃出血等特征性病变，肠道有出血和纽扣样溃疡。

（3）与鸽球虫病的鉴别诊断：球虫病在成年鸽上一般发病较轻，对幼鸽危害严重，发病率和死亡率较高。临诊症状是排褐色糊状稀粪，间或排血便，贫血症状明显。病变主要在小肠后段，肠管膨大、增厚或变薄，肠内容物稀薄，呈黄红色或褐色。肠黏膜出血、糜烂，呈糠麸样。

（4）与急性中毒病的鉴别诊断：急性中毒病往往发病快，发病急，呈群发性，除腹泻外，死亡率较高，能寻找到病因（如有机磷农药中毒、药物中毒、黄曲霉菌毒素中毒），并有相应的特征性中毒症状。

6. 防治措施

目前尚未研制出防治鸽轮状病毒感染用的疫苗。据称，用分离毒株经鸡胚增殖后的病毒液制成灭活疫苗，可用于预防本病。目前对本病的预防主要靠平时加强饲养管理和消毒，保持鸽舍良好的通风和适宜的温度和湿度，鸽巢垫料、垫布要勤更换，严格消毒，及时清除鸽粪，病死鸽及其废弃物无害化处理，以尽量减少病原的污染和扩散，减少甚至消除可能引起鸽腹泻的各种因素。

治疗尚无特效药。供应生理盐水以防止脱水，并给予抗病毒药和抗菌药治疗。在饮水中添加中成药或生物制剂等抗病毒药，如双黄连、黄芪多糖和干扰素等，同时在饮水中加氧氟沙星、氟苯尼考等治疗肠炎的广谱抗生素，并喂服微生态制剂协助肠道菌群平衡，以减少死亡率，促进康复。

第三部分

鸽细菌、支原体、衣原体和真菌性传染病

我国已经报道的鸽的这类传染病有鸽大肠杆菌病、鸽沙门菌病、禽霍乱、葡萄球菌病、鸽支原体病、鸟疫、鸽曲霉菌病、鸽念珠菌病、鸽溃疡性肠炎、鸽绿脓杆菌病和鸽黄癣等。其中，禽霍乱、葡萄球菌病、鸽溃疡性肠炎、鸽绿脓杆菌病和鸽黄癣相对来说发病较少，一般表现为散发，危害也较小；鸽大肠杆菌病、鸽沙门菌病、鸽曲霉菌病、鸽支原体病、鸟疫和鸽念珠菌病较为常见，危害较大，难以根除，造成的经济损失也较大，严重困扰着养鸽业的发展。

一、鸽大肠杆菌病

鸽大肠杆菌病是指部分或全部由不同血清型致病性大肠杆菌所引起的局部或全身性感染的疾病，包括大肠杆菌性败血症、大肠杆菌性肉芽肿、气囊炎、腹膜炎、输卵管炎、脑炎等。本病的特征为表现心包炎、气囊炎、肺炎、肝周炎和败血症等病变。随着我国养鸽业的发展壮大，鸽群的数量和规模不断增加，鸽大肠杆菌病在全国各地不断发生，呈蔓延和扩散之势，并且危害日益严重，已成为鸽子重要、常见的细菌性传染病之一，给养鸽业造成较大的危害和经济损失。

1. 病原

鸽大肠杆菌病的病原是大肠埃希杆菌，俗称大肠杆菌。大肠杆菌在营养培养基上生长良好，菌落隆起，圆润，较大，直径可达 2 ~ 4 厘米；在麦康凯培养基上可生长，菌落呈粉红色的（图 3–1），湿润，较大，直径可达 2 ~ 6 厘米，菌落向培养基内凹陷生长；在伊红—美蓝琼脂平板上可生长，菌落较小，呈黑色，带金属光泽。

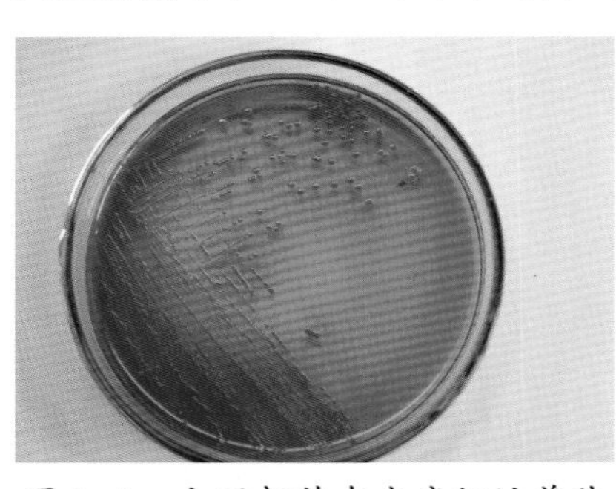

图 3–1　大肠杆菌在麦康凯培养基上生长，呈粉红色菌落

大肠杆菌为革兰阴性、染色均一、两极染色较深、非抗酸性、不形成芽胞、两端钝圆的短小杆菌，有的有荚膜，一般有周鞭毛，大多数菌株具有运动性。大肠杆菌血清型极多，有文献说菌体抗原（O）141 个、荚膜抗原（K）89 个、鞭毛抗原（H）49 个；也有文献说，O 抗原 146 个、K 抗原 91 个、H 抗原 49 个。其中 O

抗原是判定其致病力的重要因素。我国已报道的鸽大肠杆菌致病性血清型有 O_1、O_2、O_{78}、O_{88}、O_{139} 等，最常见的血清型有 O_1、O_2 和 O_{78}，与其他家禽（鸡）的基本一致。

本菌对外界环境因素的抵抗力中等，对物理和化学因素较敏感，55℃ 1 小时或 60℃ 20 分钟可被杀死，120℃高压消毒立即死亡。本菌对福尔马林、石炭酸、升汞和甲酚等高度敏感，常见消毒剂均能将其杀灭。甲醛和烧碱杀菌效果更好，5% 石炭酸、甲醛等作用 5 分钟即可将其杀死。但在有黏液、分泌物及排泄物存在时会大大降低消毒剂的功效。在鸽舍内，大肠杆菌在饮水、粪便和灰尘中可存活数周或数月之久。在阴暗潮湿而温暖的外界环境中存活不超过 1 个月，在寒冷、干燥的环境中存活较长。

大肠杆菌对多数抗生素及磺胺类药物都敏感，但容易产生耐药性。生产上通过药敏试验筛选敏感药物用于防治本病，其疗效会更好些。

2. 流行病学

大肠杆菌在自然界中分布极广，在鸽舍内外环境、饲料、饮水和鸽自身等均有本菌存在的可能。大肠杆菌是鸽肠道的常在菌，正常鸽肠道内有 10% ~ 15% 大肠杆菌是潜在的致病性血清型，垫料和粪便中可发现大量大肠杆菌。鸽舍尘埃中常藏匿大量的大肠杆菌，每克尘埃中可达 10^5 ~ 10^6 个大肠杆菌，并且存活时间很长，尤其在干燥条件下存活时间更长，可达数月之久，不过用水喷洒鸽舍后，可使大肠杆菌数量下降 84% ~ 97%。饲料也易被大肠杆菌污染，但在饲料加热制粒过程中可将其杀死。啮齿动物的粪便中也常含有致病性大肠杆菌，可通过污染水源和饲料而将致病性大肠杆菌引入鸽群。

大肠杆菌是一种条件性的病原菌，潮湿、阴暗、通风不良、积粪多、拥挤，以及鸽感染鸽新城疫、鸽支原体病等疾病时，常成为本病发生的主要诱因。不同季节、不同地区、不同品种、不同日龄的鸽群均可发生本病，但冬末春初和梅雨季节较为多见。如果饲养密度大，空气质量差，场地潮湿阴暗、环境已被严重污染者，则本病可随时发生。本病临诊常见发病率为 5% ~ 30%，发病率因日龄和饲养管理条件不同而异，环境差、日龄小，会使发病率增高。

本病主要通过消化道和呼吸道途径传播，也可通过种蛋垂直传播给下一代，还可经患本病的公鸽交配而水平传播。

本病常易成为其他疾病的并发病或继发病。如鸽群中如果存在鸽新城疫、鸽支原体感染、鸽衣原体感染、鸽毛滴虫病、鸽痘、禽曲霉菌病时，常并发或继发鸽大肠杆菌病，其中以鸽支原体感染并发或继发本病最为常见。

3. 临诊症状

由致病性大肠杆菌引起的疾病在临诊上表现极其多样化，常见的有急性败血型、卵黄性腹膜炎型、输卵管炎型、肉芽肿型、脑炎型、眼炎型等。本病的潜伏期因不同病型而异，为数小时至 3 天不等。

（1）急性败血型：该型是危害最大、也是临诊最常见的一个病型，日常生产上所说的鸽大肠杆菌病往往指的就是这个型。不同日龄的鸽子都会发生，但以乳鸽和青年鸽多发。本病发病急、病程短、死亡率高。最急性的病鸽不表现临诊症状而突然死亡，或临诊症状不明显。随着病程的发展，病鸽表现为精神沉郁，食欲减退或废绝，体温升高；离群呆立，羽毛松乱，有时两翅下垂；呼吸困难，出现张口呼吸（图 3–2），喘气，咳嗽，有湿性啰音，严重时可见鼻瘤由粉红色或灰白色变成暗紫色，可见黏膜发绀；拉黄色或黄绿色稀粪（图 3–3），粪便恶臭，肛门周围羽毛被粪便沾污；严重的伏地不起，腹式呼吸，最后因衰竭而死亡。

（2）卵黄性腹膜炎型：俗称“蛋子瘟”。主要发生于笼养产蛋鸽。病鸽的输卵管常因感染大肠杆菌而产生炎症，炎症产物使输卵管伞部粘连，漏斗部的喇叭口在排卵时不能打开，因卵泡不能进入输卵管而落入腹腔，从而引起本病。临诊上严重病鸽外观腹部膨胀、重坠，肛门周围羽毛沾有蛋白或蛋黄样物。严重的可导致发病母鸽死亡。

图 3-2　呼吸困难，张口呼吸，流鼻涕，鼻瘤变成暗紫色

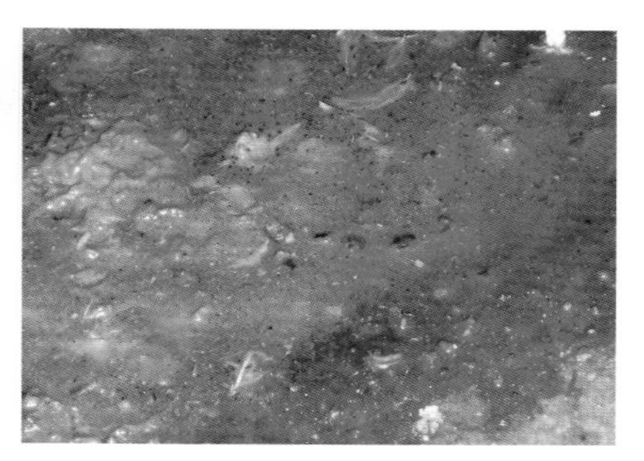
图 3-3　拉土黄色稀粪，恶臭

（3）肉芽肿型：临诊上多见于青年鸽或成年鸽。临诊症状一般较轻，病程较长，达 1 周以上。病鸽表现为精神沉郁，食欲不振，下痢，行动缓慢，羽毛蓬乱，严重的或病程较久的常以消瘦、衰竭而死亡。

（4）输卵管炎型：多见于产蛋期鸽，出现产蛋下降甚至绝产，严重的可见腹部膨胀，手摸有硬肿块，常因难产或衰竭而死亡。

（5）脑炎型：发病率不高，有些是由急性败血型转变而来的。病鸽昏睡，出现头颈扭曲等神经症状，下痢，饮食减少甚至废绝。本病型可在鸽支原体感染的基础上继发或混合感染，也可独立发生。

（6）其他病型：包括肠炎型、关节炎型、全眼球炎型、脐炎型等，伴有失明、下痢、关节肿胀、跛行等病症，公鸽会发生生殖器官病变。严重的病例会出现化脓、坏死、干酪样渗出等病变。

4. 病理变化

剖检的病理变化因不同病型而异。

（1）急性败血型：主要病变包括浆膜炎、气囊炎、心包炎、肝周炎等。病理变化的共同特点是纤维素性渗出物增多，附着于浆膜表面，严重的常与周围器官粘连。剖检可见气囊混浊，其中胸气囊混浊更明显和严重（图 3–4）；腹气囊有时可见混浊，一般比胸气囊轻微，但往往可见腹膜炎，有炎性渗出物（图 3–5、图 3–6）。心包混浊，心包积液，出现纤维素性心包炎（图 3–7）。肺脏病变明显，根据病程的发展出现不同的病变，表现轻微性肺炎（图 3–8）、单个肉芽肿结节性肺炎（图 3–9）和成片肉芽肿结节性肺炎（图 3–10），肺也由粉红色变成暗红色，弹性丧失；咽喉处会积痰，气管和支气管内常有黏稠分泌物（图 3–11）。肝周炎，表面覆盖一层混浊的纤维膜（图 3–12），肿大，可达正常肝的 2 ~ 5 倍，质碎，有时可见出血点或出血斑，肝实质可有大小不等的白色坏死灶（图 3–13）。

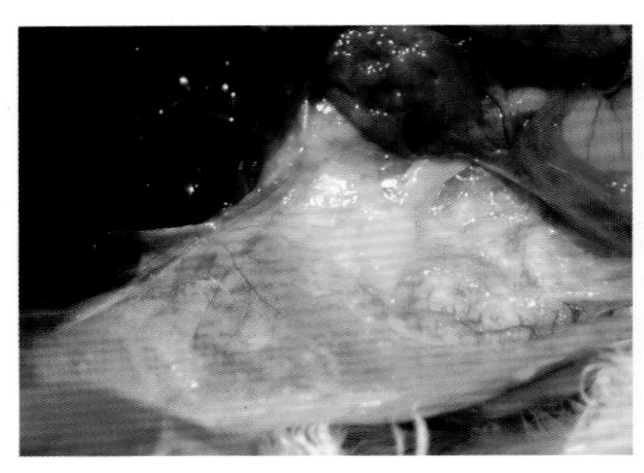

图 3–4　胸腔膜混浊

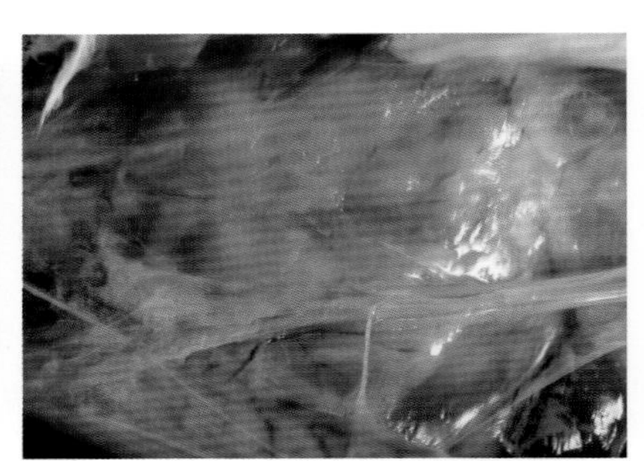

图 3–5　腹气囊混浊、增厚

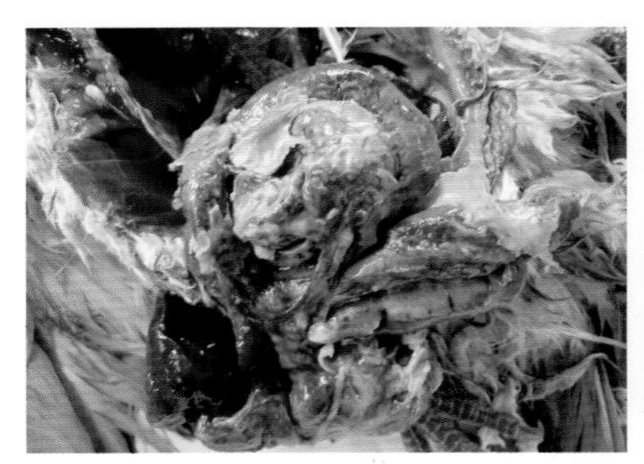

图 3–6　腹膜炎，有炎性渗出物

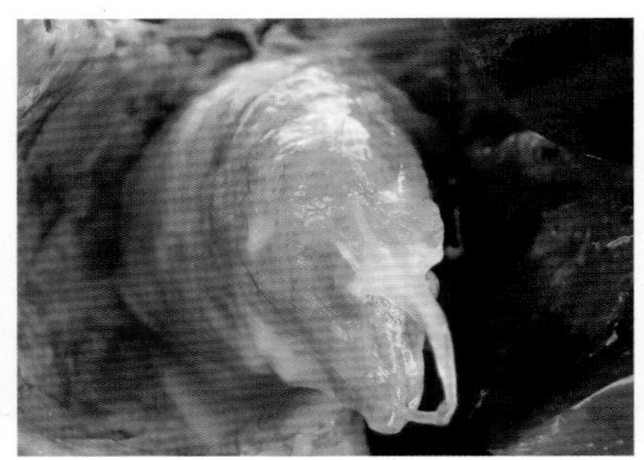

图 3–7　心包炎、心包积液

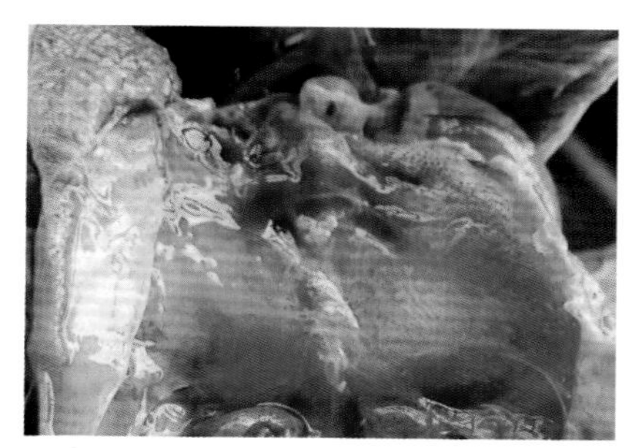
图 3-8　肺充血、淤血

图 3-9　肺内单个肉芽肿结节

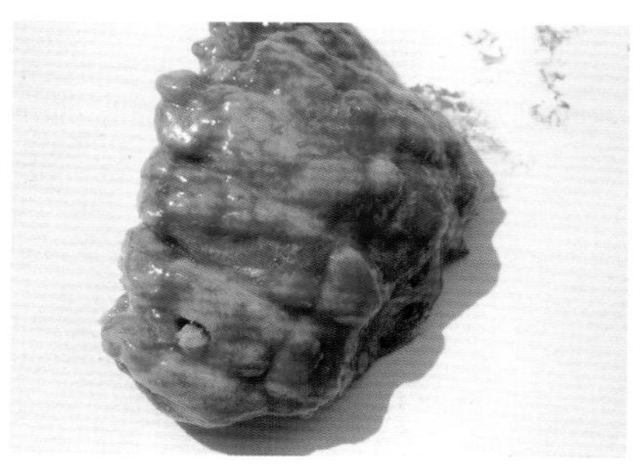
图 3-10　肺内成片肉芽肿结节

图 3-11　气管内黏稠分泌物

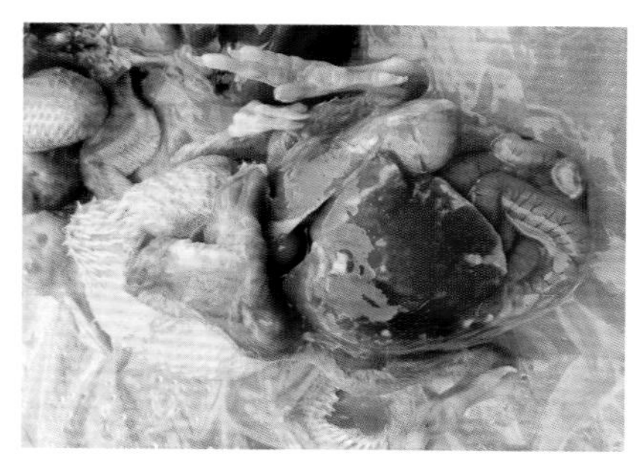
图 3-12　肝周炎，表面有纤维性渗出物

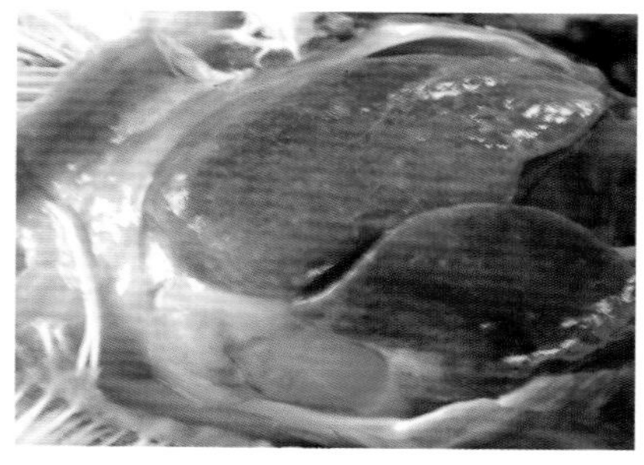
图 3-13　肝脏肿大、出血、坏死

肠充盈，肿胀，为正常肠管的 2 ～ 5 倍（图 3–14），肠管壁变薄（图 3–15），肠黏膜充血、出血且易脱落，脱落后形成肠栓（图 3–16）。肾脏有时肿大，并有出血点、坏死灶（图 3–17）。少数病例腹腔出现积液和血凝块。

（2）卵黄性腹膜炎型：打开腹腔可闻到一股特殊的腥臭味，卵泡充血、出血，变性、坏死（图 3–18），破裂而造成腹腔内积有带卵黄的液体（图 3–19），并出现广泛性卵黄性腹膜炎。

（3）肉芽肿型：剖检可见肠道、肝脏、泄殖腔等组织中出现大肠杆菌性肉芽肿。病变可从米粒样大小的、单个结节至大面积组织坏死（图 3–20、图 3–21）。

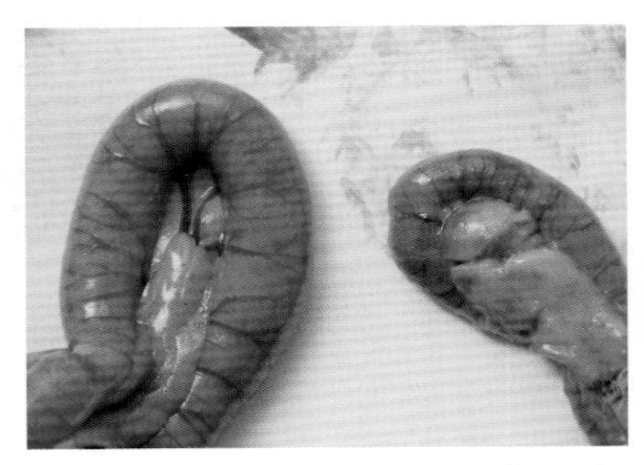

图 3–14　肠管充盈，是正常肠管的 2 ～ 5 倍

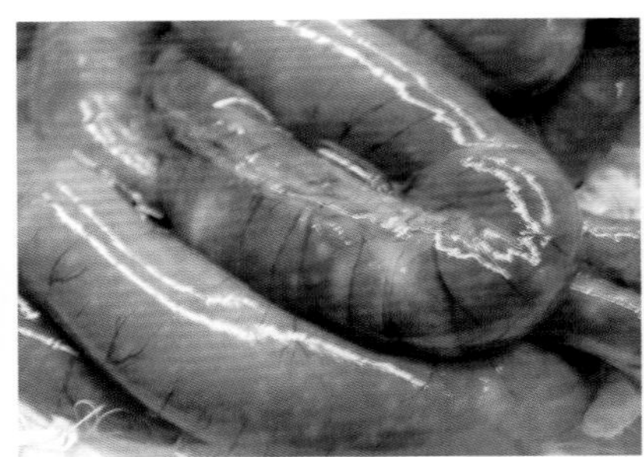

图 3–15　肠管充盈，肠壁变薄

图 3–16　肠黏膜脱落形成肠栓

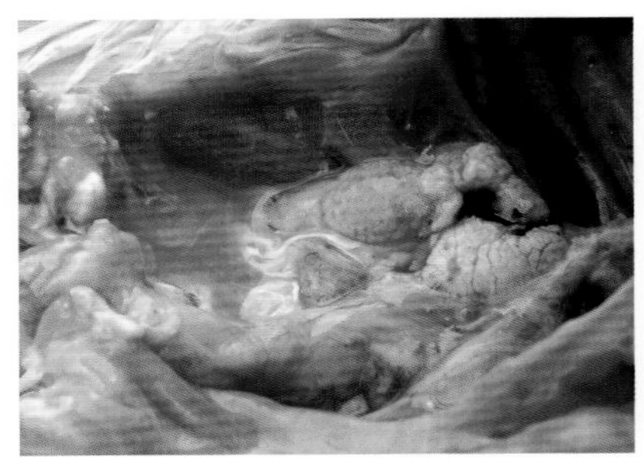

图 3–17　肾脏肿大、坏死

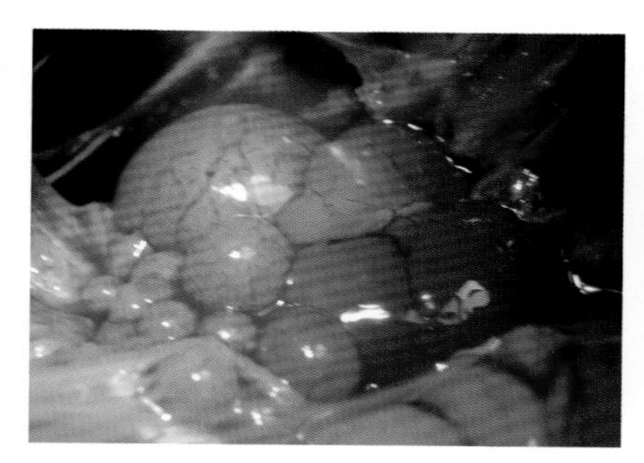

图 3-18　卵泡变性、坏死

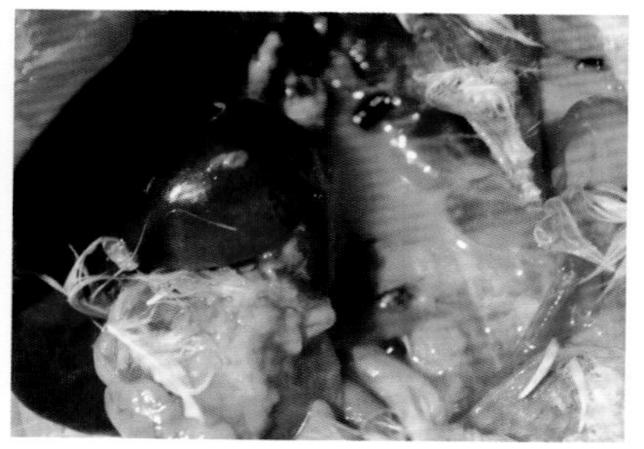

图 3-19　卵泡破裂，腹腔出现蛋黄液

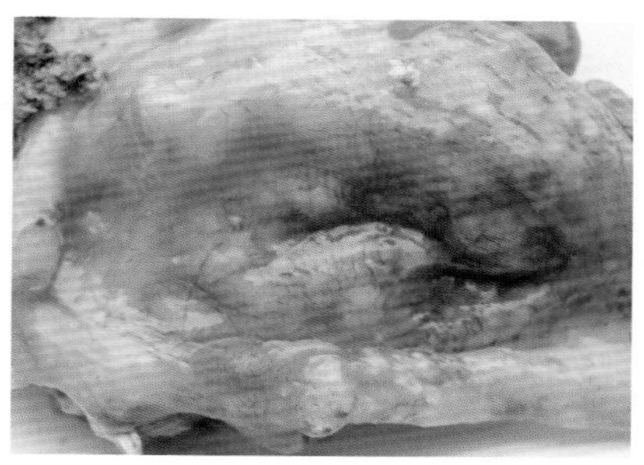

图 3-20　泄殖腔、肠壁中有白色病灶

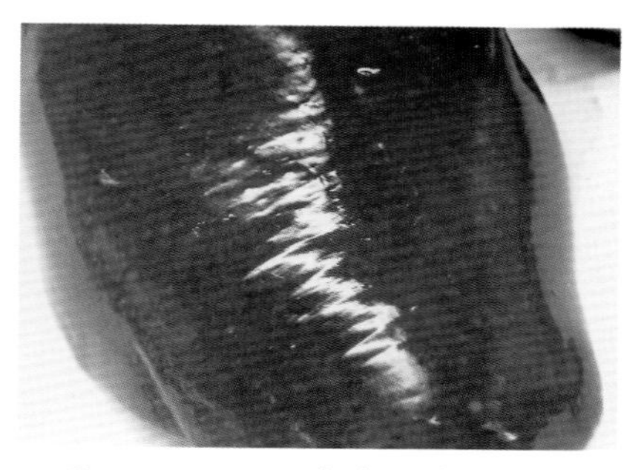

图 3-21　肝脏中有白色坏死灶

（4）输卵管炎型：可见输卵管黏膜充血、出血、脱落（图 3-22），有时输卵管内有严重炎症，产生大量分泌物，产畸形蛋和内含大肠杆菌的带菌蛋，有时输卵管内有异物（图 3-23）。

（5）脑炎型：剖检往往见到败血症常有的症状，如心包炎、气囊炎、肺炎、肺肉芽肿结节等病变，同时可见脑充血、出血（图 3-24）。

（6）其他病型：不同病型会出现相应组织器官的病变，如肠炎型的可见肠黏膜充血、出血，肠管呈弥漫性坏死性炎症，肠黏膜粗糙，肠腔内充满带有气泡的黄灰色或黄绿色稀粪；关节炎型的可见关节肿胀，可出现足垫肿，常可从肿胀处分离到大肠杆菌；全眼球炎型的病鸽眼睛灰白色，角膜混浊，眼前房积脓等（图 3-25）。

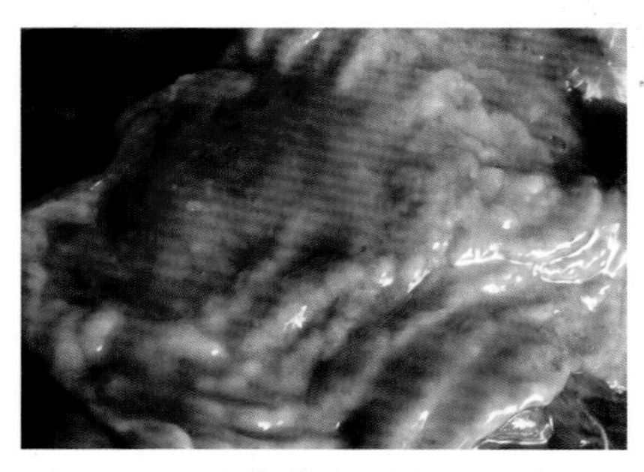

图 3-22　输卵管黏膜充血、出血、脱落

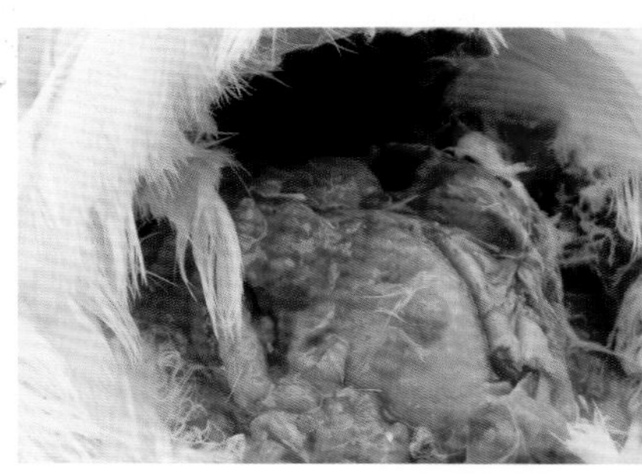

图 3-23　输卵管炎症及其中异物

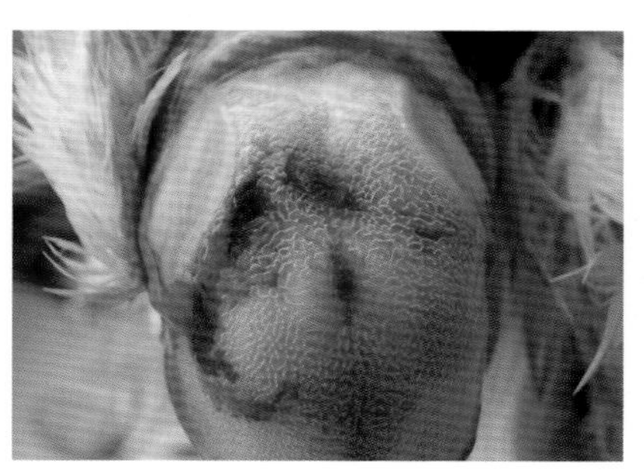

图 3-24　脑充血、出血

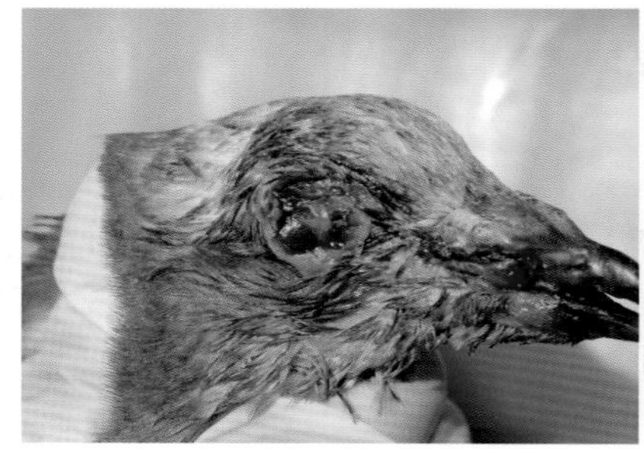

图 3-25　大肠杆菌性眼炎

5. 诊断

本病根据临诊症状和剖检病变可做出初步诊断，确诊须通过实验室对大肠杆菌进行分离和鉴定。将病料或营养液分离菌在麦康凯琼脂、伊红—美兰琼脂等鉴别培养基上划线培养，若在麦康凯琼脂上出现亮红色菌落，并向培养基内凹陷生长；大多数菌落在伊红—

美兰琼脂上出现特征性黑色，并有金属闪光，即可初步判断分离菌为大肠杆菌，再通过革兰染色镜检和生化特性试验可准确鉴定。

禽曲霉菌病、鸽沙门菌病、禽霍乱和鸽新城疫会出现类似于鸽大肠杆菌病的临诊症状和病变，注意鉴别诊断。

（1）与禽曲霉菌病的鉴别诊断：流行病学调查有接触霉垫料或食入霉变饲料史。禽曲霉菌病临诊上以呼吸困难为主，剖检以肺、气囊出现霉菌结节为特征性病变。取肺脏或肝脏结节少许，置载玻片上，加生理盐水 1 ～ 2 滴，压扁后加盖玻片，然后加 1 滴 10% 氢氧化钠，放高倍显微镜下观察可发现霉菌的菌丝。

（2）与鸽沙门菌病的鉴别诊断：鸽沙门菌病发病慢，死亡率不高，临诊症状和病变也没有大肠杆菌病严重，但临诊上往往难以区别，最好进行细菌的分离鉴定来区分。

（3）与禽霍乱的鉴别诊断：禽霍乱发病突然，无明显征兆，死亡的往往是肥壮的鸽。剖检可见心冠脂肪、心内膜出血明显，肝肿大，表面有弥漫性散布针尖大的坏死点。

（4）与鸽新城疫的鉴别诊断：脑炎型大肠杆菌病有神经症状，但只是偶发现象，发病率不高，往往拉黄色带恶臭的稀粪。而鸽新城疫以拉绿色稀粪和出现神经症状为主，传播快，发病率和死亡率高，出现扭头曲颈等神经症状的很多；剖检可见腺胃乳头、肌胃、肠道出血等特征性病变。

6. 防治措施

（1）饲养管理：鸽大肠杆菌病的发生具有一定的条件性，病原可能是外来的致病性大肠杆菌，也可能是体内正常情况下存在的大肠杆菌，当环境改变或发生应激时会诱导发病。因此，加强饲养管理，保持鸽舍卫生清洁，做好消毒工作（除常见场所的定期消毒外，还应注意巢窝、垫布的消毒），合理通风，保证合理的饲养密度，供应优质饲料和清洁的饮用水，采取有效措施减少与降低鸽舍内浮尘，及时更换产蛋巢窝、垫布，可有效预防鸽大肠杆菌病。

（2）应用微生态制剂：因长期使用抗生素能引起肠道菌群失调，细菌的耐药性也增加。业内已证明，使用微生态制剂是防治大肠杆菌病等肠道疾病比较有效的方法。

应用微生态制剂时需注意：微生态制剂预防效果好于治疗效果，在生产中应长时间连续饲喂，并且越早越好。注意其与抗生素连用时的颉颃作用，如蜡样芽胞杆菌对磺胺类药物敏感，不应同时使用。另外，微生态制剂是活菌制剂，不耐高温，不耐高压，运输和使用时需要注意防范和保护。

（3）疫苗免疫：虽然大肠杆菌血清型众多，但接种疫苗仍为防治本病的一种有效方法。目前市场上只有鸡大肠杆菌多价灭活苗，发病严重的鸽场或种鸽场可选用，免疫保护期为 8 个月。为确保疫苗保护效果，一般需要进行 2 次免疫，第 1 次免疫接种时间为 4 周龄，第 2 次免疫接种时间为 18 周龄。

（4）药物治疗：大肠杆菌对多种抗生素、磺胺类及呋喃类药物都敏感，但也容易出现耐药性，尤其是一些鸽场长期使用这些药物作为饲料添加剂时。所以，在防治中应经常变换药物或联合使用两种以上药物效果会好些。有条件的鸽场应通过药敏试验筛选敏感药物用于治疗，且应注意交替用药，按疗效投药，这样才能起到较好的治疗效果。无条件开展药敏试验的鸽场，在治疗时一般可选用下列药物：强力霉素按每千克饲料加 100 毫克，诺氟沙星、环丙沙星按每千克饲料加 50 ~ 100 毫克，氟苯尼考按每千克体重 25 ~ 30 毫克内服，连喂 4 ~ 5 天。症状严重的鸽子可个体治疗，按每千克体重肌注庆大霉素 0.5 万 ~ 1 万单位，或每千克体重肌注卡那霉素 30 ~ 40 毫克。

中草药在防治鸽大肠杆菌病方面有其独特的功效，国内在这方面研究的人较多，贺常亮研制出香芪汤（由香附、穿心莲、黄芪等组成方剂）、魏一钧研制出兽用小柴胡汤（由柴胡、黄芩、半夏、党参、甘草等组成方剂）、赵坤研制出克痢散（由石膏、滑石、白头翁、苍术等组成方剂）等。通过药敏试验、体外抑菌、人工感染治疗和自然感染治疗试验等研究了这些复方中草药方剂防治大肠杆菌病的疗效，确认其对大肠杆菌病预防率、治愈率都比较高，完全能替代抗生素。另外，在饲料中定期添加0.5%大蒜素，对大肠杆菌病的防治效果也比较好。

二、鸽沙门菌病

鸽沙门菌病又名鸽副伤寒，曾称眩晕病；乳鸽患病俗称黑肚皮病。本病是由带鞭毛、能运动的沙门菌引起的急性或慢性传染病，不仅会出现雏鸽急性发病，造成大批死亡，死亡率可高达80%；而且会慢性发病，使鸽群长期隐性带菌和间歇性排菌。本病是常见、重要的卵传细菌性传染病之一，能垂直传播，致使本病在鸽群中阳性率比较高且难于根除。本病呈世界性分布，给养鸽业造成较为严重的经济损失。

禽副伤寒还由于其在公共卫生上的重要意义而受到世界各国的关注。许多人类沙门菌感染的暴发都与禽肉和禽蛋中带有副伤寒沙门菌有关。2010年美国曾召回和销毁5.5亿枚被沙门菌污染的鸡蛋。随着公众对优质食品和健康的关注，许多国家纷纷加强了对禽沙门菌病的重视程度。

1. 病原

目前发现有6 ~ 7种不同血清型的沙门菌能引起鸽沙门菌病。其中以鼠伤寒沙门菌哥本哈根变种最为常见，其他有肠炎沙门菌、海德堡沙门菌等，均隶属肠杆菌科沙门菌属。这些沙门菌是血清学上相关的革兰阴性小杆菌，不产生芽胞，偶尔可形成短丝；正常带有鞭毛，能运动，但在自然条件下也可碰到带或不带鞭毛的不运动的变种。

沙门菌能在环境中存活和增殖是本病传播的主要原因。本菌的抵抗力通常不很强，对热和大多数消毒剂很敏感，60℃ 5 分钟即可杀死禽肉中的鼠伤寒沙门菌，但在速冻禽肉中可存活很长时间。常用的消毒剂（如酸类、碱类、氧化剂、来苏儿、新洁尔灭）都能很快杀死沙门菌。甲醛是常见、广泛采用的消毒剂，特别适合用于种蛋、孵化器和鸽舍的熏蒸消毒。甲醛和含甲醛化合物对消除土壤和用具中的沙门菌也很有效。本菌对干燥、腐败、日光具有一定抵抗力，在饲料和灰尘中存活时间较长，且温度越低存活的时间越长。在粪便和孵化室内的羽毛屑中可长期存活。在土壤中可存活几个月，在含有机物的土壤中存活更长。

引起禽副伤寒的沙门菌都能产生毒素，这些毒素耐热，75℃ 1 小时仍不能灭活，可引起人发生食物中毒。

2. 流行病学

经市场调查，如今 75% 鸽群在其生命的某个阶段都感染一种或多种血清型副伤寒沙门菌，鼠伤寒沙门菌的分离率长期保持在 50% 以上。目前本病在世界各国普遍发生。

鸽沙门菌病在自然条件下主要侵害鸽子，具有宿主特异性，发生于其他动物时都直接或间接与鸽有关。雏鸽发病往往呈急性或亚急性，成年鸽则呈慢性经过或隐性感染。新建鸽场一旦发生，往往呈暴发性，传染快；老鸽场只是间断地出现病例，呈散发性。本菌为条件性致病菌，当鸽子的抵抗力降低、环境中应激因素增强或增多时就会引起发病和流行。另外，长途运输、雏鸽转入青年鸽舍、营养不足等往往促进本病的流行。

本病的传染源主要是病鸽和病愈鸽，主要通过消化道（如食入被沙门菌污染的饮水、饲料、保健砂等）和呼吸道（如吸入带菌飞沫、尘粒等）进行水平传播，也通过种蛋进行水平和垂直传播。病愈鸽生长往往受阻，更严重的是常成为长期带菌者，不时向外排菌，散布病原菌，使此病连绵不断，难以彻底消灭。老鼠和苍蝇等有害生物也是携带本菌的传播媒介，可成为重要的传染源。

本病一年四季均可发生，但以春、冬季较为多发。

3. 临诊症状

本病的潜伏期一般为 12 ～ 18 小时。发病率和死亡率的高低取决于鸽的年龄、感染程度、饲养环境以及是否继发感染其他疾病。最急性病例常发生在孵化后数天内，往往不见症状就死亡。急性发病的多见于 1 ～ 3 周龄的雏鸽，病初症状不明显，一般在感染 4 ～ 5 天形成严重的肠炎，并迅速变为急性败血症，有的迅速死亡，死亡的雏鸽肚皮发黑，故俗称黑肚皮病（图 3–26）。慢性发病的多见于青年鸽及成年鸽，感染后病情慢慢加剧。

本病根据其临诊症状和病理变化可分为肠型、内脏型、关节型和神经型 4 种类型。

（1）肠型：本型主要表现为腹泻，消化道功能出现严重障碍。病鸽表现精神呆滞，羽毛蓬松，呆立，缩头，闭眼，食欲不振甚至废绝；病初排水样稀便，1 ～ 2 天后排灰白色带黄绿色或绿色泡沫的稀便（图 3–27），粪便中常夹杂着被黏液包裹的饲料，发出恶臭，肛门附近羽毛被粪便沾污。病鸽迅速消瘦，常 3 ～ 7 天死亡。

（2）内脏型：最急性的无明显临诊症状。急性的可见病鸽精神沉郁，呼吸困难，迅速消瘦，病情恶化很快，病程也较短，机体衰弱，

图 3–26　病死的雏鸽肚皮发黑（莫利平提供）

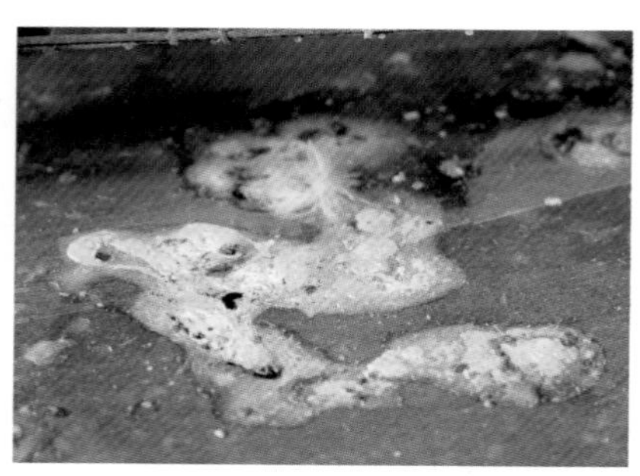

图 3–27　鸽沙门菌引起的白色稀粪

甚至死亡。

（3）关节型：若肠型的病程被拖延，细菌穿过肠黏膜进入血液，形成菌血症，从而将细菌转带至关节等部位，引起关节炎。病鸽表现为精神高度沉郁，闭眼昏睡，食欲下降，口渴，饮水增多。常见单侧性关节肿胀、扭曲和僵硬，尤以肘关节、胫跖关节为多见。另外可见翼、脚麻痹（图 3–28），翅膀下垂，飞行困难，不愿做飞翔活动；病鸽静止时单脚站立，麻痹脚抬起；活动时独脚跳跃或短步急行。

（4）神经型：病鸽表现共济失调，运动障碍，步态蹒跚，出现头颈扭转、低下、后仰、侧扭等神经症状（图 3–29），做圆圈运动，有时脚趾痉挛。

图 3–28　关节型病鸽出现翼、脚麻痹

图 3–29　神经型病鸽表现共济失调，运动障碍

上述 4 种鸽沙门菌病临诊表现型中，以肠型和内脏型较为常见，少数表现为关节型或神经型。病鸽可单型发病，也会多型并发。除个别发生急性死亡外，大多数病程为 3 ～ 5 天，长的可达 3 周甚至更长。

4. 病理变化

各型有各自不同的病变特征。

（1）肠型：病死鸽外观消瘦，眼窝深陷，皮肤干燥，且不易剥离。

剖检可见肠黏膜卡他性炎症、充血、出血，肠壁增厚，肠内充满绿色或黄绿色、灰绿色的带有泡沫的糊状内容物。病程长的则出现肠黏膜坏死，肠黏膜上覆盖有灰黄色坏死物。另外可见泄殖腔黏膜充血。

（2）内脏型：最急性病例往往无明显的病理变化。病程稍长时，出现消瘦、脱水。剖检可见肝脏呈特征性古铜色（图 3–30），肝脏肿大、充血、出血，有针尖大至粟粒大的黄白色坏死灶（图 3–31），有时肝脏表面被纤维素性渗出物覆盖；心包炎，心包积液（图 3–32）；肺起初充血、淤血（图 3–33），随着病情发展，肺部严重感染时会

图 3–30 肝脏呈古铜色

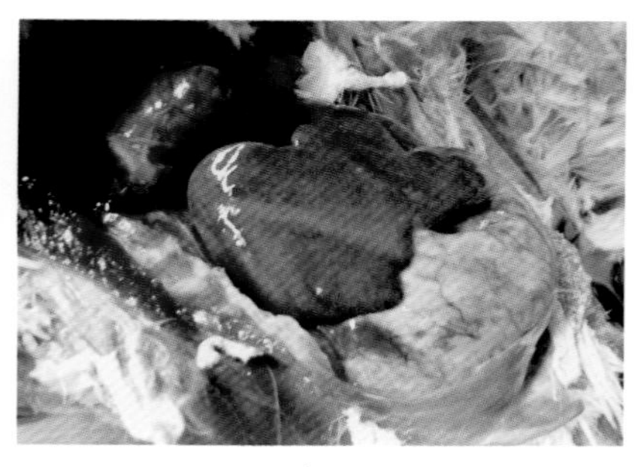

图 3–31 肝脏有针尖样黄白色坏死灶

图 3–32 心包积液

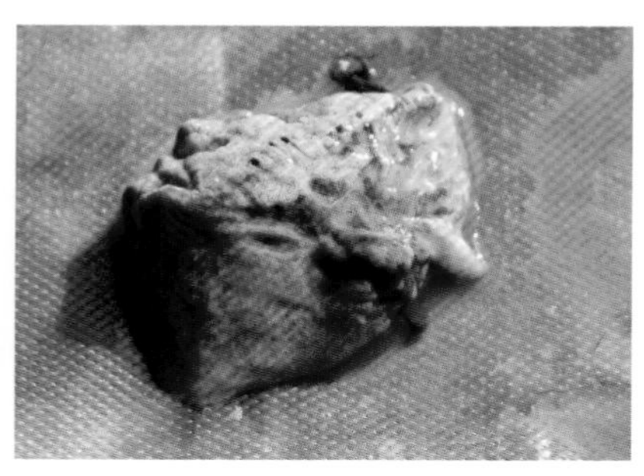

图 3–33 肺脏充血、淤血

出现针尖大至粟粒大的灰黄色坏死结节，有时结节较大，甚至侵蚀大部分肺，呈肉芽肿样坏死（图 3–34）;肠道有充血性或出血性炎症，其中以十二指肠较为严重（图 3–35），有时肠道甚至出现灰白色坏死结节；脾脏肿大，伴有出血或针尖样灰黄色坏死点。公鸽可能有单侧性睾丸炎，一侧睾丸肿大数倍，或有小点样坏死灶；母鸽并发腹膜炎、卵巢炎，卵泡变性、坏死（图 3–36），卵黄凝固呈干酪样，腹腔有时可见干酪样物。慢性病例可见腹腔积液、腹膜炎、输卵管炎、卵巢炎（图 3–37）。

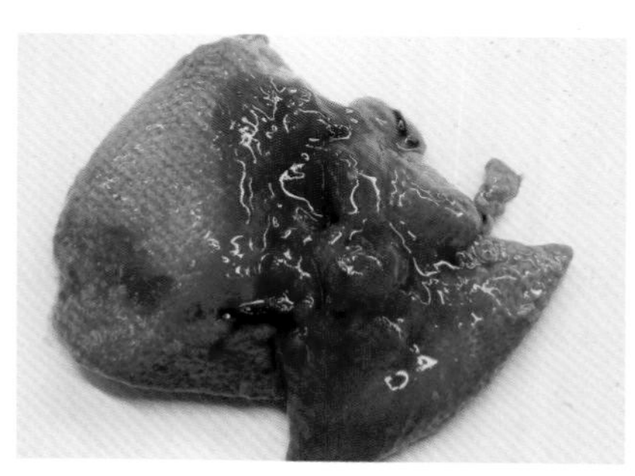
图 3–34　肺肉芽肿明显

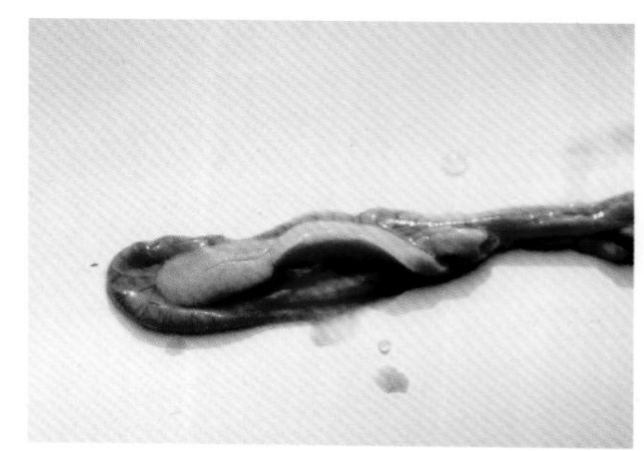
图 3–35　十二指肠出血明显

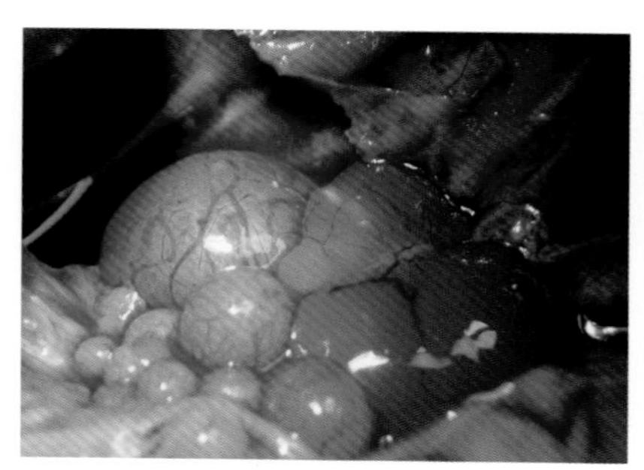
图 3–36　卵泡变性、坏死

图 3–37　卵泡变性、坏死，腹腔有积液

（3）关节型：切开肿胀的关节，可见关节液增多且黏稠，呈淡黄色，有时关节液微浊。

（4）神经型：剖检可见脑膜充血或有少量出血点，脑液增多，实质水肿。

在2种以上类型同时发生时，除见到各型特有的病变外，其病变程度往往会比单发的严重。

5. 诊断

根据临诊症状、剖检病变，结合流行病学调查可做出初步诊断。确诊必须进行沙门菌的分离和鉴定。鸽沙门菌病的部分临诊症状和病变易与鸽新城疫、鸽大肠杆菌病、禽曲霉菌病等混淆，诊断时需注意甄别。

（1）与鸽新城疫的鉴别诊断：鸽新城疫以拉绿色稀粪和出现扭头神经症状为主，发病急，传播快，发病率和死亡率都非常高，使用抗生素后无明显改善。剖检可见腺胃乳头、肌胃、肠道出血等特征性病变。

（2）与鸽大肠杆菌病的鉴别诊断：鸽大肠杆菌病腹泻严重，拉土黄色稀粪，恶臭，呼吸困难，剖检以肺部和气囊感染为主，肺有肉芽肿结节，有气囊炎、心包炎、肝周炎、卵黄性腹膜炎等病变。

（3）与禽曲霉菌病的鉴别诊断：禽曲霉菌病临诊上以呼吸困难为主，剖检以肺、气囊出现霉菌结节为特征病变。取肺脏或肝脏结节压片镜检可见霉菌的菌丝，并有接触霉垫料或食入霉变饲料史。

6. 防治措施

鸽沙门菌病有多种传染来源和传播途径，病原菌血清型又很多，目前尚无法采用疫苗免疫控制和消灭本病，必须采取综合性防治措施。

（1）培育沙门菌阴性种鸽群：对种鸽进行沙门菌血清学检测，

凡经沙门菌检测为阳性的鸽子不能留作种用，坚决淘汰。经过几个世代的净化，建立沙门菌阴性种鸽群，是彻底控制和消灭本病较为理想的措施。

（2）加强饲养管理：特别要注意育雏期间的饲养管理，保持合理的温度和湿度，做好饲养环境的清洁卫生工作。进出鸽舍的用具、车辆要严格消毒，保持水槽、料槽、保健砂杯的清洁卫生，及时清除粪便及废弃物，加强对鸽舍地面、空间和垫料的消毒。人工孵化时需及时收蛋，避免种蛋被粪便污染。凡是被污染的种蛋，一律不宜孵化，还要做好种蛋、孵化器的清洁卫生和消毒工作。

（3）治疗：大多数抗生素对本病有良好的治疗效果。用药量和投药途径，可根据病情轻重而定。在鸽群病情较轻、食欲正常的情况下，可选用 1 ~ 2 种药物，按治疗量拌料饲喂。土霉素粉按 0.1% 比例拌料；强力霉素按每千克饲料加 100 毫克；环丙沙星按每千克饲料加 50 ~ 100 毫克；磺胺二甲嘧啶＋甲氧苄氨嘧啶（按 1∶5 混合）按 0.02% 的比例拌料；氟苯尼考按每千克体重 25 ~ 30 毫克拌料。连喂 3 ~ 5 天。此外，还可选用穿心莲、大蒜等中草药及其复方制剂防治，效果也较好。对病情较重、食欲严重减退甚至出现死亡的鸽群，可使用喹诺酮类等抗生素针剂，对鸽群进行肌内注射治疗，每天 1 次，连用 3 ~ 4 天。

三、禽霍乱

禽霍乱又称禽巴氏杆菌病、禽出血性败血症。本病是一种主要侵害鸡、鸭、鹅、火鸡、鸽等家禽和野禽的急性、接触性、细菌性传染病。本病常表现为急性败血症，发病急，流行快，病死率高，但也表现为慢性型或良性经过。本病在鸽群中不会大面积暴发，常呈散发性或地方流行性。

1. 病原

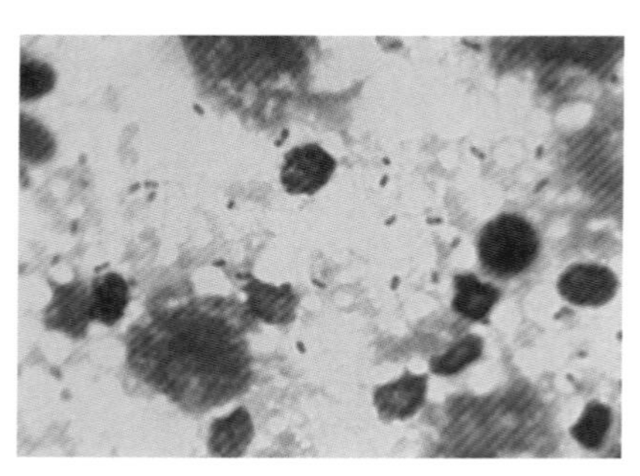
图 3–38　两极染色的巴氏杆菌（400 倍）

本病的病原为禽多杀性巴氏杆菌。为革兰染色阴性、无运动、无鞭毛、不形成芽胞的短小杆菌，单个或成对，偶尔呈链状或丝状，重复传代后趋向多形性。在组织、血液和新分离培养物中的菌体经美兰或瑞氏染色后，在显微镜下可见明显的、具有特征性的两极着色（图 3–38），但是经人工培养后，此现象逐渐消失。许多新分离的菌株具有荚膜，用美兰、瑞氏染色均可着色，但是在多次传代培养后，荚膜会逐渐消失。

多杀性巴氏杆菌为需氧兼性厌氧菌，最适生长温度 37℃，最适 pH7.2 ~ 7.8。在含有血清和血红素的培养基中生长良好，不溶血；经 37℃培养 18 ~ 24 小时，在血红素琼脂平板上可见灰白色、半透明、光滑、湿润、隆起、边缘整齐的露珠样小菌落。在多杀性巴氏杆菌的研究中，用斜射光观察菌落的形态最有价值，新分离的多杀性巴氏杆菌接种在马丁琼脂平板上培养 18 ~ 24 小时，将平皿置于解剖显微镜下，在 45° 斜射光线下，观察其菌落形态，一般光滑型、彩虹型属于高致病力毒株，而粗糙型、蓝色型多属于低致病力毒株。

目前已鉴定出 A、B、C、D 和 F 5 种荚膜血清群，对家禽致病的主要是 A 血清群；琼脂扩散沉淀试验是菌体抗原血清学分型的常规检测方法，到目前为止，已发现 16 种菌体血清型，均是从禽类宿主中获得。通过流行病学调查，确认我国禽多杀性巴氏杆菌的分离菌株以 5：A 型为主。

多杀性巴氏杆菌对理化因素的抵抗力不强，5% ~ 10% 生石灰水、1% 漂白粉、1% 烧碱、1% 福尔马林、3% ~ 5% 石炭酸、3% 来苏尔、0.1% 过氧乙酸和 75% 乙醇等常用消毒剂均可在短时间内将本菌杀死。本菌在阳光直射和干燥条件下会很快死亡，56℃ 15 分钟、60℃ 100 分钟即可杀死本菌。多杀性巴氏杆菌在血液、分泌物或排泄物中能存活 1 周以上，在尸体内则可存活 3 个月；培养物在冻干状态或密封于试管中，其内的多杀性巴氏杆菌在室温下可存活 2 年，在−30℃低温条件下可存活更长时间。

多杀性巴氏杆菌对大多数抗生素比较敏感，选择治疗用的药物相对容易，但需要注意的是，近年来国内有关其耐药性的报道正在逐渐增多。

2. 流行病学

禽霍乱多发生于鸡、火鸡、鸭和鹅，也感染鸽、鹌鹑等禽类，几乎所有的鸟类对本病都易感。不同品种、不同年龄的鸽均可发病，但多见于成年鸽，且其发病率和死亡率均较高，损失较大。

本病的传染源主要是带菌鸽、病鸽、其他禽类（如鸡、鸭、鹅等）以及鸟类。因排泄物、分泌物污染了环境、饲料、饮水、用具等而传染。本病主要通过消化道、呼吸道或伤口引起感染，而且病原传播速度比较快，一旦鸽群有因最急性禽霍乱死亡病例后，往往 1 ~ 2 天即可能出现全群发病直至暴发流行。狗、猫、鸟类及野生动物甚至人都能够机械带菌，苍蝇、蜱、螨等也是传播本病的重要媒介。

本病也是一种条件性传染病，在鸽群饲养管理条件突然改变，尤其是饲养密度过大、通风不良、长途运输、天气骤变、阴雨潮湿、饮食及运动受限等情况下，使鸽子的抵抗力下降，会引起内源性感染，极易引起本病的暴发或流行。

本病一年四季均可发生，但以气候剧变、潮湿多雨、冷热交替、高温闷热的季节发生较多，禽霍乱的流行季节主要为夏末、秋季和冬季。除性成熟以后的鸽更为易感外，这种季节性流行的主要原因是环境因素的影响结果，而并非抵抗力下降所致。本病的发生往往呈散发性或地方流行性。

3. 临诊症状

自然感染的潜伏期由数小时到 2 ～ 5 天。根据病程长短，禽霍乱在临诊上主要分为最急性型、急性型和慢性型 3 种。

（1）最急性型：常发生于本病流行初期，特别是成年高产蛋鸽或种鸽最容易发生。病情经过急骤，常为突然发病，很快死亡，病鸽常无明显临诊症状，部分鸽偶尔表现不安，往往在当天晚上采食和饮水都很正常，而在第二天早晨突然发现有一定数量的死亡，或突然倒地，双翼扑动几下就死亡。由于最急性型是鸽群暴发流行禽霍乱的先兆，所以必须引起高度重视。

（2）急性型：此型在生产上最为常见。病鸽表现为精神委顿，缩颈闭眼，羽毛松乱，两翅下垂，离伴呆立，不愿活动，行动迟缓。体温升高，结膜潮红，鼻瘤失去原有的色泽，鼻流黏液。口渴喜饮，嗉囊胀满，倒提时口鼻往外流淡黄色带泡沫的黏液，食欲减退甚至废绝。呼吸困难，病鸽总是试图甩掉积在咽喉部的黏液，不断地摇头，故本病俗称为"摇头瘟"。下痢，拉灰白或铜绿色恶臭稀便，并可能混有血液。发病鸽产蛋量减少甚至停止。在发病 2 ～ 3 天后往往因衰竭而死亡，少有康复的。

（3）慢性型：本病多见于流行的后期或由急性病例转变而来。但近年来，也有少部分鸽群从一开始发病就表现为慢性型，可能是由毒力较弱的菌株所引起。病鸽表现为贫血，精神不振，呼吸困难，流鼻液，食欲减退，增长缓慢，消瘦，关节肿大，行走不便，有的持续性腹泻。病程可达数周甚至几个月。病死率可达 50% ～ 80%。

图 3–39　心冠脂肪泼水样出血

4. 病理变化

典型禽霍乱的剖检特征性病变主要有心冠脂肪泼水样出血（图 3–39）、肝脏有针尖大小的白色坏死点（图 3–40）和十二指肠弥漫性出血（图 3–41）。

（1）最急性型：常无明显的肉眼病变，偶尔可见皮下出血和心冠脂肪出血，肝脏表面有散在、针尖大小的灰白色或灰黄色坏死点。

（2）急性型：可见以败血症为主的病变，皮下组织和腹部脂肪、肠系膜、浆膜、黏膜有大小不等的点状出血；心外膜、心冠脂肪严重出血；十二指肠呈出血性或急性卡他性炎症，有时整个肠道弥漫性出血。肝脏肿大，质脆，呈古铜色，表面有许多针尖大小的灰白色坏死点。肺脏充血或呈出血性肺炎实变。另外，有时出现心包液增多，呈淡黄色。有时出现呼吸道黏膜出血，肺气肿，气囊炎。

（3）慢性型：主要表现局部病变。可见心包炎、气囊炎、肝周炎、肝表面有灰白色坏死点等。产蛋鸽可见卵黄性腹膜炎和关节炎。关节肿胀，关节腔内有暗红色的混浊黏稠液体或干酪样物质。

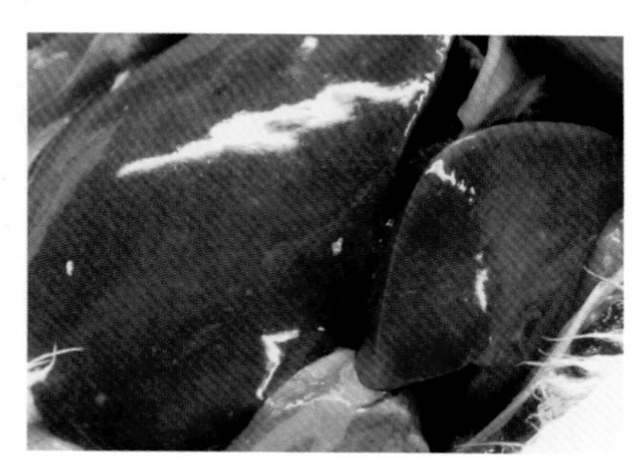

图 3–40　肝脏肿大，有密集的针尖状灰白色坏死点

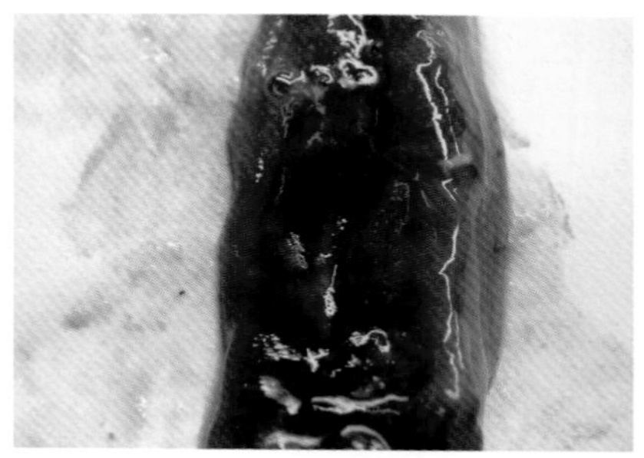

图 3–41　十二指肠弥漫性、广泛性出血

5. 诊断

禽霍乱的诊断并不算很难，根据流行病学、临诊症状和特征性病理变化可做出初步诊断，确诊需要进行实验室检查。采用病死鸽的肝脏、脾脏或者心血等制成触片，对触片进行美兰、瑞氏或姬姆萨等染色，显微镜 400 倍下观察，若发现两极着色的卵圆形小杆菌

可确诊为巴氏杆菌。另外，可通过细菌分离培养和生化特性试验以及快速血清学诊断技术等实验室方法确诊。

本病需注意与鸽新城疫、鸽葡萄球菌病的鉴别诊断。

（1）与鸽新城疫的鉴别诊断：鸽新城疫病程较长，大多3～5天死亡，发病率和死亡率高，拉绿色稀粪，常有扭头等神经症状。剖检可见腺胃乳头、肌胃出血，腺胃与肌胃交界处有明显出血，而皮下组织、腹部脂肪很少有出血。而禽霍乱几乎没有扭头曲颈等神经症状，剖检可见皮下组织、心冠脂肪、腹部脂肪出血，肝脏表面有许多针尖样大小的白色坏死点。

（2）与鸽葡萄球菌病的鉴别诊断：败血型葡萄球菌病与禽霍乱剖检病变有相似之处，败血型葡萄球菌病往往是由脐炎型转变过来的，出壳不到1周的乳鸽有较明显的临诊症状而死亡，成年鸽少有败血型葡萄球菌病暴发。剖检可见心冠脂肪有点状出血，肝脏无坏死点，通过细菌分离鉴定将更有利于进行区分。

6. 防治措施

（1）疫苗免疫：在本病的常发地区鸽场，应用禽霍乱灭活菌苗、弱毒菌苗或两者同时使用以预防禽霍乱的发生。目前国内常用禽霍乱油乳剂灭活苗，防疫效果比较好。禽霍乱的免疫程序：首次免疫通常于4周龄进行，并在开产前进行第二次免疫，以后每年再免疫一次。如本病在鸽群发生得较早，乳鸽就有流行，可将首免时间提前至2周龄，剂量减半。需要注意的是，使用弱毒活菌苗的前后3天内禁止使用抗生素、磺胺类及其他具有杀菌作用的药物，以免影响活菌苗的活性及免疫性。为尽量减少免疫疫苗时所产生的应激反应，可同时在饲料或饮水里添加一些抗应激剂。

（2）治疗：及早发现疫情很重要，一旦怀疑鸽群发生禽霍乱，应尽快确诊，对病死鸽深埋或火焚。确定疫点后，要立即做好严格隔离工作，防止疫情扩散，对发病鸽舍及其周围环境进行彻底消毒，以杀灭或尽可能减少病鸽和死鸽排到体外的病原菌。

多杀性巴氏杆菌对几乎所有的抗生素和磺胺类药物都比较敏感，治疗用药的选择余地比较大。如青霉素 4 万 ~ 5 万单位 / 千克体重，链霉素 3 万 ~ 4 万单位 / 千克体重，对发病鸽群肌内注射 1 天 2 次，连用 3 ~ 4 天；0.05% ~ 0.1% 土霉素饲喂，0.2% ~ 0.5% 磺胺二甲基嘧啶饲喂，0.1% 诺氟沙星（氟哌酸）按每千克饲料添加 100 毫克，氟苯尼考按每千克体重 25 ~ 30 毫克内服。上述药物任选一种，连用 3 ~ 5 天。杆菌肽等药物也有很好的治疗效果，内服 100 ~ 200 单位 / 天。由于耐药菌株的不断出现，在选择药物时尽量避免使用在本场曾经用过的药物（包括同类药物），有条件的鸽场最好通过药敏试验筛选出敏感药物用于本病的治疗，以提高治疗效果。

四、鸽葡萄球菌病

鸽葡萄球菌病是一种由金黄色葡萄球菌引起的急性败血性或慢性传染病。本病是一种环境传染病，也是一种人兽共患病。在临诊上表现为败血症、脐炎、皮炎、眼炎、腱鞘炎、化脓性关节炎、黏液囊炎等多种病型，偶见细菌性心内膜炎和脑脊髓炎病型。

1. 病原

鸽葡萄球菌病的病原为金黄色葡萄球菌。金黄色葡萄球菌是唯一对家禽有致病性的葡萄球菌种。典型的致病性金黄色葡萄球菌为革兰阳性、球状，在固体培养基上生长菌体呈簇状，在液体培养基上菌体可呈短链，菌体成对排列或呈葡萄样聚集在一起（尤其在固体培养基上）。通常致病性菌株的菌体较小一些，无鞭毛，不产生芽胞，有些菌株能产生多种毒素和酶。本菌对营养要求不高，在普通培养基上生长良好，在含有血液、血清或葡萄糖的培养基上生长更好。在 5% 血培养基 37℃培养 18 ~ 24 小时，可见圆形或卵圆形、光滑、湿润、隆起的菌落，常有白色到橘黄色色素。

葡萄球菌在环境中无处不在，对外界环境的抵抗力相当强。一些菌株对干燥、热（50℃ 30分钟）、消毒剂和9%氯化钠有抵抗力，在干燥环境中可以存活数周，在干燥的脓汁或血液中可存活数月。反复冷冻30次仍存活；加热，70℃ 1小时、80℃ 30分钟才能杀死，煮沸可迅速将其杀灭。在消毒药中，石炭酸的消毒效果较好，3%～5%石炭酸10～15分钟可杀死本菌。另外，75%乙醇、0.1%升汞、0.3%过氧乙酸也有较好的消毒效果。实验室检查时可利用金黄色葡萄球菌对高浓度氯化钠（7.5%）的抗性，将其从严重污染的病料中分离出来。本菌对多种药物，尤其是抗生素，易产生耐药性。

近年来，人医和兽医都非常关注葡萄球菌。一方面，由于在生产上抗生素的广泛应用，在食物（包括饲料）中加入抗生素，结果使原本只有兼性病原作用的葡萄球菌常引起人和动物致病；另一方面，除了引起人的炎症外，约50%金黄色葡萄球菌菌株会产生肠毒素，一旦污染食品，会引发食物中毒。因此，应引起高度重视。

2. 流行病学

与家禽有关的葡萄球菌和葡萄球菌病遍布世界各地。各种日龄的鸽对金黄色葡萄球菌均敏感，雏鸽更为敏感。鸽葡萄球菌病的发生与鸽场的饲养管理水平、环境污染程度、饲养密度等因素有直接关系。本病一般发病率和死亡率都很低，但变化很大，病死率高的可达75%以上。

本菌一般情况下不会致病，只有在鸽子自然防御机制被破坏的情况下才会发生感染。大多数病例的发生，都是由于身体防御屏障的损害，如皮肤或黏膜出现伤口，致使金黄色葡萄球菌通过伤口进入体内或血液，造成局部感染甚至引发全身感染。若种蛋和孵化器具被污染，会引发胚胎早死；刚出壳的乳鸽由于脐孔开张，为病原菌入侵提供了机会，易引发脐炎，并可能继续扩散至全身而出现败血症。疫苗接种（如刺种鸡痘疫苗）、简单的手术处理（如打翅号或腿号）和饲养管理不到位（如刮伤、啄伤、扭伤、刺伤等），可为葡葡球菌提供新的入侵机会。如果鸽舍污染严重，也会诱导本病。

本病一年四季均可发生，以多雨、潮湿和气候多变季节多发。

3. 临诊症状

鸽葡萄球菌病的潜伏期较短，根据侵袭部位和临诊表现，可分为急性败血症、脐炎、皮炎、关节炎和眼炎等病型。

（1）急性败血症型：本型最为常见，病程一般为 2 ～ 6 天。临诊上多见于 2 周龄内的乳鸽，偶见于成年鸽。乳鸽常因腹部皮肤有伤口而感染，病鸽表现为精神沉郁，食欲减退甚至废绝，渴欲增加，排水样稀粪，有时可见腹部增大，腹底部下垂，会很快死亡。

（2）脐炎型：本型也较为常见，多发生于 7 日龄以内的乳鸽。病鸽精神委顿，低头缩颈，不愿活动，饮食减退，部分下痢，排出灰白色或黄绿色稀粪。瘦弱，卵黄吸收不良，腹部膨大，脐部肿胀、发炎，局部呈黄、红、紫、黑色，质稍硬，间有分泌物，被称为“大肚脐”，常常因败血症而在 1 ～ 2 天死亡。

（3）皮炎型：本型死亡率较高，病程多为 3 ～ 7 天。常发生于 3 ～ 4 周龄的乳鸽。病鸽表现为精神沉郁，羽毛蓬松，多因皮肤或黏膜损伤而引起感染，发展为局灶性坏死性炎症（图 3–42），胸腹部、翅、大腿内侧等处羽毛脱落，有的鸽因腹部皮下炎性肿胀而使皮肤呈紫色或紫红色，触诊皮下时有液体波动感。后期，部分可能发展成皮下化脓性炎症，有的自然破溃，流出茶色或紫红色液体，与周围羽毛粘连，随后出现坏死性皮炎，严重时出现全身性感染，食欲废绝，最后因衰竭而死亡。

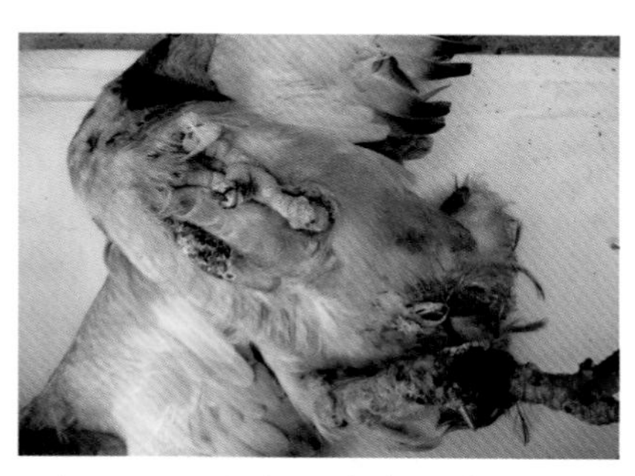

图 3–42　皮炎型葡萄球菌出现局灶性坏死性炎症

（4）关节炎型：本型病程较长，一般在 2 周以上。常发生于青年鸽和成年鸽。病鸽常表现为一侧跗关节肿胀，有热痛感，跛行，有的破溃，形成污黑色结痂。有时出现趾瘤，脚底肿大。有时趾尖发生坏死，呈黑紫色，较干涩。严重的因运动、采食困难，导致衰竭或继发其他疾病而死亡。

（5）眼炎型：各种日龄的鸽都会发生，病鸽闭眼，严重的眼内充满脓汁分泌物而发生眼黏合（图 3-43）。上下眼睑肿胀，结膜红肿，有的有肉芽肿（图 3-44），最后失明，无法采食而衰竭死亡。

图 3-43　葡萄球菌性眼炎

图 3-44　鸽感染葡萄球菌引起眼化脓，产生肉芽肿

4. 病理变化

（1）急性败血症型：剖检病死乳鸽，可见肌肉出血，广泛潮红，尤以胸肌和腿肌上常见；心冠脂肪有出血点，肝、脾肿大、充血；肠黏膜充血、轻度出血。剖检病死成年鸽，常见心外膜点状出血，腹腔内有腹水和纤维素性渗出；肝脏肿大，质地变硬，呈黄绿色，间有散在的坏死；脾脏、肾脏轻度肿大；泄殖腔黏膜有时有出血、溃疡、坏死。

（2）脐炎型：脐部常有炎症，干酪样坏死性病变。心包积液，呈淡黄色，心外膜、心内膜和心冠脂肪有小出血点或出血斑。腹腔膜发炎，腹腔积水或有纤维素性渗出物。肝脏和脾脏肿大、充血，呈淡黄色。卵黄严重变形，有时呈烂糊状。肠道黏膜充血、出血，肺有时充血、淤血。肾淤血，肿胀。泄殖腔黏膜有坏死性溃疡灶。

（3）皮炎型：病死鸽局部皮肤增厚、水肿，切开皮肤见有出血性胶样浸润，液体呈茶色或紫红色。胸肌及大腿肌肉有出血斑点或带状出血，或有坏死性病灶。

（4）关节炎型：可见关节炎和滑膜炎。某些关节肿胀，关节内有浆液性或纤维素性渗出物，关节内滑膜增厚、水肿。病程稍长时，渗出物呈干酪样，有时发展成骨髓炎。

（5）眼炎型：主要是眼外观的病变，眼内有炎性渗出液，严重的眼部化脓，甚至失明。

5. 诊断

根据流行病学、临诊症状和剖检病变可做出初步诊断，确诊需通过实验室检查。无菌采集病鸽的心血、肝脏、脾脏或关节囊液等病料进行细菌分离培养，金黄色葡萄球菌在绵羊血琼脂平板上生长良好、具有溶血现象，容易鉴定。

本病需注意与禽霍乱、鸽大肠杆菌病的鉴别诊断。

（1）与禽霍乱的鉴别诊断：禽霍乱与败血型葡萄球菌病剖检病变上有相似处，禽霍乱主要发生于成年鸽，几乎无明显的临诊症状，早晨进鸽舍喂料时才发现死亡，死亡的鸽子往往是比较肥壮的鸽；剖检心冠脂肪处出血像泼水样，肝脏有许多大小不一的灰白色坏死灶。而败血型葡萄球菌病往往是由脐炎型转变过来，出壳不到 1 周的乳鸽有较明显的临诊症状而死亡，剖检心冠脂肪处有点状出血，肝脏无白色坏死灶。使用血琼脂进行细菌分离鉴定能更准确区分。

（2）与鸽大肠杆菌病的鉴别诊断：鸽大肠杆菌病呼吸困难，腹泻，拉灰黄色稀粪，粪便恶臭。剖检主要表现心包炎、肝周炎和肺炎以及肺结节等，心冠脂肪无出血现象。

6. 防治措施

因葡萄球菌广泛存在于自然界，防治本病的关键是做好饲养管理工作。消除引起鸽外伤的因素，如保持鸽笼、鸽舍和用具等光滑平整，保证垫料的质量，特别要注意避免鸽群的皮肤和黏膜受到损伤。保持合理的饲养密度，搞好环境卫生，鸽舍定期消毒，可喷洒0.3%过氧乙酸等消毒液。加强饲养管理，尽量避免或减轻应激因素，保证饮水和饲料的质量，接种鸽痘疫苗时要做好消毒工作。人工孵化时做好孵化器和种蛋的清洁消毒工作，种蛋要避免被粪便污染。

治疗时首先做好皮肤外伤的消毒处理，可用紫药水、碘酊、聚维酮碘等擦洗病变部位，以加速感染愈合。严重的可全身用药，青霉素（每千克体重2万～5万单位，肌内注射）、链霉素、庆大霉素（每千克体重3 000～5 000单位，肌内注射）、卡那霉素（每千克体重1 000～1 500单位，肌内注射）、盐酸四环素（每千克体重50毫克，内服）、0.01%～0.02%红霉素、环丙沙星（每千克体重5～10毫克，内服）、恩诺沙星（每千克体重5～10毫克，内服）、0.5%磺胺二甲基嘧啶等有良好的治疗效果。一般注射效果要明显优于饮水或拌料给药。

五、鸽支原体病

鸽支原体病又称鸽慢性呼吸道病、鸽霉形体病。本病是由鸡毒支原体引起的一种呼吸道细菌性传染病，是鸽常见的多发病之一。本病的流行特点是感染率高，病死率较低，发病缓慢，病程较长，病理变化发展慢，即使治愈也常复发，且能经蛋垂直传播，难以彻底消灭，致使本病在鸽群中长期蔓延而连绵不断。临诊主要表现呼吸困难，气管啰音，咳嗽，鼻漏。本病会引起鸽子体质降低，抗病力下降，造成乳鸽生长发育迟缓，品质下降，死淘率增加；成年鸽出现产蛋率、孵化率下降，严重时会死亡，经济损失较大。

1. 病原

本病的病原是鸡毒支原体。支原体又称霉形体，是一类缺乏细胞壁、仅由胞浆膜包裹的原核生物。支原体比细菌小，比病毒大，能吸附鸡红细胞，多呈细小球杆状，大小 0.25 ～ 0.5 微米。本菌姬姆萨染色良好，革兰染色呈弱阴性，需氧和兼性厌氧，培养生长要求高，培养基中必须加入血清、水解乳蛋白和酵母浸出液才能生长。培养 3 ～ 5 天可形成微小、光滑而透明的露珠状菌落，用放大镜观察呈乳头状，在马鲜血琼脂培养基上能引起溶血。本菌接种 7 日龄鸡胚卵黄囊中，能生长繁殖，部分鸡胚接种后 5 ～ 7 天死亡，鸡胚体发育不全，全身水肿，关节肿大，尿囊膜、卵黄囊出血。

鸡毒支原体对环境抵抗力较弱。在常温（一般为 18 ～ 20℃）下可存活 6 天，在 20℃的鸽粪内可生存 1 ～ 3 天，在卵黄中 37℃时存活 18 周，45℃时经 12 ～ 14 小时死亡。液体培养物在 4℃可保存近 1 个月，在−30℃可保存 1 ～ 2 年。冻干培养物在−60℃存活时间更长，可达 10 多年。本菌对紫外线的抵抗力极差，阳光直射下很快失去活力，在水中立即死亡。常用消毒药能很快将其杀死，但对新霉素、磺胺类药物有抵抗力。

2. 流行病学

支原体在自然界中分布广泛，普遍存在于鸽舍和鸽群中，也广泛存在于植物、动物、昆虫、细胞和人体。据德国兽医调查，90% 鸽舍能检出支原体，而没检出的鸽舍往往由于在检查前使用过药物。鸽支原体病是鸽最常见的慢性呼吸系统疾病，引起气管炎、支气管炎、肺炎、气囊炎，还能引起关节炎和眼部感染。

不同品种、日龄的鸽都可发生，但以乳鸽最易感。本病感染率高，发病率 15% 左右；死亡率低，一般 8% 左右；继发大肠杆菌病和毛滴虫病等疾病可使发病率和死亡率上升，可达 20% ～ 40%。

带菌鸽和发病鸽是本病的主要传染源。本病既可水平传播，又可垂直传播。病原菌主要通过病鸽咳嗽、打喷嚏，随呼吸道分泌物排出，又随飞沫和尘埃经呼吸道感染。被支原体污染的饮水、饲料、用具等也会使本病由一个鸽群传染至另一个鸽群。被感染的种鸽可以通过种蛋垂直传播支原体，处于感染期和发病严重的鸽群对病原传播率高，使本病在鸽群中连绵不断地发生。

本病在新发病的鸽群中传播较快，但在疫区呈缓慢经过。本病的严重程度与饲养管理、环境卫生、营养缺乏、多种病原微生物的继发和并发感染有很大关系。使用被支原体污染的活疫苗易散播本病，如采用气雾法和滴鼻法进行活疫苗（如新城疫弱毒冻干苗）免疫时能诱发本病。

本病一年四季都可发生，但多发于寒冷、多雨季节。鸽舍拥挤、空气污秽、通风不良、卫生恶劣和长途运输等因素，均可促进本病的发生和流行。

3. 临诊症状

鸽支原体病往往呈慢性经过，病程较长，潜伏期可达 7 ~ 14 天。病鸽精神差，羽毛蓬乱，离群呆立或下蹲。食欲减退，生长发育迟缓，生产性能下降。鼻炎，初期流出水样清涕（图 3–45），随着病情发展，变为流浆液性或黏液性鼻液，使鼻孔堵塞而影响呼吸（图 3–46）。窦部肿胀，频频摇头，打喷嚏，咳嗽，发出“咯咯”的喘鸣音，呼

图 3–45　鸽呼吸困难、咳嗽、流鼻涕

图 3–46　黏液性鼻液使鼻孔堵塞

出气体有恶臭味。有些病鸽眼结膜发炎，眼睑肿胀，有渗出物，甚至失明。患病鸽易继发其他细菌性感染和寄生虫病，出现腹泻，病鸽逐渐消瘦，生长发育缓慢或停滞。有时侵害生殖系统，引起产蛋量下降，甚至丧失繁殖能力。经蛋传播造成胚胎死亡和新生乳鸽生长迟缓，乳鸽还可能出现呼吸道—神经症状综合征。

有些感染鸽群不表现明显的临诊症状，直至有并发感染或诱发因素出现时才出现临诊症状。

4. 病理变化

病鸽明显消瘦。典型的病变可见鼻腔、鼻窦、气管、支气管黏液性、脓性或黄色分泌物，有时病死鸽的喉头或支气管被干酪样渗出物所堵塞（图 3–47、图 3–48）。气管、支气管黏膜潮红、水肿、增厚，气囊炎明显，气囊壁变厚、混浊，有斑状或粒状干酪样渗出物附着（图 3–49）。肺有不同程度的肺炎病变，有些

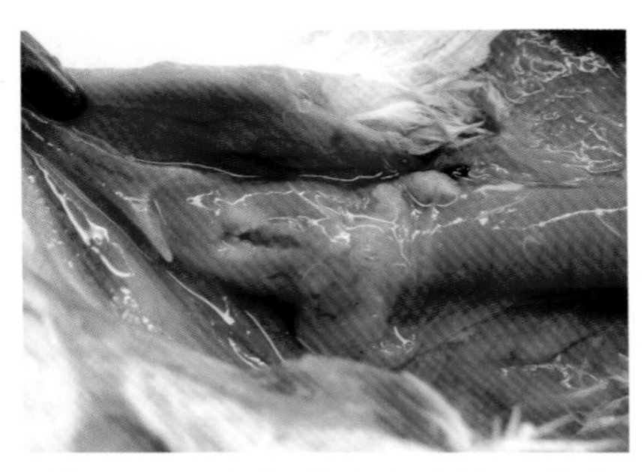

图 3–47　喉气管中有脓性，易堵塞气管

图 3–48　气管中有脓性或干酪样分泌物

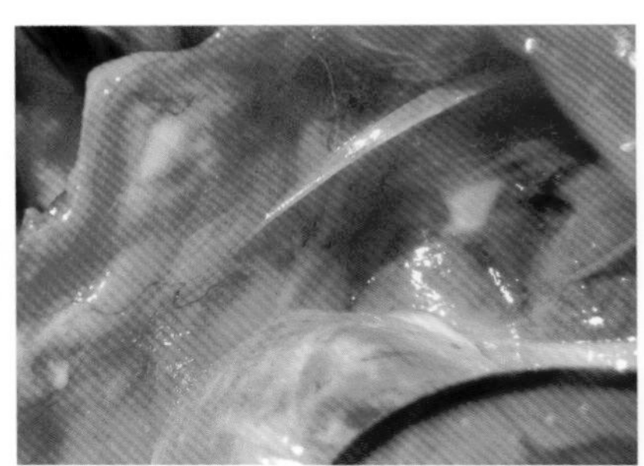

图 3–49　气囊混浊、增厚、上有黄白色干酪样渗出物

病死鸽眼结膜充血，眼水肿或上下眼睑粘连，眼内有脓性或干酪样渗出物。如果病鸽继发其他疾病，可见到继发疾病相应的病变，如继发大肠杆菌病，可见纤维素性心包炎和肝周炎等。

5. 诊断

本病根据其流行病学、临诊症状和剖检病变可做出初步诊断，确诊需进行血清学检测和支原体培养鉴定等实验室检查。玻板凝集反应是对鸽支原体病常用的一种快速简便的检测方法，血凝抑制试验也是比较可靠的诊断方法。诊断时应注意与鸽衣原体病、鸽毛滴虫病、鸽念珠菌病和鸽曲霉菌病的鉴别诊断。

（1）与鸽衣原体病的鉴别诊断：鸽衣原体病有典型的结膜炎症状，呈急性经过，只有个别病例发生死亡；而鸽支原体病的眼结膜极少受到侵害。两者引起的鼻炎等临诊症状和气囊炎等病变非常相似，肉眼较难区分，可通过血清学检测或病原菌分离鉴定等实验室方法进行区别。

（2）与鸽毛滴虫病的鉴别诊断：鸽毛滴虫病只有严重时临诊才表现呼吸困难，检查口腔可见黄色假膜，假膜容易剥离，且剥离后不留痕迹，一般无肺炎和气囊炎病变。取口腔沉积物镜检，可看到游动的毛滴虫。

（3）与鸽念珠菌病的鉴别诊断：念珠菌只侵害上消化道，检查口腔可见黄色假膜，假膜难以剥离，有酸臭味，撕去假膜则露出出血性溃疡灶，一般无肺炎和气囊炎病变。

（4）与鸽曲霉菌病的鉴别诊断：被曲霉菌感染的病鸽临诊表现呼吸困难明显，常无鼻炎症状。剖检可见肺肉芽肿及结节等严重病变，气囊炎也很严重，检查饲料有霉变现象。

6. 防治措施

目前国内还没有培育出支原体阴性的种鸽群，必须采取综合性防治措施来防控鸽支原体病，开展疫苗免疫也是行之有效的预防措施。

（1）加强饲养管理：做好鸽场的饲养管理工作，饲喂优质饲料，供给鸽群足够的营养成分，尤其是维生素 A，提高抗病力。做好环境清洁卫生消毒工作，保证饮水清洁卫生，每周清除粪便 1 ~ 2 次，消毒 1 ~ 2 次，可选择过氧乙酸等消毒剂带鸽消毒，以降低鸽舍内氨气的浓度，减少鸽舍的灰尘和病原微生物。合理安排饲养密度，避免各种应激因素。须特别注意的是，绝不能将鸡与鸽混养，鸽场也要尽量远离鸡场，以防交叉感染。

（2）疫苗免疫接种：疫苗免疫后可有效防止病原菌经种蛋的垂直传播，并可降低诱发其他疾病的概率，提高乳鸽品质。已证明，免疫接种是减少鸽支原体病发生的一种有效方法。目前，国内外使用的疫苗主要有慢性呼吸道病弱毒活疫苗和慢性呼吸道病油乳剂灭活疫苗，因暂时没有鸽专用疫苗，在本病严重的鸽场可考虑选用鸡慢性呼吸道病油乳剂灭活苗，剂量减半。需注意的是，不能在鸽群中盲目使用鸡慢性呼吸道病弱毒活疫苗。

（3）清除种蛋内支原体：经种蛋垂直传播是支原体一条重要的传播途径，阻断这条途径对防治疾病有着重要的意义，是培育支原体阴性鸽群的基础。有两种方法可以用来降低或消除蛋内的支原体，即抗生素处理法和加热法。

① 抗生素处理法：将亲鸽自然孵化 1 ~ 2 天的种蛋或将人工孵化前的种蛋加热到 37.5℃后，立即放入 35℃左右、对支原体有抑制作用的抗生素溶液（如 0.03% 泰乐菌素、0.05% 庆大霉素等）中浸泡 10 ~ 12 分钟；也可以将种蛋放在密闭容器的抗生素溶液中，抽出部分空气，然后再徐徐放入空气使药液进入种蛋内；也可将抗生素溶液注射在种蛋内。这种方法的缺点：清除种蛋内支原体不彻底，增加了某些对抗生素有耐药性的细菌污染机会和影响孵化率，孵化率会下降 8% ~ 10%。

② 加热法：人工孵化时，对孵化器中的种蛋，压入热空气，使温度在 10 ~ 12 小时均匀上升到 46.1℃，然后移入正常孵化温度中

孵化，可以收到比较满意的消灭卵内支原体的效果，但种蛋孵化率下降 8% ~ 10%。有试验表明，应用 45℃恒温处理种蛋 12 小时，然后转入正常孵化，收到相当满意的消灭卵内支原体的效果，只要温度控制适宜，对孵化率没有明显影响。

（4）建立支原体阴性种鸽群：支原体可经蛋传播的，应有计划地实施净化，实行小群饲养，定期进行支原体血清学检测，坚决淘汰支原体阳性鸽。在产蛋前对鸽群进行一次血清学检查，检测支原体为阴性的鸽子才可留作种鸽。支原体阴性的亲代鸽群所产种蛋不经过药物或热处理孵出的子代鸽群，经过几次检测都未出现一只支原体阳性鸽后，才能认定已建成支原体阴性种鸽群。

（5）药物治疗：一旦鸽群发病，可选用下列药物控制和治疗。泰乐菌素、红霉素、北里霉素、土霉素、四环素、金霉素、强力霉素、链霉素、庆大霉素、卡那霉素、新霉素等，临诊上常选用其中一种药物和给药方式，如 0.01% 红霉素饮水或 0.02% ~ 0.05% 红霉素拌料、0.005% ~ 0.01% 酒石酸泰乐菌素拌料或 0.003% ~ 0.005% 酒石酸泰乐菌素饮水、0.05% 泰乐菌素饮水、0.003% 壮观霉素饮水、0.03% ~ 0.05% 北里霉素拌料等，连用 3 ~ 5 天，治疗效果较好。本病常混合感染或继发感染其他病原微生物，并易产生耐药性，最好选用抗菌谱广的药物，并注意交替用药。

六、鸟　疫

鸟疫又称禽衣原体病、鹦鹉热、鹦鹉病。本病是由鹦鹉衣原体引起的禽类的一种急性或慢性接触性传染病，也是一种人兽共患病。自然情况下，多种鸟会感染本病，是鸽常见的传染病之一。本病能引起鸽群长期带菌或发病，导致鸽子眼炎、生长不良、消瘦、抵抗力与生产性能下降等，甚至会传染给与病鸽接触的人员，危害人类的健康。

鸟疫是一种世界性分布的疾病，在我国大部分地区都有发生的报道。

1. 病原

衣原体在分类上属衣原体目衣原体科衣原体属，衣原体属内有 3 个种：鹦鹉热嗜衣原体、沙眼衣原体和肺炎衣原体。种以下存在着不同的生物变种和血清型，其中对鸽危害最大的是鹦鹉热嗜衣原体。

鹦鹉热嗜衣原体对高温的抵抗力不强，对环境的抵抗力也不强，56℃ 5 分钟、37℃ 48 小时、22℃ 12 天均会失去活性；鹦鹉热嗜衣原体在低温下可存活较长时间，在 4℃条件下则能存活 50 天，−70℃ ~ −20℃下可长期保存，在干燥的粪便中可保持数月的感染性。常用消毒剂均能迅速将其杀死，如 2% 碘酊、75% 乙醇、3% 过氧化氢等几分钟即可使其失去感染力，0.1% 福尔马林、0.5% 石炭酸作用 24 小时可将其灭活，而煤酚类化合物和石灰对其则没有消毒效果。衣原体对青霉素、四环素、利福平和红霉素等敏感，但对庆大霉素、卡那霉素、链霉素、杆菌肽、万古霉素、磺胺类药物有抵抗力。

2. 流行病学

不同品种的家禽（鸡、火鸡、鸭和鸽等）和野禽都能感染鸟疫，目前我国大部分鸽场都存在本病，且衣原体阳性率与鸽群的日龄并无明显的关系。据杨秀环等对北京地区的鸽子进行衣原体病流行状况调查，结果几乎所有鸽群都检出阳性鸽，阳性率高的可达 60% 以上，低的也在 10% 以上，雏鸽感染后死亡率高达 60%。张济培等调研了广东省养鸽场衣原体病感染情况，所有鸽群都能检出阳性，阳性率最高的达到 100%，最低的也达 14%，总阳性率达到 59.5%。

病鸽和隐性感染鸽是本病的主要传染源。传播途径主要是通过空气，鹦鹉热嗜衣原体随粪便、唾液和咽喉黏液及乳汁排出体外，干燥后随风飘扬，易感鸽吸入含有衣原体的浮尘，会引起感染。乳鸽则因亲鸽的哺喂而感染，衣原体也可从皮肤伤口侵入而传染，衣原体还能通过交配和种蛋传播，虱和螨等昆虫也可能是传播媒介。

本病一年四季均会发生，但鸽易在 5 ~ 7 月份和 10 ~ 12 月份发生。饲养密度大、拥挤、通风不良、长途运输、营养不良等应激因素可诱发本病。

3. 临诊症状

本病潜伏期一般为 4 ~ 7 天，因常常受到多种因素如营养、免疫力、病原性、卫生状况、气候以及是否同时感染其他微生物的影响。临诊表现为结膜炎、鼻炎、口腔炎、肺炎、心包炎、气囊炎、肠炎、多发性关节炎、脑炎等多种临诊症状。

鸟疫对乳鸽（尤其是 2 ~ 3 周龄的）危害较大，多为急性型，症状也最明显。患病鸽主要表现为怕光、流泪（图 3-50），眼结膜发红（图 3-51），嗜睡，独处一隅，不愿活动，羽毛松乱，精神委顿，呼吸有喘息声，食欲不振，饮水增加，腹泻，排黄色或淡绿色水样稀粪，消瘦；乳鸽最后会因败血症而死亡，死亡率最高可达 80%。慢性病例表现为结膜炎，单侧或双侧眼结膜发炎，眼睑肿胀（图 3-52），有浆性或黏性分泌物流出（图 3-53），严重者失明。并发鼻炎时，分泌的黏液常堵塞鼻孔，病鸽呼吸困难，甩头，打喷嚏，

图 3-50 患病鸽怕光、流泪

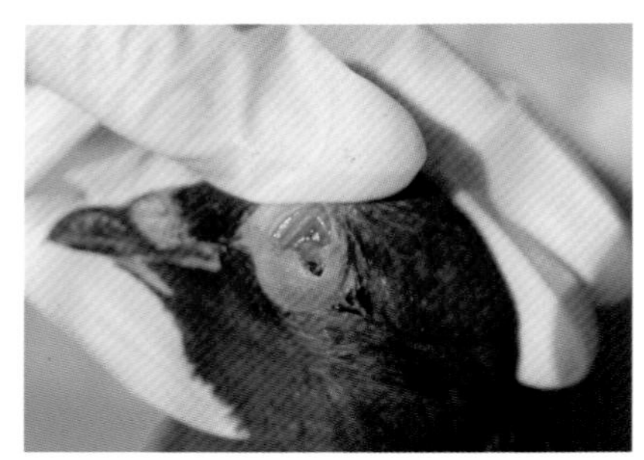
图 3-51 眼结膜发红

图 3-52　眼睑肿胀

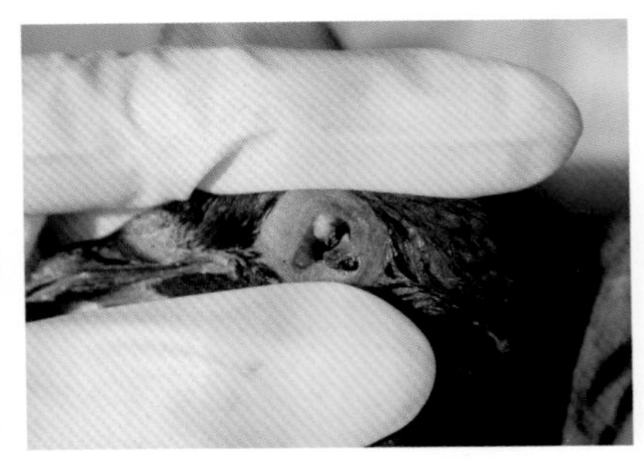

图 3-53　眼内有浆性或黏性分泌物

发出“咕噜、咕噜”的喘息声；随病情发展，病鸽逐渐消瘦和衰弱，并可能因痉挛而死亡，发病率可高达 40% 以上，死亡率因有无并发或继发其他疾病而高低不一，一般为 10% 左右。产蛋鸽表现为产蛋率下降，蛋品质下降，畸形蛋、砂壳蛋、软壳蛋和破壳蛋增多。少数鸽还可见翅膀、腿脚麻痹和扭颈等神经症状。

4. 病理变化

鸟疫是人兽共患病，鹦鹉热嗜衣原体对人具有感染性，剖检病鸽时必须做好防护工作。

因鸟疫临诊表现出结膜炎、鼻炎、口腔炎、肺炎、心包炎、气囊炎、肠炎、多发性关节炎、脑炎等多种临诊症状，剖检可见其相对应的病理变化。外观病鸽，常常可见极度消瘦，胸骨隆起，泄殖腔周围羽毛沾有绿色粪便。剖检可见结膜增厚，有黏性分泌物。鼻腔和气管中有大量黄色黏性分泌物。口腔和咽部充血、有溃疡性坏死灶。气囊壁增厚，胸腔和腹腔上有纤维性渗出物（图 3-54）。肝脏暗红色，肿大、质脆，有针尖大小的淡黄色坏死灶。心脏肥大，心包膜充血、出血，心外膜被覆纤维素性渗出物。肺脏出现淤血、变性、纤维性渗出、坏死。脾脏暗红色，肿大、质软，被膜下充血、出血。肠道出现卡他性炎症，肠内容物黄绿色，呈胶冻状或水样。肾肿大。

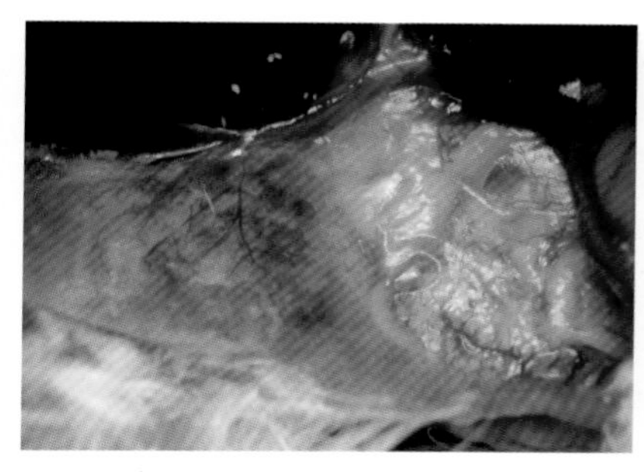

图 3–54　胸部气囊混浊、增厚，有炎性纤维渗出物

泄殖腔内有较多的尿酸盐沉积。

5. 诊断

根据眼结膜、眼睑肿胀等临诊症状，结合剖检见肺炎和气囊炎等病变，可做出初步诊断。

因鸟疫的临诊症状和剖检病变并非特异性的，确诊应通过实验室检查。可取肝、脾、心包、心肌、气囊和肾等病变组织或病死鸽新鲜渗出液制作压片或涂片，姬姆萨染色、镜检，衣原体呈紫色，找到包涵体对确诊意义重大。新鲜渗出液也可不染色，在湿封固标本中以相差显微镜直接检查，400 倍或更高倍数下可清晰见到分布于单核细胞中的菌体，但此法不能与支原体区分开。

目前国内用于衣原体病诊断的血清学反应有补体结合试验、间接红细胞凝集试验、间接 ELISA、直接免疫荧光法和 PCR 方法等。这些方法各有利弊，检出率也有差异，可结合本地区和鸽场技术水平选择适合的方法。

在鉴别诊断时应注意与鸽大肠杆菌病、鸽支原体病、鸽葡萄球菌病、鸽曲霉菌病、禽霍乱和鸽毛滴虫病的区别。

（1）与鸽大肠杆菌病的鉴别诊断：鸽大肠杆菌病发病多并且病症较重，呼吸困难明显，腹泻较多且严重，剖检不仅有肺炎，更有肺肉芽肿及结节等严重病变，气囊炎也更严重，肠道病变明显。

（2）与鸽支原体病的鉴别诊断：鸽支原体病发病缓慢，病程较长，眼结膜炎极少，多数表现呼吸困难，频频摇头、打喷嚏、咳嗽，呼出气体有恶臭味。种鸽产蛋率下降和孵化率降低，所产弱雏增多。

（3）与鸽葡萄球菌病的鉴别诊断：鸽葡萄球菌病也会引起眼炎，不过以化脓性眼炎为主，病变严重，易引起失明，临诊上还是较易区分的。

（4）与鸽曲霉菌病的鉴别诊断：鸽曲霉菌病呼吸困难明显，有肺肉芽肿及结节等严重病变，气囊炎也更严重，检查饲料有霉变现象。

（5）与禽霍乱的鉴别诊断：禽霍乱发病突然，往往无明显症状，在第 2 天早晨才发现死亡的鸽，剖检以心冠脂肪有出血点和肝脏有针尖样灰白色坏死灶为特征，少有结膜炎、鼻炎、肺炎和气囊炎。

（6）与鸽毛滴虫病的鉴别诊断：鸽毛滴虫病只有在严重时临床才表现呼吸困难症状，检查口腔可见黄色假膜，无结膜炎、鼻炎、肺炎和气囊炎病变。

6. 防治措施

目前尚无市售的鸽衣原体病商品化疫苗用于预防鸟疫，故本病多采用综合性防治措施，如控制传染源、隔离病鸽、严格处理病死鸽等有害物。避免鸽群接触到潜在的衣原体携带者，包括野禽、宠物以及外来人员等；应做到鸽群内不得混养其他鸟类，鸽舍需设防护网防止其他鸟类飞入；不同生产用途、不同日龄的鸽应分开饲养，饲养密度合理，避免拥挤；加强饲养管理，做好饲养环境的清洁、消毒工作，保持鸽舍良好的通风，以切断其传播途径；鸽舍内保持适当的湿度，避免病原随灰尘传播。

定期进行血清学检测，发现阳性鸽及时淘汰。通过净化措施建立衣原体阴性鸽群是防治本病的根本方法。李志衔等用鸡衣原体基因工程亚单位疫苗给 30 日龄、45 日龄的种鸽免疫 2 次，试验表明，可以保护种鸽免受衣原体的侵袭。

一旦确诊发生鸟疫，可选用金霉素、泰乐菌素、红霉素、四环素等敏感药物治疗。常用0.04%～0.08%金霉素拌料，或每天口服金霉素片50～100毫克/只，连用5天，停2天后，再用5天；0.01%～0.02%强力霉素拌料，或每天口服强力霉素片50～100毫克/只；口服土霉素5万～10万单位/只，每天2次，连用4天；也可选用0.05%泰乐菌素饮水，0.01%红霉素饮水或0.02%～0.05%红霉素拌料，连用3～5天。

七、鸽曲霉菌病

鸽曲霉菌病又称为曲霉菌性肺炎。本病是一种由烟曲霉菌等致病性霉菌引起的常见真菌性传染病，主要侵害呼吸系统。本病在世界各地均可发生，多种家禽都能感染，鸽子也易被感染，尤其是乳鸽，发病率很高。曲霉菌还能感染包括人在内的哺乳动物，是一种人畜共患真菌病。本病常见急性、群发性暴发，可造成大批死亡，经济损失极大。

1. 病原

本病的病原来自曲霉菌属（图3–55），主要是致病力较强的烟曲霉菌，其次是黄曲霉菌，可能涉及的其他曲霉菌还有土曲霉、灰绿曲霉、构巢曲霉和黑曲霉等。

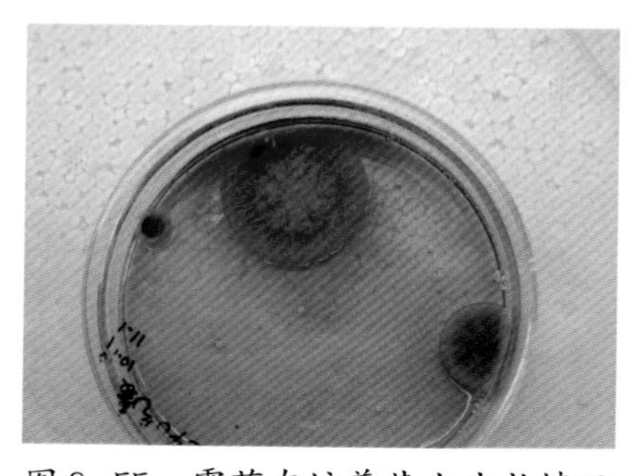

图3–55　霉菌在培养基上生长情况

曲霉菌及其孢子对外界环境的抵抗力很强，煮沸5分钟、干热120℃ 60分钟才能将其杀死。对常用消毒剂也有较强的抵抗力，如2.5%福尔马林、3%石炭酸、3%氢氧化钠及水杨酸、碘酊等需要作用 1 ~ 3 小时才能将其灭活。对常用抗生素、合成抗菌药和抗病毒药不敏感，如青霉素类、头孢菌素类、磺胺类和黄芪多糖无法抑制曲霉菌的生长。

2. 流行病学

曲霉菌的孢子广泛存在于环境中，如土壤、垫草、饲料、谷物、鸽场、鸽舍、鸽体表等。霉菌孢子可借助于空气流动而散播到较远的地方，在适宜的环境条件下可大量生长繁殖，污染环境，引起传染。

鸽场环境卫生状况差、鸽舍阴暗潮湿、室内外温差过大、通风不良、鸽群饲养管理差、过分拥挤以及营养不良等，会诱发本病。本病的主要传染媒介是被曲霉菌污染的垫料和发霉的饲料（图 3-56、图 3-57）。在适宜的温度和湿度下，曲霉菌会在垫料和饲料中大量繁殖，鸽子呼入霉变垫料或空气中的霉菌孢子经呼吸道感染，也会因采食发霉的饲料经消化道感染。另外，鸽蛋保存不当或孵化环境受到严重污染时，霉菌孢子会穿过蛋壳而侵入，使胚胎死亡，即使出壳也会成为弱雏。

本病一年四季均可发生，但在中国长江中下游地区，每年 6 月中下旬至 7 月上旬（梅雨季节），地面育雏或采用稻草作为垫料

图 3-56　稻草制作的巢窝易霉变

图 3-57　霉变玉米

的鸽群多发。

3. 临诊症状

本病自然感染的潜伏期 2 ～ 7 天，人工感染 24 小时。1 ～ 20 日龄的乳鸽常呈急性经过，成年鸽呈慢性经过。

（1）急性病例：轻度感染时症状不明显，不易被饲养员发现；严重感染时症状明显。急性型病例的病程一般在 1 周左右。病鸽精神沉郁，闭目缩颈，羽毛松乱，翅下垂，呆立一隅，嗜睡，对外界反应淡漠，下痢，迅速消瘦。体温升高，病初减食，继而食欲不振，吞咽困难，最后甚至废食。呼吸道症状尤其明显，呼吸次数增加，喘气，不时发出摩擦音或沙哑的水泡声响；随着病程的加重，病鸽表现严重的呼吸困难，张口呼吸，有湿性呼吸啰音，鼻瘤暗紫（图 3–58），有时口腔与鼻孔内流出浆液性分泌物；最后伏地不起，呈腹式呼吸，因呼吸衰竭而死亡。如不采取有效措施或严重感染时，病死率可达 50% 以上。

（2）慢性病例：病程会更长些，主要表现阵发性喘气，食欲不佳、下痢，慢性消瘦；有的病鸽发生曲霉菌眼炎，引起眼球肿胀、流泪，可见眼睛内有多量分泌物，有的可出现头颈扭曲的神经症状（图 3–59），最后衰竭而死。产蛋鸽除有慢性病例的症状外，更主要

图 3–58　呼吸困难而张口呼吸、气喘、鼻瘤发紫

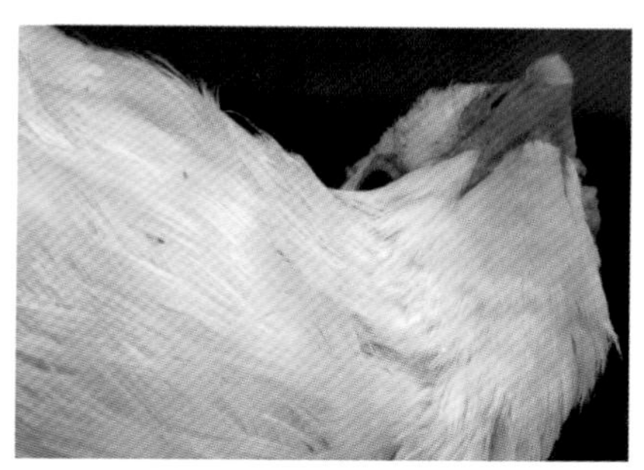

图 3–59　霉菌性脑炎引起扭头等神经症状

表现产蛋率、蛋品质和出孵率下降。赵宝华等报道，江苏某肉鸽场暴发的曲霉菌病，产蛋率下降明显，可达 30% 以上；蛋品质下降，砂壳蛋、畸形蛋、破蛋增多；受精率下降，由发病前的受精率 85% 以上下降至 60% 左右，下降超过 20%；死胚率增加 15% 以上，出孵率也下降了 15% 左右。

4. 病理变化

本病的主要病变在呼吸器官，特征性病变为肺脏和气囊发生坏死性、霉菌性结节。

（1）肺脏：病初鸽肺脏出现充血、淤血（图 3–60），随之出现肉芽肿病变（图 3–61），随着病程进一步发展会出现霉菌斑、霉菌性结节，结节呈灰白色、黄白色或浅黄色，散在或均匀地分布在整个肺脏，结节从小米粒、粟粒到黄豆大小不等（图 3–62）。霉菌结节被暗红色浸润带所包围，稍柔软，有弹性，切开时内容物呈干酪样，似有层次结构（图 3–63），少数可互相融合成稍大的团块。严重时肺脏完全变成暗红色，肺组织质地变硬，弹性消失，时间较长时，可形成钙化的结节。

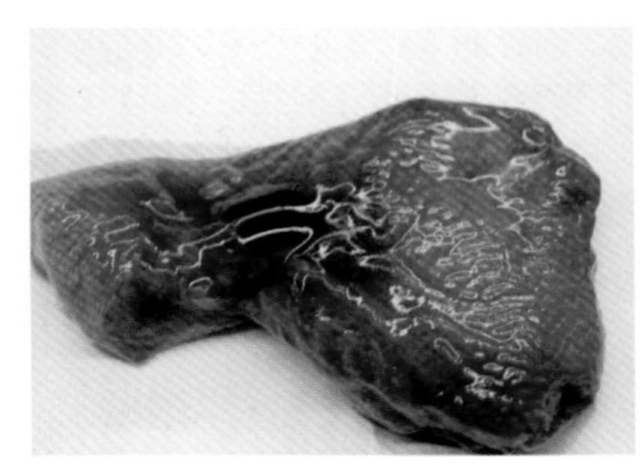

图 3–60　霉菌病初期，肺充血、淤血

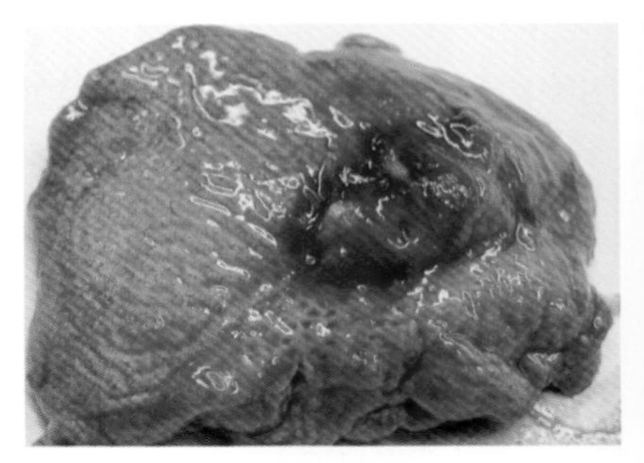

图 3–61　肺霉菌性肉芽肿

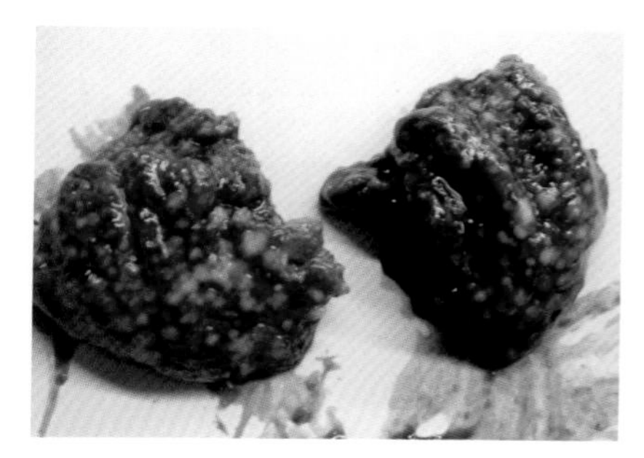

图 3-62　双侧肺出现大量的、大小不一的霉菌结节

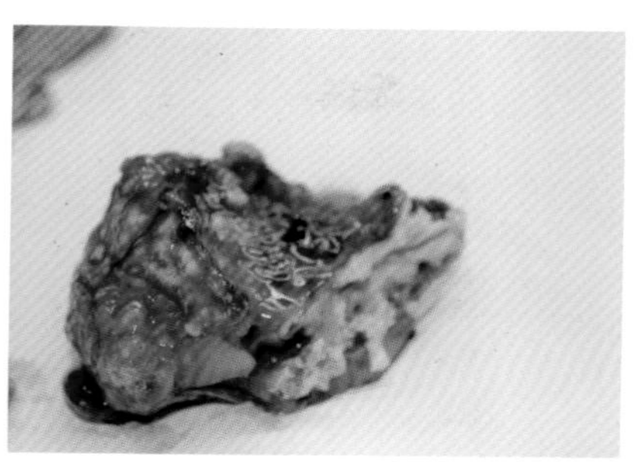

图 3-63　肺切开后，其内容物呈干酪样

（2）气囊：胸气囊、腹气囊起初呈壁点状或局灶性混浊，随后气囊膜上混浊增大，气囊膜增厚，或见炎性渗出物覆盖，病程后期可见气囊膜上有大量针尖大至米粒大的黄白色结节（图 3–64、图 3–65），有时可见成团的灰白色或浅黄色的霉菌斑、霉菌性结节，其内容物呈干酪样。

（3）肝脏：肝脏肿大 2 ~ 3 倍，初期质地易碎（图 3–66），后期严重时质地变硬，有无数大小不一的黄白色霉菌结节（图 3–67）。

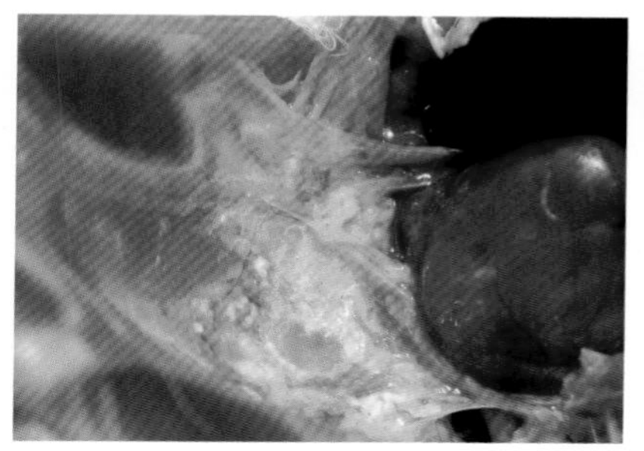

图 3-64　胸气囊增厚、混浊、有黄色结节

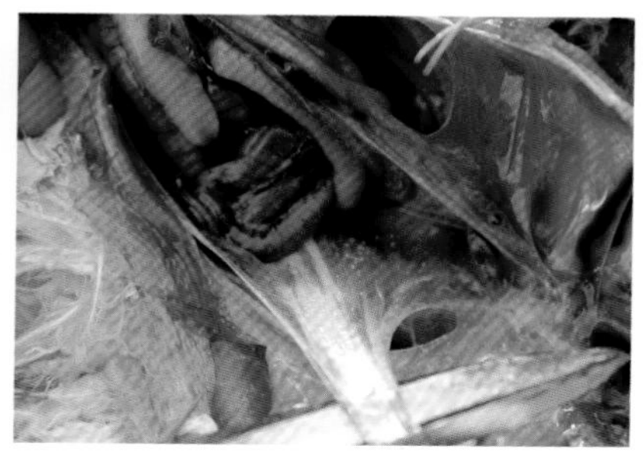

图 3-65　腹气囊上有霉菌性结节

图 3-66　肝脏肿大、易碎

图 3-67　肝脏黄白色霉菌结节

（4）肠道：十二指肠刚开始表现充血，随后可见出血，进一步发展可见肠黏膜脱落，更严重时出现霉菌性结节（图 3-68）。其他肠道也见充血、出血现象。

（5）脑：脑一般情况尤其是病初几乎看不到肉眼病变，后期严重时出现脑充血、出血（图 3-69），可见一侧或双侧大脑半球坏死，组织软化，呈淡黄色或棕色。

（6）气管和支气管：黏膜充血，有炎性渗出物，严重时会堵塞支气管和气管（图 3-70）。

（7）其他器官病变：有部分病鸽出现脾脏略有肿大；肾脏肿大（图 3-71），偶见少量结节；法氏囊萎缩。

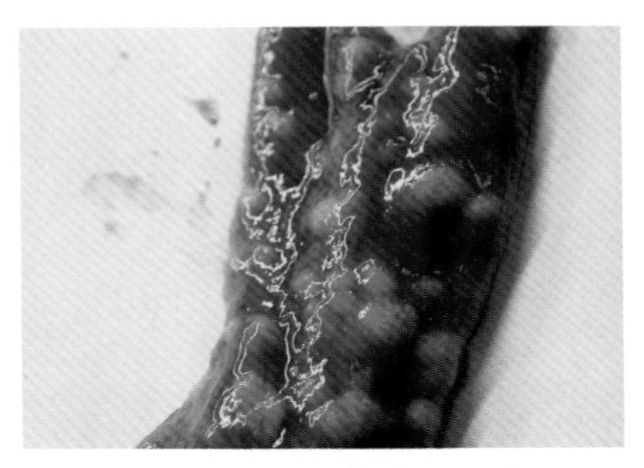

图 3-68　肠霉菌性结节

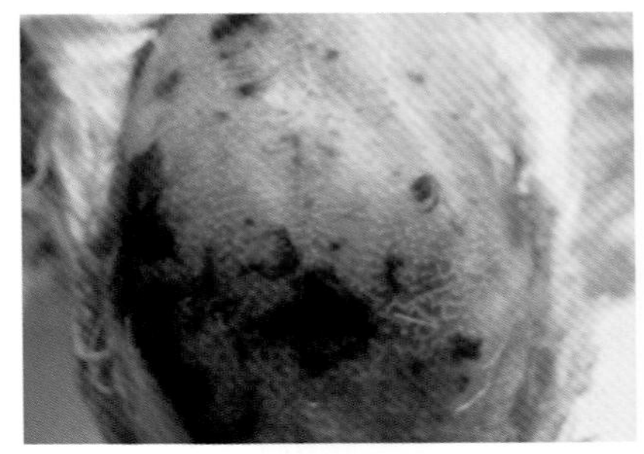

图 3-69　脑充血、出血

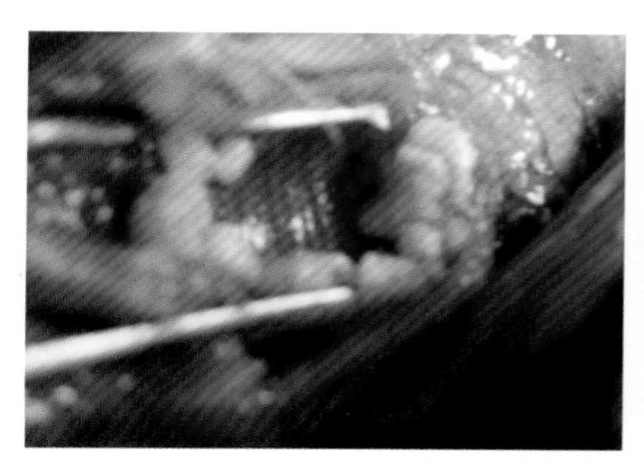

图 3-70　气管充血、出血，内有干酪样渗出物

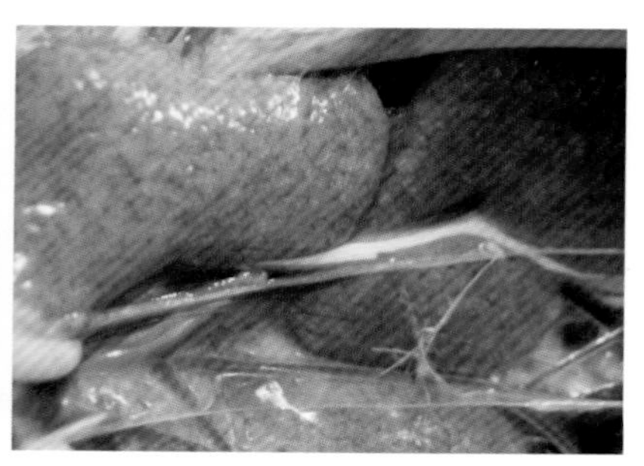

图 3-71　肾脏肿大、内有白色的小坏死灶

5. 诊断

根据呼吸道临诊症状，结合流行病学调查和剖检病变，可做出初步诊断。确诊需进行实验室检查，取新鲜的病变组织或结节于载玻片上，加 1 ～ 2 滴 20% 氢氧化钠溶液，镜检发现霉菌菌丝和孢子；也可无菌采集肝脏霉菌性结节，接种于沙保弱葡萄糖琼脂培养基或马铃薯葡萄糖琼脂培养进行真菌分离培养，显微镜观察菌丝、分生孢子和顶囊，鉴别霉菌种类；分别取肺脏、肝脏和肠等有结节的组织以及脑组织，按常规病理组织切片制作方法，按次序对采样组织进行固定、脱水、浸泡包埋、切片、贴片、H.E 染色和封片，置高倍显微镜下观察其病理组织变化。

本病与鸽沙门菌病、鸽支原体病和鸽大肠杆菌病有相似症状和病变，应注意鉴别诊断。

6. 防治措施

预防鸽曲霉菌病的关键是不饲喂发霉变质的饲料，不使用发霉的垫料。平时应加强饲养管理，定期消毒，进行合理通风换气，保持鸽舍内干燥和清洁卫生，经常清洗食槽和饮水器，垫料要经常翻晒，及时更换潮湿的垫料，以防止霉菌滋生。

一旦鸽群发生本病，应彻底清除霉变的垫料，停喂发霉的饲料。病程的早期及时治疗有一定的疗效，可减少死亡，病程后期及感染严重的鸽往往愈后不良。用 1∶1 000 百毒杀带鸽消毒，在保证鸽舍温度的情况下加强通风。采取 0.02% 硫酸铜溶液或 0.2% ～ 0.5% 碘化钾溶液饮水，让其自由饮用，连饮 5 天。在饲料中添加制霉菌素，幼鸽 5 000 ～ 8 000 单位 / 只，成年鸽每千克体重 2 万 ～ 4 万单位，饲喂 5 ～ 7 天；克霉唑，按每千克体重 10 ～ 20 毫克或 0.02% ～ 0.05% 拌料，饲喂 5 ～ 7 天。

中草药对防治鸽曲霉菌病也有较好的疗效，鱼腥草 100 克、蒲公英 50 克、筋骨草 25 克、桔梗 25 克、山海螺 50 克，加水煎熬，滤汁，可供 100 只幼鸽 1 ～ 2 天饮用，连饮 10 天；肺形草 80 克、鱼腥草 80 克、蒲公英 25 克、筋骨草 15 克、桔梗 80 克、山海螺 25 克，加水煎熬，滤汁，可供 100 只幼鸽饮用 1 ～ 2 天，连饮 7 天。

八、鸽念珠菌病

鸽念珠菌病俗称鹅口疮，又称霉菌性口炎、念珠菌口炎、酸臭嗉囊病和念珠霉菌病。本病是由白色念珠菌引起的鸽上消化道的一种霉菌性疾病。念珠菌为真菌性微生物，对鸽、鸡、鸭和鹅等禽类都有致病性，甚至可引起人的口腔炎、肺部感染和尿路感染，是一种人兽共患病。本病的显著特征是病鸽食道和嗉囊的黏膜上发生黄白色的干酪样假膜，剥离假膜后可见糜烂和溃疡。

1. 病原

白色念珠菌是半知菌纲中念珠菌属的一个成员，为类酵母菌。该菌在自然界广泛存在，可在健康畜禽及人的皮肤、口腔、上呼吸道和肠道等处寄居，能侵入宿主的皮肤、口腔、食道、气管、肺等部位。

在沙保弱葡萄糖琼脂培养基上37℃培养24 ~ 36小时，形成2 ~ 3毫米大小、奶油色、凸起的圆形菌落。菌落表面湿润，光滑闪光，边缘整齐，较黏稠略带酒酸味。涂片镜检可见菌体两端钝圆或卵圆形，单个散在，菌体粗大，呈杆状酵母样芽生。培养时间久后，菌落呈蜂窝状并可见到假菌丝。在玉米琼脂培养基上37℃培养数天，可产生分枝的菌丝，呈束状卵圆形芽生孢子和圆形厚膜孢子。本菌为革兰染色阳性，但有些芽生孢子着色不均；用乳酸酚棉蓝真菌染色法，芽生孢子和厚膜孢子为深蓝色，厚膜孢子的膜和菌丝不着色，老菌丝有隔，这是鉴别是否为病原性菌株的方法之一。当酵母状念珠菌发育为菌丝型时，对黏膜有较强黏附能力，且能抵抗白细胞的吞噬，其产生的毒素有较强的休克、致死作用，还能产生一些水解酶，造成组织损伤，诱发病变。

本菌对外界环境及消毒药有很强的抵抗力，不过碘制剂、甲醛、氢氧化钠对其有较好的杀灭效果。

2. 流行病学

鸽念珠菌病除发生于鸽外，还常见于鸡、火鸡、鹅、鹌鹑等家禽，鸭很少发病。不同年龄的鸽均可感染，但以青年鸽易发且病情严重，其病死率较高。1月龄以内的乳鸽较易发生上消化道感染，尤其是人工喂乳的乳鸽更易发生，其感染率较高，死亡快，多在发病后2 ~ 3天死亡；3月龄以上的成年鸽可感染，不过发病相对较轻，无明显症状。

传播途径主要是消化道，黏膜损伤有利于病原的侵入。发病的亲鸽通过鸽乳将病原传染给乳鸽；摄食被污染的饲料、饮水、保健砂以及环境被病原污染都可引起发病。饲养管理条件不好，鸽舍环境卫生状况差，如鸽舍内过度拥挤、通风不良、浮尘飞扬和有害气体过多以及天气湿热，会诱发本病。另外，鸽群饲料单纯和营养不良，长期应用广谱抗生素或皮质类固醇，以及感染其他疾病使机体抵抗力下降时，可促使本病的发生。人工饲喂的鸽群更易发，且易与鸽毛滴虫混合感染。

本病一年四季均可发生，但在炎热多雨的夏季更为多发。

3. 临诊症状

乳鸽发病后症状并不严重，精神、食欲未见明显变化。成年鸽感染一般无明显症状。青年鸽临诊症状会明显，感染后表现为精神沉郁，羽毛松乱，不愿走动，眼圈发红，食欲减少甚至废绝，生长不良；饮欲增强，饮水量增加；口气微臭或带酒糟味；咳嗽，呼吸困难，有时出现喘气，从喉咙深处发出“咕噜、咕噜”声，叫声嘶哑；拉墨绿色稀便。多在病后 2 ~ 3 天或 1 周左右死亡，临死前全身抽搐。一般可康复，但在较长时间内成为无症状带菌者。

部分鸽嗉囊软而无力收缩，出现软嗉囊炎，表现嗉囊胀满或嗉囊积液。

4. 病理变化

鸽念珠菌病的特征性病变是食道和嗉囊内有鳞片状、干酪样假膜。打开病鸽的口腔，可以在口腔两侧黏膜见到开始为乳白色或黄白色增生斑点（图 3–72、图 3–73），后来融合成白色假膜，如豆腐渣样的特征性、典型的“鹅口疮”增生和溃疡。剖检可见尸体极度消瘦；口腔、鼻腔内有大量分泌物，口、咽、食道黏膜增厚，严重时可见黄色的假膜覆盖（图 3–74）；嗉囊黏膜增厚，黏膜表面常见有假膜性斑块（图 3–75），揭开假膜可见凹陷的溃疡灶（图 3–76），但缺乏炎症反应；腺胃黏膜肿胀、出血，表面覆盖着卡他性或坏死性渗出物；气囊混浊，有时见到淡黄色粟粒状结节（图 3–77）；气管出血，有浓稠黏液；肝脏有时肿大。

5. 诊断

本病可根据流行病学、临诊症状和典型的剖检病变做出初步诊断，确诊还需结合实验室检查。常用的方法有细菌学检查，如采集

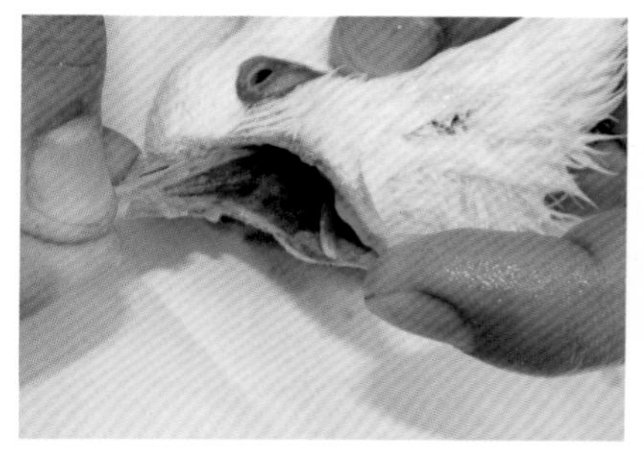

图 3-72　口腔里有黄色假膜

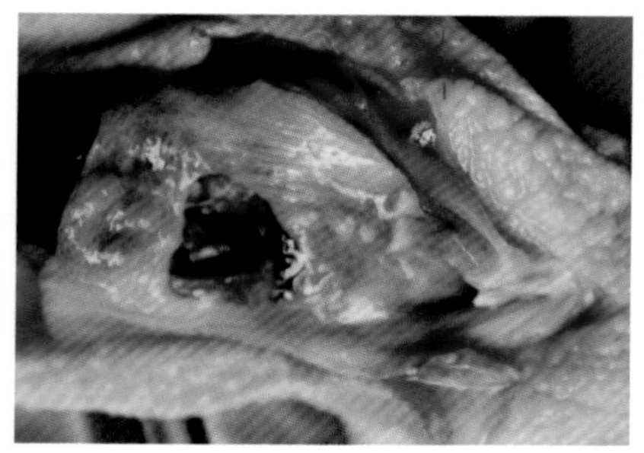

图 3-73　咽喉处乳白色增生病灶

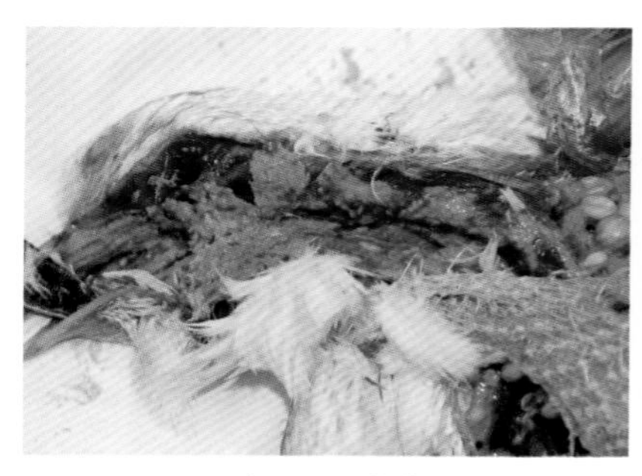

图 3-74　食道被黄色假膜覆盖

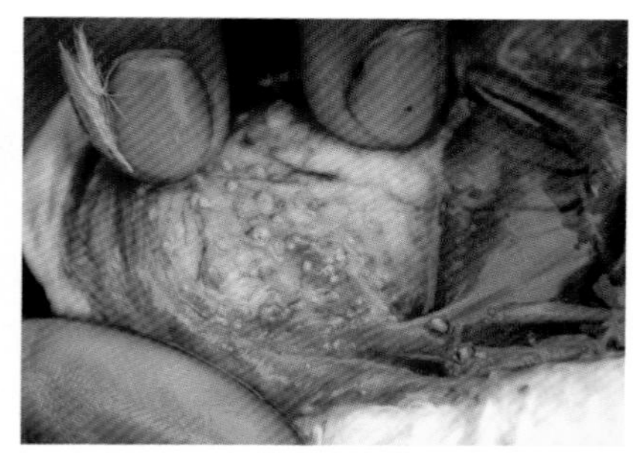

图 3-75　嗉囊里有黄白色假膜

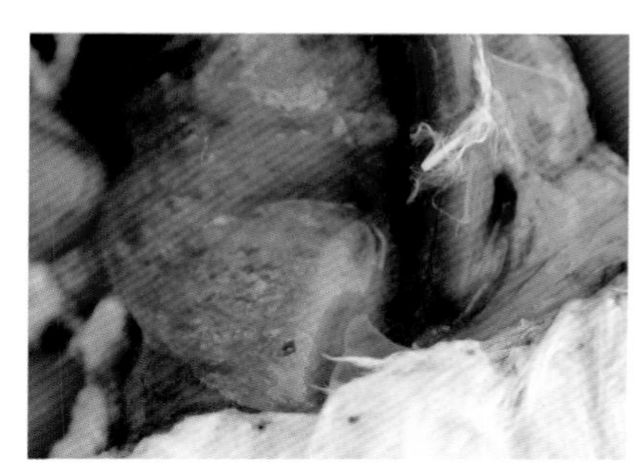

图 3-76　揭开嗉囊黏膜上的黄白色假膜，可见溃疡灶

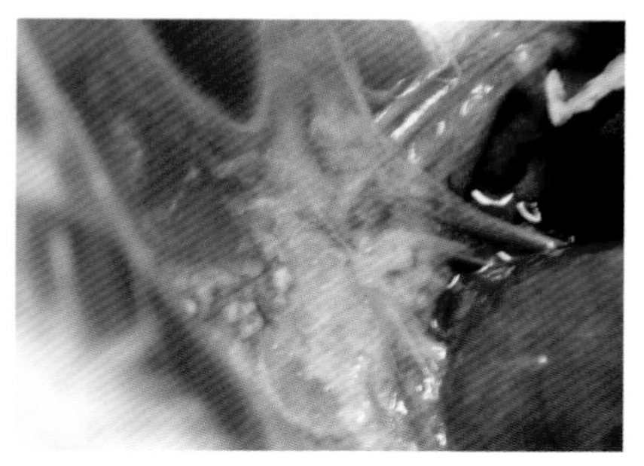

图 3-77　气囊混浊，有淡黄色粟粒状结节

病料镜检，刮取嗉囊或食管分泌物制作压片，在600倍显微镜下弱光进行观察，可见边缘暗褐、中间透明的一束束短小样菌丝和卵圆形芽生孢子。另外，取同样病料进行霉菌分离培养，观察形态和培养特性。有条件的话，还可以进行动物接种试验，用纯培养物口服接种健康青年鸽，每只0.5毫升，一般在接种后3 ~ 5天口腔会出现不同程度病变。

在鉴别诊断上应注意与鸽毛滴虫病、鸽痘和维生素A缺乏症相区别。

（1）与鸽毛滴虫病的鉴别诊断：鸽毛滴虫病常发于1月龄内的乳鸽。病鸽口腔内充斥了大量黏液，口腔黏膜上有淡黄色假膜。嗉囊黏膜一般无可见病变，假膜易剥落，假膜脱落后无明显溃疡灶；刮取假膜做涂片，镜检可看到蝌蚪样小虫体，并且快速游动。

（2）与鸽痘的鉴别诊断：鸽念珠菌病和黏膜型鸽痘有相似的临诊症状和剖检病变。黏膜型鸽痘多发于冬季，表现呼吸困难，消瘦，在上呼吸道、口腔和食管部黏膜出现假膜，一般不会波及嗉囊、腺胃。假膜不易剥落，恶臭，撕去假膜则露出出血的溃疡面。同时，体表无羽毛处往往会出现痘痂。

（3）与维生素A缺乏症的鉴别诊断：维生素A缺乏症病程表现为渐进性的由轻而重，在喂相同饲料的情况下表现为全群发病。全身症状较为明显，病变主要在眼和口腔，眼明显肿胀，有多量的干酪样渗出物；食道黏膜上有白色的小脓灶，嗉囊黏膜一般无可见病变；肾脏肿大，充斥着大量尿酸盐，成网状结构，输尿管肿胀。饲料中添加维生素A后病情会好转。

6. 防治措施

本病没有特异性的防治方法，鸽场应认真贯彻兽医综合防治措施，加强饲养管理，避免鸽群过分拥挤，减少各项应激对鸽群的干扰，改善卫生条件，做好防病工作。鸽舍要通风、明亮、干燥，及时清除粪污，定期用2%甲醛或1%氢氧化钠溶液进行环境消毒，避免使用发霉的饲料，供给卫生的饮水，垫料应干燥。日光浴能有效预防本病；梅雨季节采取 0.05% 硫酸铜溶液或 0.01% 龙胆紫溶液饮水，也有助于预防本病。在易发鸽群，也可连续 4 周使用制霉菌素拌料预防，剂量为每千克饲料添加 50 ~ 100 毫克，其效果也相当不错。采用人工喂养乳鸽时选择的输液管材质要好、软硬合适，饲喂动作要轻，以免损伤口腔和食道黏膜。

本病一旦发生，单纯的治疗效果不佳，在治疗的同时应改善饲养管理条件，加强兽医卫生措施，可望收到满意效果。平时可定期检查口腔，一旦发现病鸽要及时隔离，并做好消毒工作。对口腔黏膜溃疡灶，涂以碘甘油或 1% ~ 5% 克霉唑软膏，或经口腔往嗉囊中慢慢灌入 3 ~ 5 毫升 2% 硼酸溶液或 0.1% 高锰酸钾进行体内消毒。对症状明显的鸽群可在每千克饲料中加入制霉菌素 250 毫克，连用 1 ~ 3 周，或每只每次 20 毫克，每天 2 次，连喂 7 天；另外有报道认为，在投服制霉菌素时，还需适量补给复合维生素 B，对鸽念珠菌病有较好的防治效果。

九、鸽黄癣

鸽黄癣又称冠癣、毛冠癣。本病是由禽头癣菌引起的一种慢性、皮肤性霉菌病。本病的特征是，首先在鸽的头部无毛处出现一种黄白色的鳞片状癣，然后蔓延到全身各处的皮肤，并有奇痒感。

1. 病原

本病的病原是禽头癣菌，禽头癣菌可感染家禽、豚鼠、兔和人，具有真菌的一般形态和培养特性，可形成孢子，孢子呈团状排列，有隔膜将菌丝分成一节一节的（节间距离不等），菌丝相互缠绕。在沙保弱葡萄糖琼脂培养基上 37℃培养，可长出圆形菌落，开始为白色绒毛状，中央凸而周围呈波沟放射状，最后变成红色环形褶状。

2. 流行特点

本病主要通过皮肤伤口和直接接触感染。病鸽脱落的鳞屑和污染的用具均可使本病广泛传播，吸血昆虫也有一定的传播作用。本病能引起鸡、鸭、鸽等多种禽类发病，鸡和鸽最为易感，各种年龄的鸽均可感染发病，一般呈散发性。饲养密度大、通风不良、鸽舍内阴暗潮湿等会促使本病的发生。本病一年四季均可发生，多见于夏秋季节。

3. 临诊症状

本病主要发生于鸽的头部及头部器官，如眼睛、鼻瘤的周围和嘴角等无毛部位。上述部位起初为一种灰白色或黄色的环状斑点，表面形成鳞屑，好像撒落的面粉，患病鸽有痒感，常用爪抓挠，或将患部顶着笼具等物体进行摩擦。以后病变逐渐扩展到颈部甚至全身，发病后期羽毛脱落，皮肤上沉积的鳞屑增厚，形成表面皱缩的结痂。病鸽皮肤痒痛，烦躁，六神无主，不断走动，精神不振，贫血和逐渐消瘦，后期出现衰弱和产蛋减少，部分病鸽还出现呼吸困难现象。

4. 病理变化

病变主要在体表，如侵入体内，剖检时可见上呼吸道黏膜上形成一种坏死结节和淡黄色的干酪样物，偶尔也可能发生在支气管和肺部，甚至引起口腔、食道、嗉囊和小肠黏膜发生坏死性炎症。

5. 诊断

根据临诊症状和剖检病变可做出初步诊断，确认需进行实验室检查。在玻片上滴一滴 10% 氢氧化钾溶液，取少许病变皮肤与其充分混合，用酒精灯微微加热，显微镜检查可见断裂的长菌丝、卵圆的分生孢子。也可将病变组织以点接种法接种于沙保弱葡萄糖琼脂培养基上，在 27℃培养 1 ～ 2 周，进行菌种鉴别。

本病应注意与鸽痘、鸽毛滴虫病和鸽念珠菌病的鉴别诊断。

（1）与鸽痘的鉴别诊断：鸽痘多发于有蚊子出没的晚春、夏季和早秋季节，临诊往往表现为眼眶、鼻瘤、口角和爪等无羽毛处出现痘痂，口腔中的假膜难剥离，恶臭，剥离后会留下出血性溃疡灶。

（2）与鸽毛滴虫病的鉴别诊断：鸽毛滴虫病常发于 1 月龄内的乳鸽，患病鸽口腔内充斥了大量黏液，口腔黏膜上有淡黄色假膜，嗉囊黏膜往往无可见病变，假膜易剥落，假膜脱落后无明显溃疡灶；刮取假膜做涂片，镜检可看到蝌蚪样小虫体，并且快速游动。

（3）与鸽念珠菌病的鉴别诊断：鸽念珠菌病一年四季均可发生，且常发生于 1 ～ 3 月龄的仔鸽，多伴有呕吐，呕吐物呈豆腐渣状。剖检可见口腔、食道和嗉囊黏膜覆盖有鳞片状的干酪样假膜，假膜难以剥离，有酸臭味，撕去假膜则露出出血性溃疡灶。

6. 防治措施

本病的发生往往与环境恶劣、鸽子抵抗力下降等有关，做好兽医综合防控措施，加强饲养管理，保持鸽舍清洁卫生，避免拥挤、惊吓、受伤等应激因素，供应优质饲料和清洁饮水，可有效防止本病的发生。

一旦发生本病，应尽快隔离病鸽，病重的鸽及时淘汰。病轻的鸽群，加强鸽舍的卫生消毒工作。部分病鸽可局部治疗，先用肥皂水浸软结痂后剥去，用碘酊或碘甘油、达克宁软膏或复方康纳乐霜涂于患部，有一定效果。大群治疗时可用 0.5% 五氯酚液药浴，每千克饲料添加制霉菌素 100 ～ 200 毫克，能控制本病的蔓延。

第四部分

鸽寄生虫病

鸽子既有体外寄生虫如鸽蝇、羽毛虱、跳蚤、蚊子、螨和蜱等，也有体内寄生虫，包括原虫（如毛滴虫、球虫、血变虫等）、线虫（如蛔虫、毛细线虫）、绦虫（如节片戴文绦虫、四角赖利绦虫等）。寄生虫绝大多数不会直接引起鸽子死亡，往往使鸽子骚动不安，吞蚀其营养，致使鸽子抵抗力下降，易继发其他疾病。鸽常见的寄生虫病主要有鸽毛滴虫病、蛔虫病等体内寄生虫病，以及虱、螨等体外寄生虫病。

一、鸽毛滴虫病

鸽毛滴虫病俗称鸽癀，又称鸽口腔溃疡病。本病是由禽毛滴虫寄生在鸽上消化道所引起的一种原虫病。我国几乎所有的鸽场都存在本病，是最常见的鸽病之一。主要危害3月龄以内的幼鸽。本病虽然致死率不高，但发病率极高，传播广，不定期暴发，且易诱发其他疾病，对生产影响巨大，成为困扰养鸽业的顽疾。

1. 病原

本病的病原是禽毛滴虫。禽毛滴虫寄生于消化道上段，虫体呈梨形或长圆形，长5～9微米，宽2～9微米，具有4根典型的起源于虫体前端毛基体的游离鞭毛，1根细长的轴刺常延伸至虫体后缘之处，波动膜起始于虫体的前端，终止于虫体的稍后方（图4–1、图4–2）。

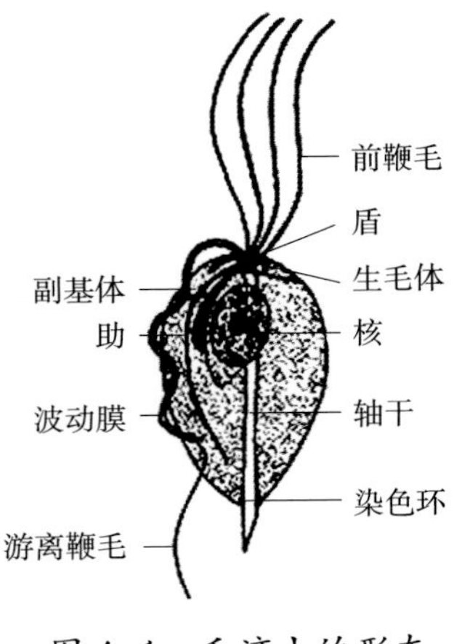

图4–1　毛滴虫的形态（引自Lund）

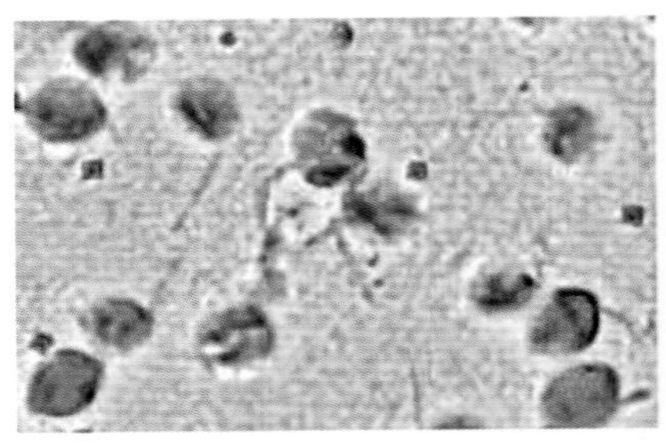

图4–2　鸽毛滴虫伊红染色，400倍显微镜观察（罗锋提供）

禽毛滴虫对外界抵抗力不强，在 20 ～ 30℃生理盐水中经过 3 ～ 4 小时便死亡，但一旦进入组织往往难以根除，致使鸽子终身带虫。

2. 流行病学

任何品种、年龄及性别的鸽都会发生本病，2 ～ 5 周龄幼鸽临诊表现较为严重，死亡率也高，给养鸽场（户）造成了严重的经济损失。

据调查，目前大约 20% 野鸽和 60% 以上家鸽都是毛滴虫的携带者。这些鸽也许并不表现明显的临诊症状，但能不断地感染其他鸽，从而使得本病在鸽群中连绵不断地传播。

本病往往通过接触感染，鸽子的口腔、咽喉、食道和嗉囊中经常有虫体存在。患病鸽和带虫鸽都是感染源，虫体通过污染的饮水、饲料、伤口及未闭合的脐带口等途径感染鸽子。成年鸽可通过相互接吻把虫体传递给同伴，乳鸽因吞食成年鸽嗉囊中的“鸽乳”而被感染，并保持终身带虫。黏膜损伤、感染其他疾病、饲养管理不良、应激因素和鸽抵抗力下降等可诱发本病，加重经济损失。

本病一年四季均可发生，梅雨季节和高湿天气时更易发。

3. 临诊症状

本病的潜伏期一般为 4 ～ 14 天，幼鸽最早发病可在 4 日龄，病程通常为几天至 3 周。是否出现临诊症状以及死亡的严重程度，取决于虫体的毒力强弱、数量和鸽机体的抵抗力等。一般情况下，幼鸽可表现明显的临诊症状并出现死亡，成年鸽多为无症状的带虫者。

根据虫体侵害部位的不同，鸽毛滴虫病有咽型、泄殖腔型、脐型和内脏型 4 种临诊表现类型。

（1）咽型：最为常见，也是危害最大的致病型。病程较短，可在几天内死亡。病鸽往往由于摄入表面粗糙的谷物（如稻谷）或尖利的谷物（如破损的大豆与豆壳）或较粗的沙子造成口腔黏膜破损，致使毛滴虫通过破损的黏膜而侵入体内。病鸽采食、饮水和呼吸困难，表现精神沉郁，羽毛松乱，食欲下降，消化紊乱，嗉囊塌瘪，伸颈呈吞咽姿势。饮水增加，口腔分泌物增多且黏稠，可流出青绿色的涎水，口中散发出恶臭味，腹泻。病鸽呼吸受阻，有轻微的“咕噜，咕噜”声，有些病鸽张口摇头，使劲从口腔中甩出堵塞物——浅红色或黄色黏膜块。严重感染的幼鸽会很快消瘦，4 ~ 8 天死亡，死前病鸽眼结膜、口黏膜发绀。

（2）泄殖腔型：多发生在刚开产的青年母鸽或难产的母鸽。表现泄殖腔腔道狭窄，排泄困难，甚至粪便堆积于泄殖腔，恶臭，有时粪便带血。肛门周围羽毛被稀粪沾污，翅下垂，缩颈呆立，尾羽拖地，常呈企鹅状，最后全身消瘦，因衰竭而死亡。泄殖腔型是一种不可忽视的病型，应引起重视。

（3）脐型：这一类型较为少见。许多乳鸽从带虫的母鸽获得母源抗体而得到保护，因此最初几天能健康地生存，当巢盘和垫料被毛滴虫严重污染时，通过乳鸽未愈合的脐孔侵入而感染发病。病鸽表现精神呆滞，食欲减少，羽毛蓬松，消瘦，脐部皮下红肿甚至形成炎症或肿块。患病乳鸽抬头，伸颈，外观呈前轻后重姿势，行走困难，鸣声微弱，饮水和采食困难。有的发育不良而变成僵鸽，严重的会出现死亡。

（4）内脏型：本型往往由其他型发展而来，也可由大量食入被毛滴虫污染的饲料或饮水而发病。1 月龄以内的乳鸽感染常有较高的发病率和死亡率。病鸽常表现精神沉郁，羽毛松乱，食欲减少，饮水增加，下痢，粪便呈水样、黄色（又似硫黄色）、带泡沫，渐进性消瘦，龙骨似刀状。若入侵至呼吸道，可见病鸽张口呼吸，咳嗽，喘气，呈伸颈姿势。若入侵至肠道，则病鸽饮食废绝，羽毛松乱，震颤，排淡黄色糊状稀粪，迅速消瘦和死亡。

4. 病理变化

4 种临诊类型各有其特有的剖检病变。

（1）咽型：病变主要在嘴角、口腔、咽喉部和食道。可见嘴角有黄白色假膜（图 4–3），口腔、咽喉部和上半段食道的黏膜上覆盖有黄白色、界限明显、黄豆或纽扣大小的干酪样假膜（图 4–4），假膜易剥离。有些病鸽鼻咽黏膜均匀散布一层针尖状病灶，有时腭裂上有假膜，易剥离。口腔内可有浅黄色分泌物，唾液黏稠，嗉囊空虚。

图 4–3　嘴角出现黄白色假膜

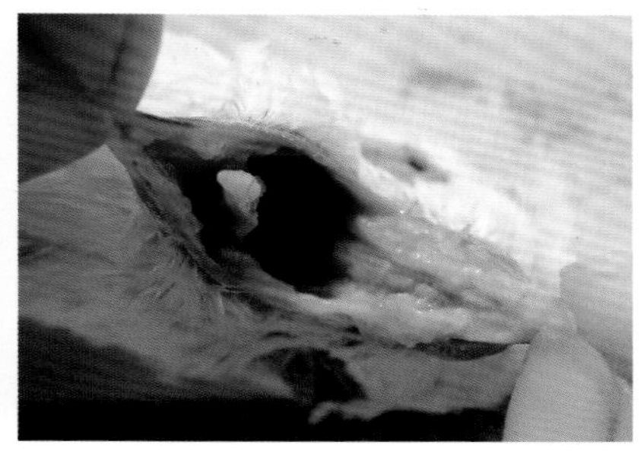

图 4–4　口腔黄白色假膜，假膜易剥离

（2）泄殖腔型：病变主要在直肠和泄殖腔，可见直肠和泄殖腔黏膜上有黄白色、大小不一的小结节（图 4–5），这些小结节难以剥离。

（3）脐型：脐部及周围出现质地厚实的肿胀，切开肿块可见其内为干酪样物或溃疡性病变。

（4）内脏型：病变发生在上消化道、肝脏和肠道。上消化道的病变与咽型的类似，嗉囊积液，嗉囊和食道黏膜有白色小结节，内为干酪样物质。侵害肝脏时，肝脏、脾脏的表面可见有绿豆至玉米大小、界限分明的灰白色小结节，呈霉斑样放射状；在肝实质内有灰白色或深黄色的圆形病灶（图 4–6）。侵害肠道时，可见肠臌气，肠黏膜增厚，剪口明显外翻，绒毛疏松像糠麸样，胰腺潮红且明显肿大。

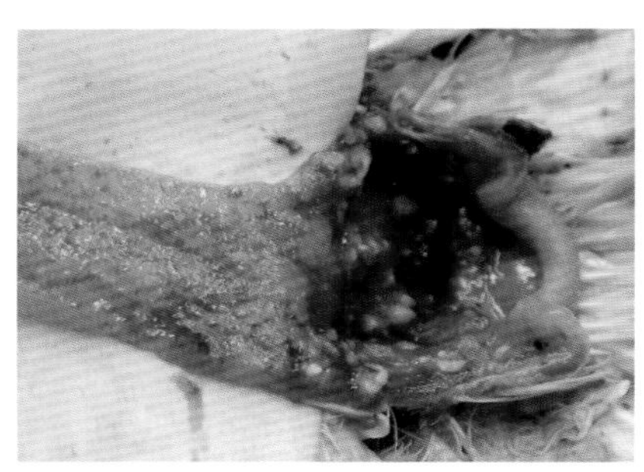

图 4-5　直肠和泄殖腔黏膜出现灰白色小结节

图 4-6　鸽毛滴虫侵入肝脏引起黄色干酪样坏死灶

5. 诊断

本病可根据流行病学、临诊症状以及特征性病变做出初步诊断，确诊最好结合实验室检查。实验室检查方法：用棉签拭取喉部或嗉囊黏液，在滴有生理盐水的玻片上涂抹，然后用显微镜检查，若有毛滴虫，可见呈梨形、有四条鞭毛、像蝌蚪样的虫体快速地进行螺旋式运动。需要注意的是，鸽毛滴虫带虫率相当高，口腔中检到毛滴虫较普遍。

鉴别诊断时应注意与鸽痘、鸽念珠菌病、维生素 A 缺乏症，以及具有相似症状的细菌病相区别。

6. 防治措施

实行净化措施，建立毛滴虫阴性的种鸽群，是预防本病发生的有效措施。加强饲养管理，青年鸽与成年鸽应分开饲养，有条件的将成年鸽单栋饲养，幼鸽小群饲养，并注意环境、饲料、食槽、水槽及饮水的清洁卫生。平时定期检查鸽群是否带虫，最好每年定期检查数次，取其口腔黏液进行镜检，并定期消毒和预防性投药。

常用的预防性药物：0.01% ~ 0.02% 二甲硝咪唑混料饲喂，或每升水加 100 ~ 200 毫克，连用 3 天；在饲料中定期添加 0.3% 大蒜素，对预防鸽毛滴虫病效果较好。另外，据报道，金陵科技学院发明了一种防治鸽毛滴虫病的中药制剂（鱼腥草 30 ~ 50 份，炒黄芩 30 ~ 50 份，茜草 25 ~ 40 份，紫草 25 ~ 40 份，荆芥 15 ~ 30 份，柴胡 15 ~ 30 份），煎服，有效率 100%；广东研制的鸽滴清（由常山、苦参、土茯苓等组方），防治毛滴虫的效果良好。

发现病鸽和带虫鸽应立即隔离饲养，并用药物治疗，可以采取下述方法。

① 0.05% 二甲硝咪唑水溶液代替饮水，连用 7 天，停药 3 天，再饮 7 天，目的是杀死幼虫，断绝毛滴虫的营养源，效果较好。

② 0.05% 结晶紫溶液或硫酸铜溶液饮水，连用 1 周，具有预防和治疗效果。

③ 球虫散：青蒿 300 克，仙鹤草 50 克，何首乌 50 克，白头翁 30 克，肉桂 26 克。配 100 千克饮水或饲料使用。

在使用以上抗毛滴虫药物治疗的同时，在饲料中添加一些维生素和抗生素，以提高鸽群抵抗力，防止继发感染。

对少数病重的鸽可采用个体疗法。用消毒棉签蘸取生理盐水，将病鸽口腔中的假膜软化并轻轻剥离干净，然后涂以 5% 碘甘油，每天 1 次。同时，可用二甲硝咪唑直接投喂，每只半片，连用 3 ~ 5 天。

二、鸽球虫病

鸽球虫病是由艾美耳属球虫寄生于肠道引起的原虫病，所有的鸽都可感染，是鸽常见和重要的一种寄生虫病。本病的主要特征是排褐色糊状稀粪，间或排血便，贫血症状明显，肠道充血或出血等。

1. 病原与发育史

鸽球虫属孢子纲、球虫目、艾美耳科。

球虫的生活史属于直接发育型的，不需要中间宿主（图 4–7），整个生活周期为 7 天，其中外生性发育占 1 ~ 2 天。球虫在发育过程中，通常经历孢子生殖、裂殖生殖和配子生殖 3 个生殖阶段。鸽摄入具有感染性的孢子化卵囊后，卵囊破裂并释放出孢子囊，后者又进一步释放出子孢子。子孢子侵入肠上皮细胞进入裂殖生殖（无性生殖）阶段，在经历 3 个世代的裂殖生殖后，进入配子生殖（有性生殖）阶段，小配子体发育成熟后，释放出大量的小配子；小配子与成熟的大配子结合（受精）形成合子，并进一步发育为卵囊。卵囊随粪便排出体外，刚排出体外的新鲜卵囊未孢子化，不具感染性，它们在温暖、潮湿的土壤或饲料中进行孢子生殖，经分裂形成成熟的子孢子，只有发育成孢子化卵囊后才具有感染性（图 4-8）。

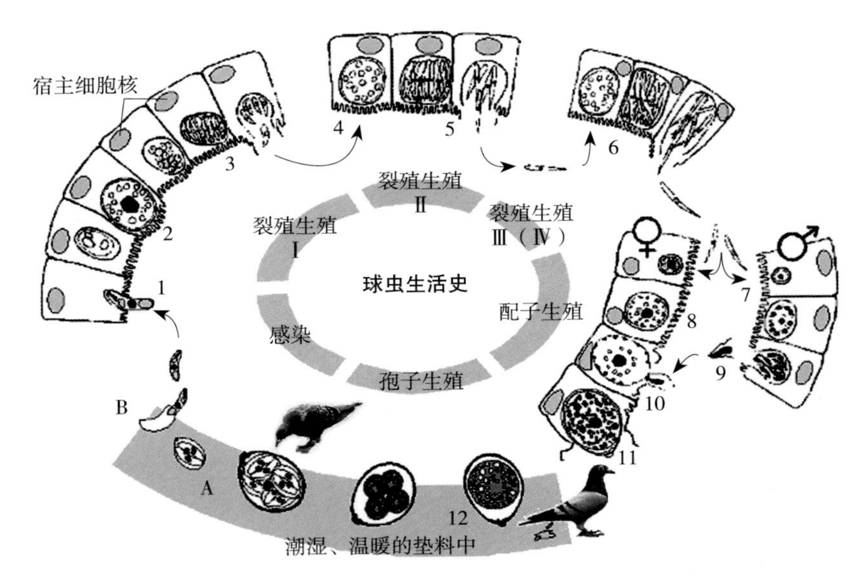

图 4-7　鸽球虫生活史示意图（戴亚斌提供）

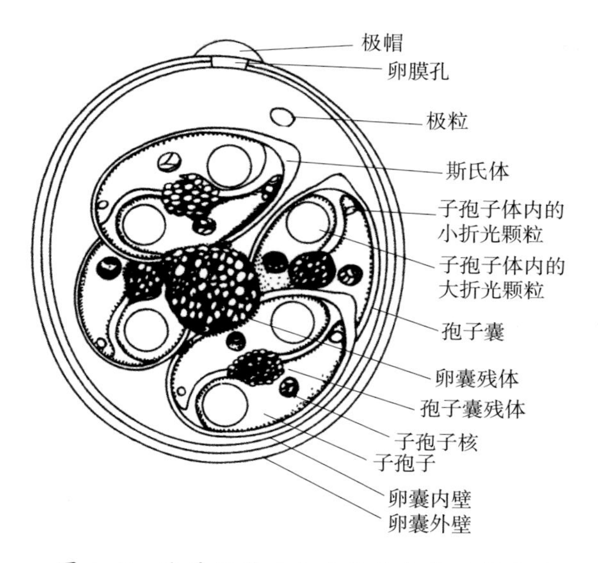

图 4-8　艾美耳属球虫孢子化卵囊的模式图

2. 流行病学

球虫的卵囊对外界抵抗力极强，其可在鸽舍生存 8 ～ 10 年甚至更长。一般的消毒剂无法消灭球虫的卵囊，故鸽场一旦发生过球虫病，其卵囊会长期、广泛性存在。

不同品种、不同年龄的鸽均可感染球虫。据董辉等调查上海地区鸽球虫病感染情况（2012 年），发现上海地区鸽球虫的平均感染率为 52.8%，平均每克粪便卵囊数为 50 159 个，为中度感染，并且发现肉鸽的感染率和平均每克粪便卵囊数均高于信鸽的。成年鸽感染率低，多为隐性带虫者，症状轻微或无症状，常表现亚临诊感染并持续较长时间，通过粪便排出卵囊，是重要的传染源。幼鸽感染率高，其中 7 ～ 30 日龄乳鸽感染率可达 60% 以上。

本病传播的主要途径为消化道感染。亲鸽食入了被球虫卵囊污染的饮水和饲料后，可通过鸽乳经口传给乳鸽。另外，球虫的卵囊可通过人员、昆虫、野鸟、尘埃、污染的设备及用具等传播。

本病一般发生于4 ~ 9月份，尤以6 ~ 7月份最为严重。

3. 临诊症状

多发生在3周龄以上、未有足够免疫力的幼鸽中。病鸽表现为精神倦怠，羽毛蓬松，活动缓慢，喜蹲伏。食欲减少，渴欲增强，排出水样绿色稀粪，肛门处羽毛被粪便沾污，粪便腥臭，常混有血液、坏死脱落的肠黏膜和白色的尿酸盐。体质虚弱，逐渐消瘦，有时出现脚干和眼球下陷等脱水现象，数天或十几天后因衰竭或继发感染而死亡，抵抗力强的可耐过而康复。

4. 病理变化

病变主要以卡他性或出血性肠炎为特征。大多数球虫寄生于肠道，病变主要在小肠后段，肠管膨大、增厚或变薄，肠管内积有绿色和红褐色的稀烂肠内容物（图4–9）;肠黏膜充血、出血、糜烂（呈糠麸样），严重的病例肠黏膜有出血条带（图4–10）。其他病变无明显特征性。

图4–9　肠管膨大、出血

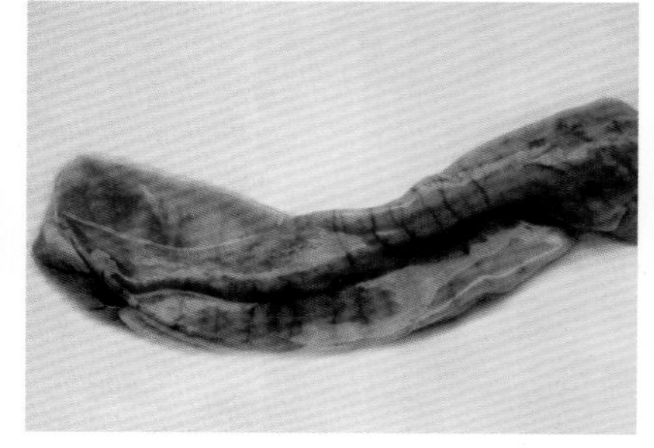

图4–10　肠黏膜出血、脱落

5. 诊断

根据流行病学、临诊症状及病理变化可对本病做出初步诊断，如从肠黏膜、肠内容物、粪便中检查到大量球虫卵囊，可予确诊。

实验室镜检粪便中球虫卵囊的方法有以下3种。

（1）直接涂片法：用牙签挑取约米粒大的鸽粪或小肠内容物，置于载玻片上，加1滴生理盐水并混匀，覆上盖玻片，在显微镜下400倍观察，看是否有大量圆形或椭圆形、双层光滑囊壁的卵囊。

（2）水洗沉淀法：采集新鲜的鸽粪，将粪样充分搅拌均匀，取10～50克放于烧杯内，加水充分搅匀，用纱布过滤，去其粗大粪渣，然后向滤液加满清水静置10～20分钟，将上层液倒掉再加清水，反复3次，直至上层液清澈为止，倒去上层液，用吸管吸取少量沉渣涂于载玻片上作镜检。

（3）饱和盐水浮卵法：在一定量水中（最好用沸水），边搅拌边加入食盐，直至有少量食盐不再溶解为止，待冷却后即为饱和盐水。采集新鲜的鸽粪，将粪样充分搅拌均匀，取3～5克装入100毫升量杯中，加入10毫升饱和盐水，用小汤匙不断搅拌至粪样彻底分散均匀后，再加入约50毫升饱和盐水，搅拌均匀后静置10分钟以上。用取液环轻轻蘸取最上层液面，抖落到载玻片上，然后镜检。本法虽然麻烦、费时，但检查效果更好。

6. 防治措施

平时搞好饲养管理和清洁卫生工作，坚持每天清除粪便，定期用20%石灰乳或2%～4%烧碱消毒，以便杀死虫卵。在本病流行季节，选用0.012 5%氨丙啉、0.01%莫能霉素、0.006%盐霉素、0.012 5%克球多、0.000 1%地克珠利（俗称杀球灵）、0.000 5%马杜拉霉素（又称加福，抗球王）等混饲3～5天。鸡已经研制了数种球虫疫苗，鸽这方面研究尚未见报道，将来采用疫苗对鸽球虫病进行免疫预防也是一种有效措施。

一旦确诊为球虫病，病鸽应隔离治疗，可选用抗球虫药物进行治疗，抗球虫药很多，如磺胺药（0.05% 磺胺 -6- 甲氧嘧啶，混饲或混饮）、二硝托胺（俗称球痢灵，0.012 5% 混饲）、氨丙啉（0.012% ~ 0.024% 混饮）、地克珠利（0.000 2% 混饲）、盐霉素（又称优素精，0.006% 混饲）、那拉霉素（又称甲基盐霉素，0.005% 混饲）、莫能霉素（0.02% 混饲）、妥曲霉素（又名百球清，市售 2.5% 溶液，按 0.002 5% 混饮）等，可结合具体情况选用，连用 3 ~ 5 天。在使用抗球虫药的同时，可适当使用维生素 K_3 和抗生素（例如强力霉素、氟苯尼考等）以止血消炎，防止细菌继发感染，保护肠黏膜。并注意补充体液，调节体内电解质和酸碱平衡，增加营养，加强饲养管理和环境卫生消毒。

三、鸽弓形虫病

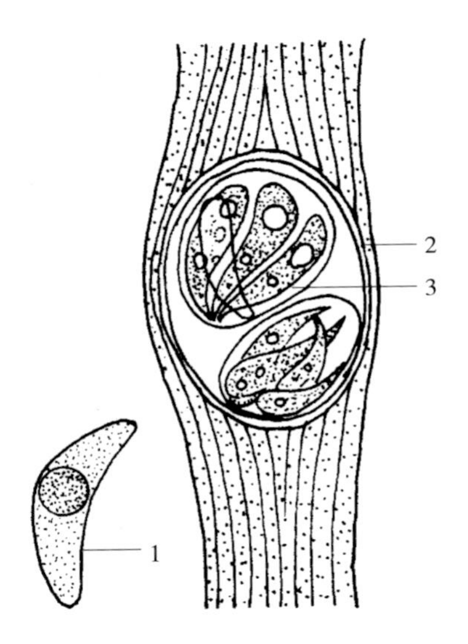

图 4-11 龚地弓形虫手绘图（引自 Lund）
1. 滋养体 2. 卵囊 3. 子孢子

鸽弓形虫病是由弓形虫所引起的一种人畜共患寄生虫病。鸽感染后往往症状不明显或无临诊症状，但有时也可引起严重发病和大量死亡。

1. 病原与生活史

鸽和其他宿主的弓形虫病都是由龚地弓形虫引起的（图 4-11）。弓形虫的终末宿主是猫科动物。它们排出卵囊感染中间宿主，并在中间宿主中互相传播。卵囊对常用的一些除污剂、酸、碱具有很强的抵抗力，氨水、干燥和 55℃以上高温可杀死卵囊。

在中间宿主中，弓形虫可发育成滋养体和包囊两种形态。包囊又分为真包囊和假包囊。滋养体往往单个游离于组织、血液中，也出现于鸽红细胞内。游离的滋养体可从一个细胞扩散到另一个细胞，也可在一个宿主细胞内聚集多个滋养体，这种称为假包囊。在慢性病例中，滋养体还可发育成真包囊（内含缓殖子），它是分裂前的虫体，存在于宿主的脑、心、眼和骨骼肌中。包囊可终生存在于宿主中，当宿主的免疫力下降时，缓殖子从包囊释放出来，重新繁殖成滋养体。

2. 流行病学

弓形虫的终末宿主是猫及猫科动物，中间宿主为 63 种以上鸟类和禽类、27 种哺乳动物和爬虫类。鸡、火鸡、鸭和多种野禽可发生自然感染。弓形虫的滋养体和包囊可通过食物链而传播，含子孢子的卵囊通过污染传播，食粪昆虫（如蝇和蟑螂）和吸血昆虫也可成为本病的传播者。

鸽可自然发生弓形虫病，且往往呈地方流行性。各种年龄的鸽均可感染，但主要发生在青年鸽。

3. 临诊症状

一般患病鸽症状轻微而不易察觉，但也有特别严重的急性型病例。患病鸽精神不振，食欲降低甚至废绝，体重减轻。常独自蹲坐，翼下垂，不爱活动，若强迫行走，则步态蹒跚，容易倒地。眼半闭，结膜发炎或水肿，流泪；鼻腔分泌物增多，呼吸困难。腹泻，粪便呈灰白色或灰绿色。有神经症状，表现为阵发性抽搐、痉挛，扭头歪颈，继而发展为渐进性麻痹直至死亡。

4. 病理变化

弓形虫主要侵害中枢神经系统，但有时也侵害生殖系统、骨骼肌和内脏器官。剖检可见各内脏器官郁血、肿胀，严重的可见点状出血及小点坏死。常见肝、脾肿大，有的在肝、脾上有白色坏死小结节。另外可见心包炎，心肌炎，溃疡性肠炎，肺充血。鼻黏膜、口黏膜、眼结膜、眼睑、眼球外肌群，巩膜、脉络膜、脑垂体、舌头、硬腭等充血、出血，甚至出现坏死性炎症。

5. 诊断

通过流行病学、临诊症状和剖检的病变可怀疑有本病的存在，如镜检发现虫体，便可确诊。用血清学方法检查有助于诊断。

（1）镜检虫体法：取病死鸽的脑或肝、脾、肺组织，触片或涂片，也可用体液涂片，自然干燥后，滴加甲醇固定，待干后进行姬姆萨染色，置400倍显微镜下观察，查看是否有弓形虫包囊（内含香蕉状或月牙形滋养体）。

（2）鸡胚接种法：本法是最可行的实验室诊断手段。取病死鸽的脑或肝、脾、肺组织制成生理盐水混悬液，经双抗（青霉素、链霉素各1 000单位/毫升）处理后，接种到9 ~ 12日龄鸡胚绒毛尿囊腔中，每只0.1毫升。若有弓形虫生长，鸡胚在4 ~ 10天死亡。绒毛尿囊膜和羊膜有无数黄白色、0.5 ~ 3毫米大小的斑块，鸡胚的皮肤和内脏可见出血并有结节性病变。取胚膜涂片染色，镜检可见多数弓形虫。

6. 防治措施

预防本病首先是加强饲养管理，以消除感染性速殖子和卵囊的来源，包括对种鸽、啮齿类、食粪节肢动物和猫的控制。凡从外界引进种鸽，须隔离饲养观察1个月，经检疫证明无此病再合群。在鸽舍内不能饲养家畜、家禽，做好防鸟、防鼠工作，特别要禁止终末宿主（野猫、家猫）进入鸽场。定期消毒，以杀灭环境中的滋养体、卵囊等。

发病时全群进行药物预防，病鸽隔离治疗。磺胺甲基嘧啶（SM1）、磺胺间甲氧嘧啶（SMM）、磺胺二甲基嘧啶（SM2）、磺胺对甲氧嘧啶（SMD）、螺旋霉素、四环素对本病有很好的疗效。生产上常用复方磺胺甲氧嘧啶治疗，以 400 克 / 吨拌料或每只鸽每天 0.05 克，连用 3 天，停药 2 天，再用药 3 天。

四、鸽血变原虫病

鸽血变原虫病又称鸽血变形体病。本病是由血变原虫寄生于鸽的血液引起的一种原虫病。患病鸽表现贫血、衰弱和消瘦。本病分布于世界各地，火鸡等其他禽类也易感。

1. 病原与生活史

病原为鸽血变原虫。其终末宿主为鸽、火鸡等禽类，中间宿主是鸽虱、蝇和蠓等吸血昆虫。

血变原虫生活史也分为无性生殖和有性生殖两个阶段。无性生殖的裂殖生殖在内脏器官的内皮细胞进行，先在鸽肺泡的中隔血管内形成裂殖子，这些裂殖子侵入红细胞中形成配子体，由多个小环状变成 1 个长条状，再由配子体发育成雌、雄配子体，配子体呈香蕉状，围绕在宿主细胞核周围，被寄生的红细胞胞质中出现色素颗粒，雄配子体比雌配子体狭长（图 4–12）。有性生殖的配子生殖及无性生殖的孢子生殖，均在第二宿主即鸽虱、蝇和蠓等吸血昆虫的体内完成。在蠓体内孢子生殖需经 6 ~ 7 天完成，在虱、蝇体内孢子生殖需经 7 ~ 14 天完成。当第二宿主通过吸食鸽的血而一并吸入配子体，雌、雄配子体在这些吸血昆虫的肠道中结合为合子，合子进入第二宿主的唾液中，在第二宿主叮咬鸽子时感染鸽。可见鸽虱、蝇和蠓等昆虫对本病起着主

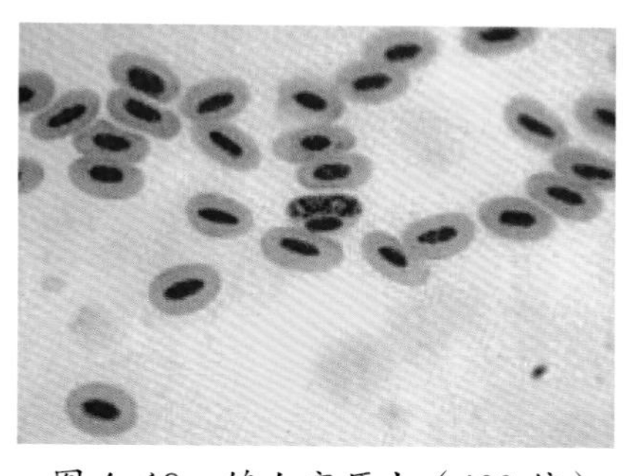

图 4–12　鸽血变原虫（400 倍）

要的传播作用。血变原虫感染的特征：裂殖生殖发生在内脏器官的内皮细胞里，配子体发育于红细胞内；在被寄生的红细胞里出现色素颗粒。

2. 流行病学

鸽血变原虫病呈世界性分布。本病的主要传播媒介是吸血昆虫，如鸽虱、蚊、蝇、蠓等。主要流行在我国南方地区，如广州地区 2 ~ 4 月份青年鸽血变虫检出率为 84.3%，成年鸽为 61%。

本病一年四季均可发生，在吸血昆虫旺盛时期，尤其是 5 ~ 9 月份，最易发生本病的传播与流行。

3. 临诊症状

轻度感染的鸽特别是成年鸽，症状轻微或不明显，仅表现精神沉郁，缩头减食，不愿活动，数日常可自行恢复。有的转为慢性带虫者，表现出体质衰弱，贫血，消瘦，跛行，其竞翔力、抗病力、繁殖力下降，不愿孵化和哺育乳鸽，常因继发其他疾病使病情恶化，甚至引起死亡。

严重感染的病例，尤其是乳鸽、青年鸽和体弱的成年鸽，常呈急性经过，病鸽精神极度沉郁，缩头，羽毛蓬松，食欲不振，贫血，消瘦，生产性能下降，呼吸加快，甚至张口呼吸，不愿起飞，翅下常找到鸽虱蝇寄生。如不及时医治，由于血变虫代谢产物的刺激，常引发病鸽高热，数日内死亡；如遇恶劣天气，或其他不良应激，情况会更为严重，其死亡率可达 65% ~ 75%。

4. 病理变化

病鸽高度贫血和消瘦。剖检可见胸脯骨瘦如刀，浆膜、黏膜呈贫血性苍白。血液凝固不良，心肌出血。肺瘀血、水肿，呈暗褐色。肌胃肿大，肌胃肌肉有白色细小斑点。肝、脾、肾出现肿大和硬化，呈酱紫色。

5. 诊断

本病通过流行病学、临诊症状和剖检病变可做出初步诊断。进行血涂片染色镜检，发现红细胞内有腊肠状或半月牙形或香蕉状的配子体，可予以确诊。

血涂片的制作方法：用消毒的针头，在鸽鼻瘤或静脉处刺1针，待有血液流出后，滴几滴血液于干净的载玻片上，或者将载玻片表面1/3处轻触血液，再用另一载玻片的边与下载玻片呈45°接触血液，并将血液推至载玻片面积的70%或2/3处，自然干燥后即成血涂片，血涂片需进行姬姆萨或瑞氏染色后才能镜检。

6. 防治措施

在饲养管理中首先应注意改善环境条件，以消除或改变鸽虱、蝇、蠓等吸血昆虫生存条件，如鸽舍加装纱窗，保持鸽场清洁，做好鸽场周围环境卫生，填平污水沟、坑，少积存污水，疏通沟渠，清除垃圾和杂草，经常更新鸽巢等。重点是灭杀鸽虱、蝇和蠓，切断传播媒介。可采用10%氯氰菊酯8毫升加10千克水配成杀虫剂，用其喷洒内外环境、鸽舍、粪便和鸽体，但对刚出壳、无或少羽毛的乳鸽不宜喷洒，以免中毒。

发现病鸽及时隔离治疗。可采用阿的平，每次口服0.1克，每天1次；磷酸伯氨喹啉片或磷酸氯喹片（每片含7.5毫克），每片喂4只鸽子，首次剂量加倍，每天1次，连用7天，也可混于饮水中让鸽子自由饮用；乙胺嘧啶（息疟啶）片剂，每100毫克加入1吨饲料中混饲；磺胺甲氧吡嗪片剂，每200毫克加入1吨饲料中混饲，连用2个疗程；氯羟吡啶每250毫克加入1吨饲料中混饲，连用1周；磺胺喹噁啉每50毫克溶入1吨饮水，让鸽子自由饮用。如果用乙胺嘧啶与伯胺喹啉配合使用，其效果更加理想。此外，还可选用黄花蒿、青蒿、常山等中草药进行防治，例如青蒿全株磨粉，按5%混入保健砂中长期使用；常山煎汤，供病鸽饮用，防治效果良好。

五、鸽蛔虫病

鸽蛔虫病是由鸽蛔虫寄生于鸽小肠引起的一种常见线虫病。本病是鸽最普遍的一种体内寄生虫病。虫体寄生于鸽的小肠，夺取营养物质，破坏肠壁细胞，影响肠的消化吸收功能，并能产生有毒的代谢物质，导致鸽发病甚至死亡。

1. 病原与生活史

本病的病原是鸽蛔虫，为鸽体内最大的寄生线虫。另外，鸡蛔虫也可感染鸽。鸽蛔虫的虫体淡黄白色，粗线状，像豆芽梗样，圆柱状；体表有环纹，两端狭小，头端较尾端粗，有 3 个片唇，有颈侧翼。雄虫短，虫体粗细如细铅笔芯样，长 2 ～ 7 厘米，宽 0.09 ～ 0.12 毫米，交合刺等长，1.2 ～ 1.9 毫米，有肛前吸盘，第 4 对腹乳突位于近肛门处。雌虫较长，长 2 ～ 9.5 厘米，虫体也较粗，成熟的雌虫体内充满虫卵。

虫卵呈椭圆形，深灰色，壳厚，外表光滑，内有单个胚细胞。虫卵对严寒气候抵抗力较强，且对化学消毒药有很强的抵抗力。但在直射阳光下 1 ～ 1.5 小时，在 45℃条件下 5 分钟，瞬间的沸水高温处理，粪便保持干燥，经堆积发酵，均可将虫卵杀死。

鸽蛔虫的生活史属直接发育型，雌虫在小肠内产卵，日产卵达 1 万 ~ 1.2 万个，一生产卵多达 1 000 万个。卵随粪便排出体外，直接在外界发育，如有适宜的温度和湿度，经 10 ～ 12 天，卵内形成第一期幼虫；幼虫蜕皮后再经 16 ～ 20 天成为第二期幼虫，此时虫卵已有感染力，成为幼虫的感染性虫卵；鸽食入其虫卵，感染性虫卵在鸽胃中破壳而出，下行至十二指肠中孵化，经 9 天作第二次蜕皮，成为第三期幼虫；生活在十二指肠后部的肠腔内，之后钻入黏膜，进行第三次蜕皮，成为第四期幼虫；再经 17 ～ 18 天，幼虫从肠黏膜重返十二指肠作最后一次蜕皮，成为第五期幼虫，以后发育为成虫。感染性虫卵在鸽体内共需 35 ～ 50 天，便发育为成虫，第二期幼虫常侵入肠黏膜，并进入肝脏与肺脏，但不再发育。

2. 流行病学

本病的宿主有鸽、野鸽和孔雀等。鸽发生蛔虫病是由于摄入被虫卵污染过的饲料、饮水和保健砂等而引起的。不同品种和各种年龄的鸽都可以感染蛔虫。本病分布广，感染率高。年龄、营养状况等对感染有影响，3 月龄内的幼鸽易感性高，尤其以刚离窝的幼鸽最易感，随年龄增加而易感性下降。饲料中维生素 A、B 族维生素等营养成分的不足或缺乏，能降低鸽子对蛔虫的抵抗力。另外，应激、阴暗、潮湿的环境易导致蛔虫病的发生。

本病一年四季都发生，无明显季节性。

3. 临诊症状

轻度蛔虫感染的鸽，常不表现临诊症状。严重感染时，患病鸽表现精神沉郁，羽毛松乱，垂翅，厌食，消瘦，贫血，常离群呆立在角落里。重度感染鸽（2 000 ～ 5 000 条 / 羽）面颊呈灰白色，贫血，生长停滞，明显消瘦，甚至失去性欲、产蛋停止和拉稀，有时拉稀与便秘交替发生，在笼底可见有稀粪，粪便呈白色稍带点绿色，有时粪便带血。少数病鸽有时可见咳嗽，由于皮肤有痒感，有些病鸽啄食自身羽毛。蛔虫排出的代谢产物，使鸽表现出麻痹、呕吐、抽搐及头颈歪斜等中毒症状。幼鸽则会出现渐渐性消瘦，最后因衰竭而死亡。

4. 病理变化

病变部位主要在小肠，剖检病死鸽可见小肠肿胀或变薄、苍白，肠腔内可见蛔虫（图 4-13），数量从数条至数百条，严重感染时可引起肠阻塞，甚至在食道、腺胃、肌胃、肝脏、体腔等见到蛔虫。由于幼虫侵入肠黏膜时，破坏黏膜及肠绒毛，造成出血和炎症（图 4-14），并易继发细菌感染，从而引起肠壁出现化脓灶和结节。有时蛔虫穿透肠壁，侵入体内的其他部位或器官，从而继发腹膜炎。有时还可见到肝脏出现线状或点状坏死灶。

鸽蛔虫病还可与鸽球虫病和鸽支气管炎等疾病相互作用而产生更加有害的影响。

图 4-13　鸽蛔虫

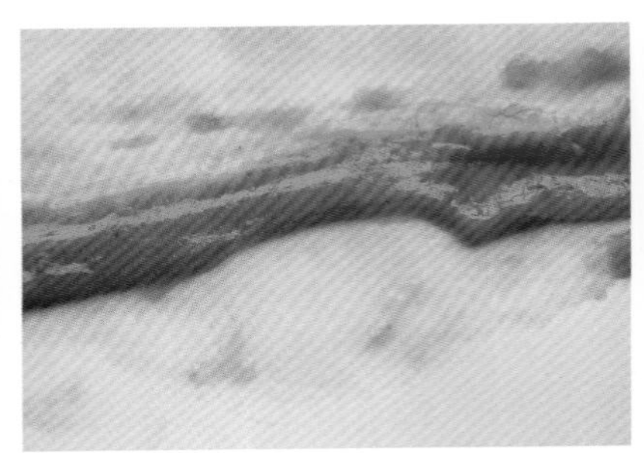

图 4-14　蛔虫引起小肠黏膜出血

5. 诊断

根据临诊表现、病理变化和剖检时发现大量蛔虫可做出诊断，结合在粪便中镜检出大量虫卵，或从粪便中发现一定数量的虫体，予以确诊。

（1）蛔虫检查法：剖检病死鸽，肉眼可见小肠黏膜损伤，肠壁变薄，将肠内容物和胃内容物刮下，置于白色瓷盆中，然后加入生理盐水进行漂洗，可见黄白色、线状、两头尖、2 ~ 5 厘米长、0.5 ~ 1 毫米宽的蛔虫。

（2）虫卵检查法：采集少量的稀粪，加入一定量的饱和盐水，搅拌完全后用铜筛进行过滤，滤液静置 2 分钟后，用铁丝圈在表面取几滴滴在玻片上，在显微镜下可观察到大量虫卵。

6. 防治措施

预防是控制本病最好的措施。首先搞好鸽场的环境卫生，保持鸽舍干燥、卫生和充足的阳光。定期用20%石灰乳或2%～4%烧碱消毒，及时清除粪便并堆积发酵，以杀死虫卵。其次是避免鸽子与粪便接触，离地饲养，减少与虫卵的接触机会；饮水杯、料槽加盖，防止饮水和饲料被粪便污染，饮水杯、料槽、垫布等要定期清洗、消毒，特别注意的是雏鸽出壳后要及时更换巢盘内的垫料。第三是加强饲养管理，饲喂新鲜、全价饲料和清洁饮水，定期驱虫，青年鸽每隔3个月全群驱虫1次，成年鸽每年驱虫1次，驱虫药可使用枸橼酸哌哔嗪（驱蛔灵）、左旋咪唑、甲苯咪唑口服，连用2天。在引进种鸽前，鸽舍要彻底清洁、消毒。

一旦发生本病，应及时将病鸽隔离饲养，精心照料。对笼底粪便进行处理，然后用消毒剂进行带鸽喷洒消毒。全群用盐酸左旋咪唑按每千克体重20～25毫克，驱蛔灵按每千克体重150～250毫克，丙硫咪唑按每千克体重5～10克，1次空腹或半空腹投服，每天1次，连用2天。在治疗的同时饮水中加入青霉素，按每千克体重8万单位，全天供饮，连用4～6天，以防止继发感染。另外，在保健砂中添加多种维生素。驱虫后，可口服补液盐水，以增强抵抗力；及时清扫、处理粪便，消毒场舍，用0.1%敌百虫对场地消毒，以杀灭被驱出的虫体及虫卵。个别病重的鸽子则选用上述治疗药物，采取灌服的方式，以减少死亡。

六、鸽毛细线虫病

鸽毛细线虫病是由毛细线虫引起的肠道寄生虫病。本病在我国各地都有发生，严重感染时，可引起鸽子死亡。

1. 病原与生活史

本病的病原主要是鸽毛细线虫（或称封闭毛细线虫）、膨尾毛细线虫和捻转毛细线虫。毛细线虫的虫体呈淡黄色，非常细小，细如毛发，肉眼几乎难以觉察（图 4–15）。雌雄异体，鸽毛细线虫的雄虫长 6.9 ～ 13 毫米，宽 49 ～ 53 微米，泄殖腔开口于虫体末端，每侧各有一个小的伞叶，两叶间有一细薄的伞膜在背侧相连；雌虫长 1 ～ 10 毫米，宽约 80 微米，阴门部稍隆起，位于食道和肠连接处之稍后方。

鸽毛细线虫为直接发育型，虫卵在外界直接发育成感染性虫卵，被鸽食后到达并定居于小肠黏膜上，经 20 ～ 26 天便可成熟、产卵。膨尾毛细线虫可寄生于小肠黏膜，虫卵椭圆形，两端呈瓶口状，具卵塞（图 4–16）。蚯蚓是中间宿主，在外界的虫卵被蚯蚓吞食后，经 9 天才发育成感染性虫卵，幼虫在鸽的消化道内经 22 ～ 26 天变为成虫，其寿命可达 10 个月之久。

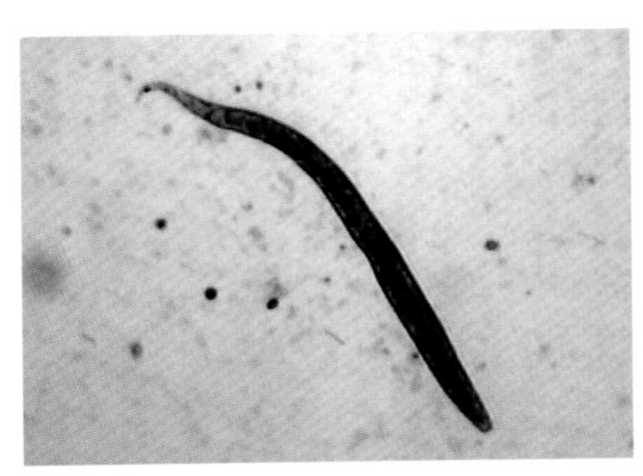

图 4–15　鸽粪中线虫幼虫（30 倍）（陶建平提供）

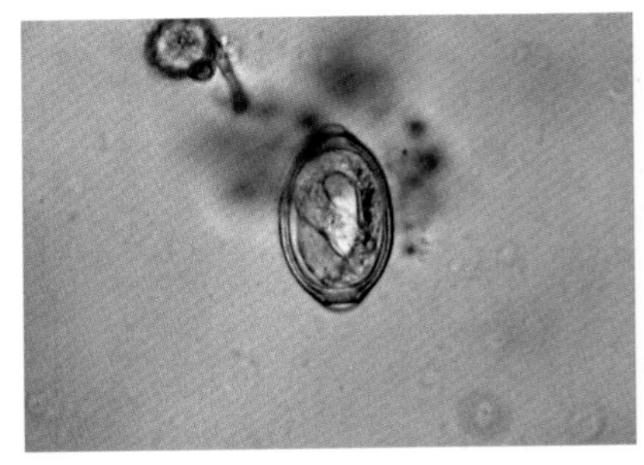

图 4–16　鸽毛细线虫卵（400 倍）（陶建平提供）

2. 流行病学

禽类毛细线虫感染非常普遍，鸽因摄食了感染性虫卵（如鸽毛细线虫）或啄食了含有第二期幼虫（如膨尾毛细线虫）的蚯蚓后感染。许多毛细线虫是多宿主的，如膨尾毛细线虫的宿主有 20 余种，捻转毛细线虫的宿主有 30 多种，鸽、鸡、火鸡、雉鸡、珍珠鸡、鹌鹑和火鸡等均为常见宿主，多宿主有利于本病的传播和流行。

3. 临诊症状

轻度感染一般不表现临诊症状，重度感染因不同种类毛细线虫侵害的部位不同而表现出不一样的临诊症状。鸽毛细线虫、膨尾毛细线虫常引起肠炎，患病鸽精神不佳，沉郁，贫血，消瘦，生长停滞，间歇性下痢；严重感染的病鸽常离群独居，蜷缩在地上、栖架下或屋角落，出血性腹泻，严重消瘦，逐渐衰竭而死亡。鸽感染捻转毛细线虫后，可引起嗉囊膨大，继而压迫迷走神经，引起呼吸困难、运动失调和麻痹，严重的最后死亡。

4. 病理变化

毛细线虫寄生于鸽的食道、嗉囊和小肠，主要病变在小肠。剖检可见出血性肠炎，小肠黏膜肿胀、增厚和出血，病程长的可见有粟粒大的黄白色小结节或坏死灶，黏膜表面形成假膜，发出难闻的臭味。另外，有时可见食道、嗉囊和腺胃出现炎症。

5. 诊断

本病可根据流行病调查、临诊症状和肠黏膜病变做出初步诊断，因毛细线虫肉眼几乎看不见，剖检时容易被忽视，最好借助实验室检查予以确诊。实验室检查方法一：用饱和盐水漂浮法检查粪便发现大量腰鼓形、两端有卵帽的虫卵。实验室方法二：在肠黏膜查到一定数量的毛细线虫，小心刮取肠或嗉囊的黏膜置于盛有生理盐水的玻璃皿中，搅动观察，可发现淡黄色且极细长像毛发的小虫体。

6. 防治措施

鸽毛细线虫病的防治可参照鸽蛔虫病防治措施。平时搞好鸽舍卫生工作，及时清除粪便并发酵处理，以杀灭虫卵。在本病严重流行地区，应定期预防性驱虫。新建鸽场选址时，鸽舍应建在通风、干燥的地方，干燥环境不利于虫卵发育和中间宿主蚯蚓的生存。

对本病的治疗，可选用药物有盐酸左旋咪唑（按每千克体重 20 ~ 25 毫克，口服）、甲苯咪唑（按每千克体重 70 ~ 100 毫克，口服）和磺胺二甲氧嘧啶（按每千克体重 25 毫克，用蒸馏水配成 10% 溶液，颈部皮下注射或口服），驱虫效果可达 100%。

七、鸽绦虫病

鸽绦虫病是由多种绦虫寄生于鸽的小肠引起的蠕虫病。本病是一种常见的肠道寄生虫病。放养鸽比笼养鸽更易发生，能大群发病和引起死亡，对养鸽业危害较大。

1. 病原与生活史

本病的病原较多，最常见的有节片戴文绦虫和四角赖利绦虫。绦虫呈扁平带状，乳白色，雌雄同体，体长可由 0.5 毫米至 12 厘米，其中有些长达 20 厘米（图 4–17）。虫体系由头节、颈节、体节三部分组成（图 4–18），头节位于虫体的最前端，略膨大，呈圆形或球形，头节上有 4 个吸盘或吸沟。头节后面是狭细的颈节，由此而生长出体节。体节一般呈四边形，由节片连接而成，节片的多少与种类有关，而且按其成熟程度的不同称作未成熟节片（幼节）、成熟节片（成节）和孕节片（孕节），体节由颈节不断长出、发育成熟而成，距颈节越远的节片越成熟。孕节子宫分裂为许多卵囊，每个卵囊内含有一个六钩蚴，虫卵直径 35 ~ 40 微米。

绦虫没有体腔，也没有消化器官，完全依靠体表吸收营养。

节片戴文绦虫寄生于鸽十二指肠内，四角赖利绦虫寄生于鸽的小肠下半段，从宿主（鸽）的肠道内容物中吸取营养物质和排出有

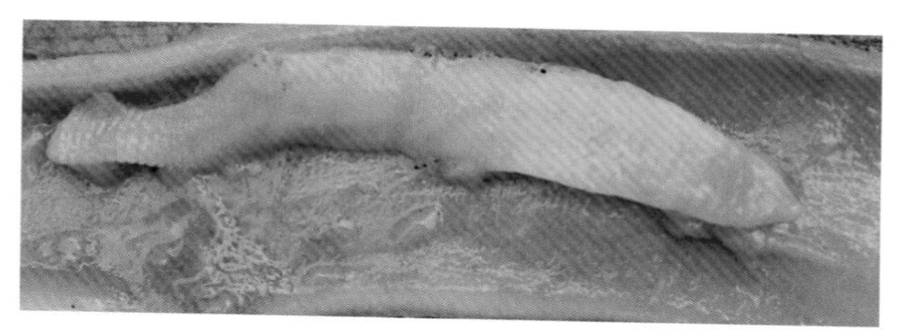

图 4-17 节片戴文绦虫

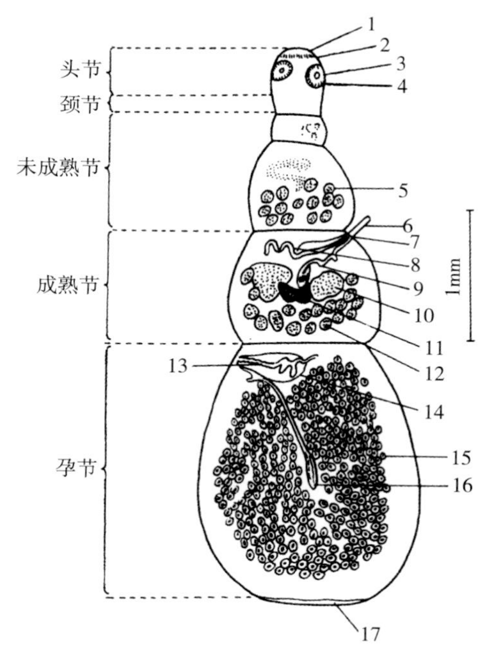

图 4-18 节片戴文绦虫

1. 顶突 2. 顶突钩 3. 吸盘 4. 吸盘钩 5. 睾丸 6. 雄茎 7. 生殖孔 8. 输精管 9. 阴道 10. 卵巢 11. 卵黄腺 12. 睾丸 13. 雄茎 14. 雄茎囊 15. 六钩蚴 16. 受精囊 17. 脱落节片附着点

害产物，使鸽子的消化吸收功能紊乱。同时每天都有一或数个孕卵节片从虫体的后端脱落，随鸽粪便排出体外而污染场地，为再次感染创造条件。

绦虫的生活史不同于线虫，属间接发育型（图 4–19），其发育过程必须要有 1 ～ 2 个中间宿主的参与才能完成。节片戴文绦虫的中间宿主是蛞蝓和蜗牛等软体动物，而四角赖利绦虫的中间宿主是蚂蚁。孕节片或虫卵被中间宿主吞食，卵囊在消化道内溶解，六钩蚴逸出，钻入体腔，在蛞蝓和蜗牛蛞经 3 ～ 4 周或在蚂蚁约经 2 周发育为具有感染性的似囊尾蚴（又称绦蚴）。鸽吃下含似囊尾蚴的中间宿主后感染，约经 2 周发育为成虫，并能见到孕卵片随粪排出。似囊尾蚴在中间宿主体内 11 个月仍有感染性，成虫在鸽体内生存时间可达 3 年之久。

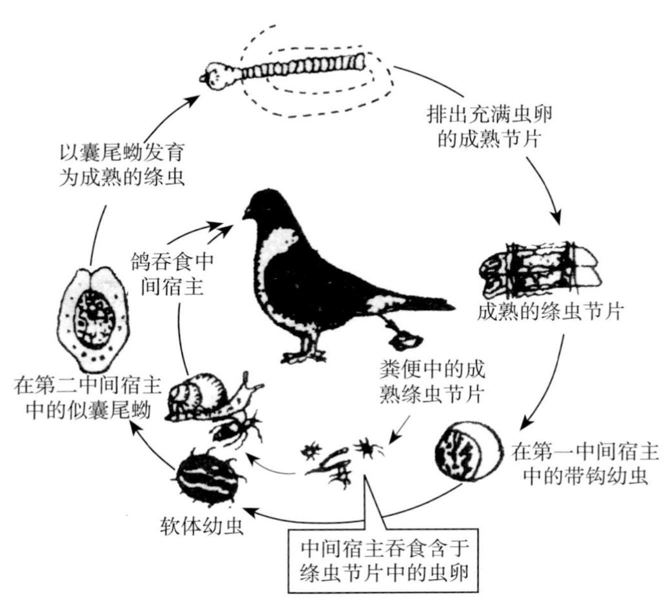

图 4–19　鸽绦虫生活史

本病几乎遍及世界各地，对雏鸽危害尤其严重。

2. 临诊症状

幼鸽对绦虫的感染率较高。轻微的绦虫感染，一般无临诊症状，所以本病往往长期不被人们重视。严重的患病鸽表现精神委顿，羽毛失去光泽且粗细不整。发育受阻，站立不稳，居于一角，无神，高度衰弱与消瘦。经常发生腹泻，粪便呈黏状或泡沫状，有时带血，粪中常有脱离的绦虫体节，呈方形或长方形，白色不透明。有时从两腿开始麻痹，逐渐发展波及全身，最后死亡。有的还会继发营养缺乏症和其他肠道疾病，致使症状更明显。

3. 病理变化

剖检可见肠管内有大量黏液，呈恶臭味，黏膜黄染。肠黏膜增厚、出血和有结节，结节中央凹陷，内有虫体或黄褐色凝乳样栓塞物，有的形成疣状溃疡，有的见有成团的虫体，严重的可形成肠阻塞，甚至出现肠破裂而引起腹膜炎。

4. 诊断

本病根据临诊症状、剖检病变和剖检时在肠道观察到虫体，结合水洗沉淀法检查粪便发现到白色米粒样的孕卵节片或镜检到大量绦虫的虫卵，可予以确诊。

5. 防治措施

预防本病应将幼鸽与商品鸽、种鸽分开饲养，及时清除粪便，并堆积发酵。尤其要注意鸽舍周围环境卫生的改善，及时清除鸽场周围的污物杂草和乱砖瓦砾，填平低洼潮湿地段，以减少甚至消灭蚂蚁、蜗牛等中间宿主的生存。定期用杀虫剂喷洒鸽舍，以杀灭中间宿主。放养鸽群定期驱虫，每年至少 1 ～ 2 次，驱虫药物可选用硫双二氯酚（别丁）、氯硝柳胺（灭绦灵）、吡喹酮等。为慎重起见，在大群驱虫之前，最好做少批驱虫试验，待确认安全后再全群驱虫。

一旦发病，可选择以下驱虫药物进行治疗。槟榔片，按每只 1 克或按每千克体重 1 ～ 1.5 克，煎汁后早上空腹灌服，根据病情轻重 4 天后再服 1 次。硫双二氯酚，按鸽每千克体重 150 ～ 200 毫克拌料，1 次内服，4 天后再重复用药 1 次。甲苯咪唑，按每千克体重 30 毫克，1 次混饲，3 天后再重复用药 1 次。丙硫苯咪唑，按每千克体重 20 毫克，1 次饲喂，4 天后再重复用药 1 次。吡喹酮，按每千克体重 15 ～ 20 毫克拌料，1 次饲喂，1 周后再重复用药 1 次。石榴皮、槟榔片各 100 克，加水 1 000 毫升，煮沸 1 小时，约剩 800 毫升，水煎剂用量为 20 日龄以内乳鸽每只 1 毫升，30 日龄的每只 1.5 毫升，30 日龄以上的每只 2 毫升，2 日内喂完。

八、鸽棘口吸虫病

鸽棘口吸虫病是由卷棘口吸虫引起的肠道寄生虫病，多发生于放养鸽，对雏鸽危害较大。

1. 病原与生活史

本病的病原为卷棘口吸虫，虫体呈长叶状，淡红色，中等大小（长 7.6 ～ 12.6 毫米，宽 1.26 ～ 1.60 毫米），体前端有头领，其上有 1 ～ 2 列头棘，虫体前体部和头襟不发达，生有 49 个短棘。口、腹吸盘相距较近，口吸盘小于腹吸盘，虫体在腹吸盘水平前的角皮上覆盖小刺。虫卵较大，椭圆形，淡黄色，壳薄，虫卵稍尖的一端有卵盖（图 4–20）。

棘口吸虫的发育需要两个中间宿主，第一中间宿主为淡水螺类如椎实螺或扁卷螺，第二中间宿主为蛞蝓等软体动物或蝌蚪。虫卵随鸽等终宿主的粪便排出体外，31 ～ 32℃条件下只需 10 天即可在水中孵出毛蚴，毛蚴钻入第一中间宿主淡水螺（椎实螺、扁卷螺等）后发育为胞蚴、母雷蚴、子雷蚴、尾蚴。成熟的尾蚴离开螺体，游于水中，遇第二中间宿主蝌蚪后，钻入其体内，尾部脱落而形成囊蚴。也有成熟尾蚴不离开螺体，直接形成囊蚴的。鸽食入了含有囊蚴的蝌蚪或螺蛳而感染。囊蚴进入消化道后，囊蚴被消化液溶解，童虫脱囊而出，附着在肠壁上，经16 ~ 22天发育为成虫。

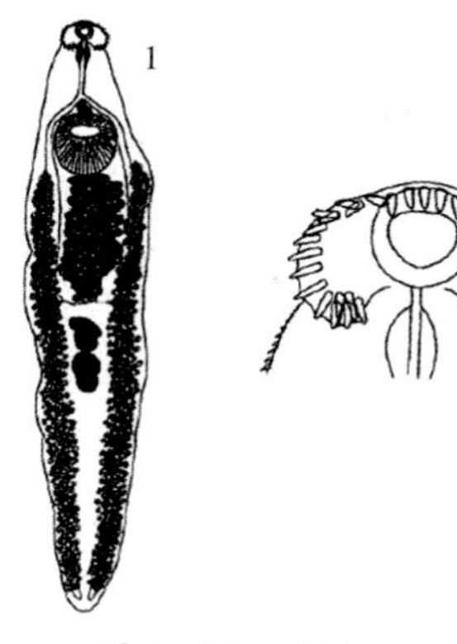

图 4-20　卷棘口吸虫

1. 雌虫成虫　2. 雄虫头部

2. 流行病学

不同品种和各种年龄的鸽都可以感染卷棘口吸虫，卷棘口吸虫除可侵袭鸽、野鸽和其他家禽外，也可侵袭猪、猫、兔等哺乳动物和人。

棘口吸虫分布广泛，尤其在长江流域及其以南地区较为多见，对雏鸽的危害较大。本病可全年发生，6 ~ 8月份往往为发病高峰期。

3. 临诊症状

本虫一般来说危害并不严重，但对雏鸽的危害较为严重。由于虫体的机械性刺激和毒素作用，使鸽的消化功能发生障碍。病鸽表现食欲不振，消化不良，下痢，粪便中带有黏液和血丝，贫血，消瘦，生长发育受阻，最后由于极度衰竭而死亡。成年鸽体重下降，母鸽产蛋量减少。

4. 病理变化

棘口吸虫寄生于鸽的大肠、小肠、盲肠、直肠和泄殖腔，剖检时可见肠道有出血性肠炎，直肠和盲肠黏膜上附着有许多淡红色的虫体，引起肠黏膜损伤和出血。

5. 诊断

根据临诊表现和剖检变化，结合实验室检查做出诊断。实验室检查可采用粪便直接涂片、水洗沉淀法检查虫卵 2 种方法。

6. 防治措施

现代化封闭的饲养管理方式使大多数鸽很少发生吸虫感染。本病多发生于放养鸽。预防本病的主要措施是控制或消灭中间宿主。鸽场选址应避开吸虫的流行区域，尽可能远离河流和沼泽地。在本病的流行地区，可有计划性定期驱虫，驱出的虫体和排出的粪便应严格处理，最好采取堆积发酵法杀灭虫卵，这样可以从根本上杜绝传染源。

发病后可选用以下药物进行驱虫。丙硫苯咪唑，按每千克体重 20 ~ 25 毫克，一次口服；氯硝柳胺，按每千克体重 100 ~ 150 毫克，一次口服；吡喹酮，按每千克体重 10 ~ 15 毫克，一次口服；槟榔煎剂（槟榔粉 50 克，加水 1 000 毫升，煎半小时后约剩 750 毫升，然后用纱布滤去药渣），按每千克体重 7.5 ~ 11 毫升，空腹灌服。

九、鸽虱病

鸽虱是鸽体表的永久性外寄生虫，具有严格的宿主特异性，附在鸽子体表皮肤和羽毛上，以鸽的羽毛和皮屑为生，但有时也吸血，引起鸽子奇痒，造成羽毛断折，严重时会啄伤皮肤，给养鸽业造成较大的经济损失。

1. 病原与生活史

鸽虱有细长鸽虱、金黄羽虱、小羽虱、大体虱和狭体虱等 10 多种，主要食羽毛或皮屑，有时也吸血。其特征是头部的腹面上具有咀嚼型的上颚。

鸽虱形态多样，大小不同，如细长鸽虱呈长形（图4–21），金黄羽虱呈宽圆形（图4–22）。鸽虱体型微小，体长0.5 ～ 10毫米，分为头、胸、腹3部分。头近似三角形或圆形，复眼退化，无单眼。触角短。口器为咀嚼式，有1对骨化很强的上颚。前胸独立，中、后胸独立或相互愈合。背腹扁平，白、淡黄或褐色。体壁坚韧，无翅，善于爬行。雌、雄性生殖孔均开口于体壁内陷而成的腔室中。雌虫无产卵器，雄虫的阴茎结构复杂，变化多样，是鉴别种的主要特征之一。

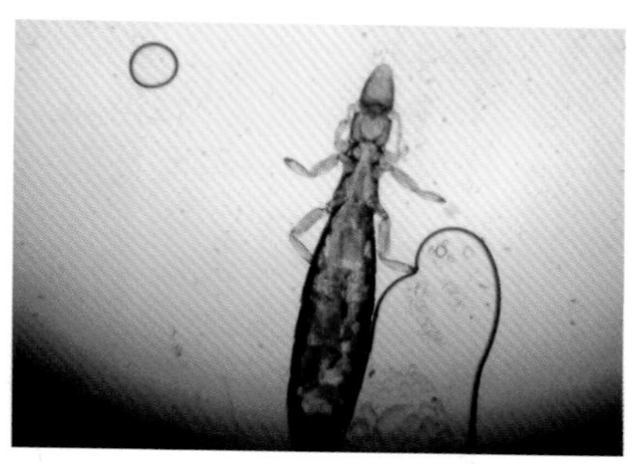

图4–21　显微镜下的鸽长羽虱（30倍）（陶建平提供）

鸽虱发育过程包括卵、若虫和成虫3个阶段，为渐变态，整个发育期均在鸽的体表进行。鸽虱产的卵常集合成块，通常成簇附着于羽毛上（图4–23），依靠鸽的体温孵化，经5 ～ 8天变成幼虱，在2 ～ 3周内经3 ～ 5次蜕皮而发育为成虫。成虫可产卵，常一年多代，且世代重叠。一对虱在几个月内可产12万只卵。

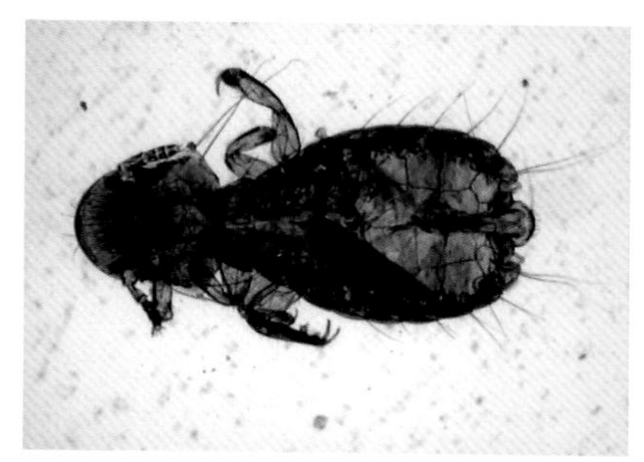

图4–22　显微镜下鸽黄金羽虱（100倍）（陶建平提供）

图4–23　鸽虱卵成簇附着在羽毛上（30倍）（陶建平提供）

2. 流行病学

鸽虱是永久性寄生虫，终生都在鸽体上，虱卵附着在羽毛上。鸽虱的传播主要是通过鸽子之间的直接接触，或通过鸽舍、饲养用具和垫料等间接传播。

鸽虱广泛存在，许多鸽场都会发生本病。在丘陵地区的较低洼地区感染程度严重，产蛋鸽较肉仔鸽感染相对严重，常水浴的鸽较少感染。

鸽虱的繁殖与外界环境无关，一年四季均可发生，且冬季较为严重。

3. 临诊症状

鸽虱主要啮食羽毛基部的保护鞘、细羽毛、羽毛细枝、皮屑等，同时刺激神经末梢，引起鸽奇痒，使鸽不安、食欲下降、体质衰弱，导致消瘦、营养不良和母鸽产蛋下降等；瘙痒严重时，鸽子频繁搔痒，用嘴啄食痒处，使羽毛不整齐甚至断裂，羽粉减少，严重时常啄伤皮肤而出血（图 4–24），甚至因皮肤破损而引起皮肤炎症、化脓，严重的也会出现死亡。

图 4–24　患鸽奇痒，常啄伤皮肤而出血

4. 诊断

鸽虱肉眼可见，患鸽搔痒不安，羽毛发生磨损、断裂，甚至脱落，诊断相对容易。检查羽毛，发现鸽虱或虱卵即可确诊。

5. 防治措施

鸽舍要经常清扫，垫草常换，保持鸽舍卫生。定期检查鸽群有无虱子，一般每月 2 次。在鸽虱流行的养鸽场，可选用 0.02% 胺丙畏、0.2%敌百虫水溶液、0.03%除虫菊酯、0.01%溴氰菊酯、0.01%氰戊菊酯、0.06%蝇毒灵等药液喷洒鸽舍、产蛋窝、地面及用具等，杀灭其上面的鸽虱。对新引进的种鸽必须检疫，如发现有鸽虱寄生，应先隔离治疗，治愈后才能混群饲养。

对带虱的鸽子可采取以下方法治疗。一是用上述药液喷洒于鸽羽毛上，并轻轻搓揉羽毛使药物分布均匀。二是将带虱的鸽浸入上述药液中几秒钟，将羽毛浸湿。在寒冷季节药浴时需注意的是应选择温暖的晴天进行，并预先提供充足的饮水，防止引起中毒；三是采用杀虫剂进行砂浴，选择上述杀虫药按比例混拌于黄沙里，供鸽洗浴，需注意的是要避免误食。

各种灭虱药对虱卵的杀灭效果均不理想，因此用药每10 ~ 15天后需再治疗1次，连用2 ~ 3次，以杀死新孵化出来的幼虱。在治疗时，必须连同鸽舍墙壁、用具、笼具一起喷雾，以杀灭暗藏的鸽虱和虱卵。

十、鸽蜱螨病

蜱螨寄生于鸽的体表，吸食鸽血，咬食羽毛和组织，严重侵袭时，可使鸽日益消瘦，贫血，产蛋量下降，同时传播其他病原微生物。

1. 病原

寄生于鸽身上的蜱常见的有波斯锐缘蜱和翅缘锐缘蜱两种。波斯锐缘蜱又称软蜱、鸡蜱，主要寄生于鸡、鸭、鸽和野鸟；翅缘锐缘蜱又叫鸽蜱，唯一宿主是鸽。这两种蜱具有生活期长、耐饥饿、对恶劣环境有较好的适应性等共同特点。这两种蜱身体扁平，呈前窄后宽的卵圆形，淡灰黄色。表皮上有细小的皱褶和许多呈放射状排列的凹窝，无眼。幼虫3对足，若虫和成虫4对足。

鸽螨有皮刺螨、羽螨、羽管螨、鳞足螨、气囊螨和体疥螨等多种，

图 4–25　鸽皮刺螨（100 倍）
（陶建平提供）

常见的有皮刺螨和羽管螨。皮刺螨又称红螨，也称鸡螨（图 4–25）。长椭圆形，后部略宽，吸饱血后虫体由灰白色转为红色，体表布满短绒毛。雌螨体长 0.72 ～ 0.75 毫米，宽 0.4 毫米，吸饱血后体长可达 1.5 毫米。雄螨体长 0.6 ～ 0.75 毫米，宽 0.32 毫米。刺吸式口器，一对螯肢呈细长针状，以此穿刺皮肤吸血。幼虫 3 对足，若虫和成虫有 4 对足。

蜱螨的发育属渐变态，需经虫卵、幼虫、若虫和成虫 4 个阶段。

2. 流行病学

蜱螨侵袭鸡、鸽、火鸡、金丝雀和多种野鸟，也可侵袭人。本病广泛分布于世界各地，在温带地区有栖架的老鸽舍中特别严重。软蜱和皮刺螨白天隐匿于鸽的窝巢、栖架、松散的粪块及房舍附近的砖石下或树木的缝隙内，常成群聚集在一起成一小红点；夜间出来活动，爬到鸽子身上吸血，但幼虫的活动不受昼夜限制。

传播途径主要是通过接触传播，也可通过脱落的羽毛、被污染的器具、灰尘等感染。此外，蜱螨可机械性传播多种病原如禽巴氏杆菌、新城疫病毒等，是细菌、病毒等病原微生物的携带者，并且能将病原微生物通过虫卵传递给蜱螨的后代。

本病一年四季都可发生，温热时节更易流行。

3. 临诊症状

蜱螨对宿主的危害主要是吸血引起的。鸽受到少量蜱螨侵袭时，一般不表现临床症状。当受到大量蜱螨侵袭时，鸽表现为烦躁不安，贫血，消瘦，体弱，生长缓慢，产蛋量下降，皮肤时而出现小的红疹，造成啄羽而引起出血（图 4-26）。尤其是软蜱吸血量大，大量侵袭幼鸽可引起死亡，危害十分严重。双梳羽管螨则寄生于鸽的羽管内，在羽毛基部出现粉状屑末，引起羽毛部分或完全损坏。

图 4-26　蜱螨侵袭引起啄羽而出血（穆春宇提供）

4. 诊断

由于蜱螨体型很小，肉眼难以发现，可根据其生活规律进行观察。白天常成群地聚集在栖架上等处，外观似一些红色或灰黑色的小圆点；到了夜间，成群结队爬向鸽体，因此只有在夜间检查方可发现软蜱和皮刺螨。镜检有助于确诊和进行蜱螨种类的鉴别。

对于羽管螨的检查，将羽毛基部出现粉状屑末的羽毛剪碎，置显微镜下可发现大量羽管螨。

5. 防治措施

蜱螨的预防主要是做好鸽舍的清洁卫生工作，及时清除粪便，定期修理鸽舍，并进行粉刷，堵塞全部缝隙和裂口。定期开展消毒工作，对垫料、墙壁、地面、屋顶等喷洒灭菊酯、蝇毒磷等杀虫剂。喷药后应对环境、栏舍，尤其水槽、食槽等用具用清水冲洗干净，以防鸽食入残存的杀虫剂而中毒。

治疗主要是采用杀虫剂杀灭鸽身上及栖居、活动场所内的虫体，可选用 0.01% 溴氰菊酯、0.01% 氰戊菊酯（戊氰酸醚酯、速灭杀丁）、0.2% 敌百虫溶液、0.25% 蝇毒磷、0.5% 马拉硫磷水溶液等药液直接对鸽体、鸽舍、垫料、墙壁等蜱螨栖息处进行喷洒。第一次喷洒后 7 ~ 10 天再喷洒 1 次，灭虫效果更好。处理后必须更换新的垫料、窝巢，并将旧垫料和窝巢烧毁。

第五部分

鸽营养缺乏症与代谢病

营养缺乏症是因鸽的营养物质供给不足所致。代谢病是营养紊乱和代谢紊乱疾病的总称。营养紊乱是因鸽所需的某些营养物质供给不足或缺乏，或者因某些营养物质过量而干扰了另一些营养物质的吸收和利用而引起的疾病。代谢紊乱是因体内一个或多个代谢过程异常改变导致内环境紊乱引起的疾病。

鸽营养缺乏症与代谢病症状起初不明显，症状逐渐加重，出现临诊症状时已经很严重了。生长速度快的鸽容易发生，发病率高，多为群发，多呈地方性流行，病程一般较长。

预防鸽营养代谢病的关键措施是鸽饲料必须全价、合理，在鸽的日粮或饮水中准确、均匀、足量、及时、不间断、经济和方便地添加目标营养成分。

一、鸽蛋白质缺乏症

蛋白质是生命的基础，约由 20 种起重要作用的氨基酸组成，其中有 10 种为必需氨基酸，分别为精氨酸、组氨酸、色氨酸、异亮氨酸、赖氨酸、蛋氨酸、苏氨酸、缬氨酸及苯丙氨酸。这些氨基酸不能在鸽体内合成或合成量很少，必须从体外的营养物质中摄取。

图 5-1　蛋白质缺乏会引起鸽消瘦，体弱多病

按照鸽的营养需要合理配给，就可以满足其正常的生长及生产要求，否则就会出现蛋白质缺乏症。蛋白质与氨基酸轻度缺乏时，仅表现食料量增加，或食量虽未发生改变，体重却逐渐下降。蛋白质与氨基酸长期、严重缺乏时，鸽群在临诊上表现生长发育停滞，体弱多病（图 5-1），抗病力下降，产蛋减少，蛋重和体重下降，所产的乳鸽品质下降。

1. 病因

部分农村家庭养鸽户不注意营养需要，饲喂原粮品种单一，以自产的玉米（粗蛋白质含量为 7.8%）、高粱（粗蛋白质含量为 9.0%）、稻谷（粗蛋白质含量为 7.8%）、小麦（粗蛋白质含量为 13.9%）等蛋白质含量低的原粮为主，或者喂小麦麸（粗蛋白质含量为 7.8%）、米糠等（粗蛋白含量为 7.8%）蛋白质含量低的原粮加工副产品，不注意添加大豆（粗蛋白质含量为 35.5%）、豌豆（粗蛋白质含量为 22.6%）、豆粕（粗蛋白质含量为 44.2%）等蛋白质饲料，也不注意增加必需氨基酸（尤其是蛋氨酸、赖氨酸），出现鸽饲料中蛋白质含量长期不足或必需氨基酸不平衡，致使鸽体处于蛋白质缺乏状态，造成蛋白质缺乏症。据中国农业科学院家禽研究所（谢鹏等，2014）试验研究，乳鸽与青年鸽饲料中蛋白质含量低于10%，持续超过2周，生长明显受阻，其体重比正常对照组的减少达20%；种鸽饲料中蛋白质含量低于12%，持续超过1个月，除体重减轻外，产蛋量明显下降，所产乳鸽的初生重比正常乳鸽的减轻达15%。

另外，饲料保管不当使其潮湿霉变，饲养条件不良使鸽舍阴暗潮湿，消化道疾病（如细菌性疾病、病毒性疾病和寄生虫病等）造成长期腹泻等，也可引起蛋白质缺乏症。

2. 临诊症状

幼鸽表现为生长停滞，发育受阻，畏寒，体温偏低，食欲下降，精神呆滞，羽毛干枯、蓬乱、无光泽，翅膀下垂，抗病力下降，易生病，甚至死亡。

成年鸽发病缓慢，主要表现为体重下降，消瘦，贫血，产蛋减少或完全停止，蛋重下降，所孵出的乳鸽品质下降，体重轻，毛色泛黄、发干、无光泽，生长发育不良，死淘率高。与此同时，鸽抗病力下降，容易导致其他疾病（如鸽新城疫、大肠杆菌病、毛滴虫病等）的发生。

3. 病理变化

本病较为突出的病变有贫血，消瘦，少脂，脂肪呈胶样浸润，体腔积液。

剖检可见鸽消瘦（图5–2），胸肌、腿肌萎缩明显，体脂几乎消失，而心冠沟、皮下、肠系膜等部位正常的脂肪组织已被胶样

图5–2　鸽消瘦，胸肌、腿肌萎缩明显

浸润所代替。口黏膜及眼结膜苍白，血液稀薄，颜色变淡，常呈粉红色，并且凝固不良。皮下水肿，胸腔、腹腔及心包腔积液，肝脏变小。

4. 诊断

根据发病经过、临诊症状、病变情况、饲料调查，尤其是饲料营养成分的分析结果可以做出初步诊断。另外，尝试性调整饲料配方，增加蛋白质饲料如豆粕、豌豆等，以及增加必需氨基酸尤其是蛋氨酸和赖氨酸的添加量，看鸽群病情是否有好转，有助于诊断。

5. 防治措施

预防工作主要是根据鸽的不同生理、生长阶段，配足所需的蛋白质和必需氨基酸，注意各种营养物质的平衡和制约关系，满足鸽群的营养需要。推广全价配合饲料是预防本病最有效措施，同时注意原料及配合饲料的运输、贮存工作，避免霉变。

及时增加饲料中蛋白质成分（如豆饼、豆粕等），补充蛋氨酸和赖氨酸，这对初期缺乏的病鸽有良好的效果。如果蛋白质缺乏时间过长，病情严重，则补给的效果不理想。

二、鸽水缺乏症

在鸽体中水所占的比重最大，雏鸽体内与鸽蛋中水含量约占70%，成年鸽体中水含量也在50%左右。水在鸽体内的新陈代谢中起着极其重要的作用，水缺乏会导致全身性代谢障碍，使消化、循环、呼吸、排泄的正常生理功能受到严重影响，而排泄功能障碍又引起体内有害物质的积聚而导致自身中毒。鸽体中如丧失超过10%的水分，便会出现死亡。在实际生产中，暂时性的轻度缺水时常发生，对生产影响不明显，但若不予以注意，可能会导致严重缺乏而影响生产性能，甚至造成鸽死亡。

1. 病因

发生水缺乏症的原因很多，如炎热天气中水被喝光后未及时添加，鸽子的饮水量（尤其在夏天）很大，在气温 28℃以上时，一只成年鸽 24 小时的饮水量为 150 ～ 250 毫升。放水量太少，水管、水杯放置不当或漏水，冬天水结冰（尤其是北方简陋、开放式鸽舍），使鸽群喝不到水。配合饲料时食盐含量过高，饮水供应又不足，出现食盐中毒，同样引起水缺乏症。在大群围网放养的鸽群中进行配对、防疫接种等强烈应激性抓捕工作时，使鸽受惊吓而不敢喝水；远途运输前和途中供水不足；患有失水过多的疾病（如热射病、鸽副伤寒等），使水排泄过多、摄入过少等，均可导致水缺乏症。

2. 临诊症状

轻度或初期的缺水，鸽表现兴奋、不安、奔跑及不断鸣叫。严重时精神沉郁，缩头、垂翅，眼球深陷，皮肤干燥，神智昏迷，阵发性痉挛，最后衰竭而死。

3. 病理变化

肉眼可见主要病变为口黏膜、眼结膜呈蓝紫色，皮肤干燥，且难以剥离（图 5-3）。肌肉暗红，血液浓稠、色暗红。嗉囊空虚或干燥，肝脏缩小，肾脏中有多量的白色尿酸盐沉积。

4. 诊断

根据发病经过、临诊症状、剖检病变和检查供水情况，可做出诊断。

图 5-3　鸽缺水表现为皮肤干燥，且难以剥离

5. 防治措施

加强饲养管理，平时应注意做好供水工作，保证鸽有充足的水量，水质要求干净卫生、无污染；饮水器布置合理，并且充足，消除导致缺水的各种因素；配合饲料时盐添加量应准确，并且搅拌均匀。

在炎热的季节，运送鸽子应尽量安排在早晚凉爽时，适时让鸽饮水，避免长时间受太阳直射和缺水。在冬天，做好保温防冻工作，注意巡视检查，一旦发现水管、水杯中的水结冰，应及时融化，或临时添加水，避免鸽长时间缺水。

三、鸽维生素 A 缺乏症

维生素 A 的生理作用，主要是保证鸽子正常生长发育，最适的视觉以及皮肤、消化道、呼吸道、生殖道黏膜的完整性。维生素 A 可促进上皮细胞合成黏多糖和组织氧化还原过程，维持细胞膜和细胞器膜结构的完整性及通透性。

维生素 A 主要存在于动物细胞中，特别是在肝细胞中含量最丰富。植物中维生素 A 的含量极少，主要是含维生素 A 原（又称胡萝卜素，是维生素 A 的前身），其中豆科绿叶、绿色蔬菜、南瓜、胡萝卜及黄玉米中维生素 A 原含量最为丰富。

维生素 A 是一种脂溶性的物质，不稳定，很容易被氧化而失效。鸽如缺乏维生素 A，不仅其胚胎和乳鸽的生长发育不良，而且还会引起眼球的变化而导致视觉障碍，此外还会损害消化道、呼吸道和泌尿生殖道，使鸽抵抗力下降而易生病。

鸽维生素 A 缺乏症在临诊上表现生长停滞、干眼病和夜盲症。病变以黏膜、皮肤上皮细胞变性、角化为主要特征。剖检可见口腔和食道黏膜上有白色点状的角化上皮。

1. 病因

（1）主要由于日粮中维生素A或胡萝卜素含量不足：鸽体内没有合成维生素A的能力，体内所有维生素A都来源于维生素A原，各种青饲料如胡萝卜、黄玉米、豆科绿叶、绿色蔬菜、南瓜、青干草等都含有丰富的维生素A原。

（2）饲料中维生素A被破坏：饲料在加工、贮藏、运输及使用过程中，维生素A遭受高温、潮湿等影响而出现不同程度的氧化分解、酸败变质，导致维生素A缺乏。

（3）日粮中蛋白质和脂肪不足：鸽机体处于蛋白质缺乏状态下，不能合成足够的视黄醛结合蛋白质去运送维生素A；脂肪不足会影响到维生素A类物质在肠道中的溶解和吸收。因此，当蛋白质和脂肪不足时，即使在维生素A足够的情况下，也可发生功能性的维生素A缺乏症。

（4）需要量增加：美国科学院全面研究理事会（NRC）肉鸽配合饲料中维生素A的含量标准为5 000国际单位/千克，成年鸽一般每天维生素A的需要量为1 200国际单位/只，乳鸽和初产蛋的母鸽对维生素A的需要量应更多些。

（5）维生素A吸收与利用率下降：某些疾病（如细菌性传染病、病毒性传染病和寄生虫病等）使鸽体对维生素A的需要量增加，或者发生腹泻、胃肠吸收障碍，使维生素A流失过多；肝病使其不能利用及储藏维生素A，维生素A原转变成维生素A的过程受阻，皆可引起维生素A的缺乏。

（6）其他因素：饲养条件不良、鸽舍阴暗潮湿或缺乏阳光、鸽群运动不足、饲料中矿物质不足等，也是促使鸽发生维生素A缺乏症的重要原因。

2. 临诊症状

本病在我国南方较北方易发，乳鸽和初产蛋的母鸽易发，1周龄内乳鸽发病与母鸽缺乏维生素A有关。1周龄内的乳鸽缺乏维生素 A 时，软骨内造骨过程被抑制，骨骼的发育障碍，因而病鸽生长发育停滞，精神委顿，食欲减退，消瘦，羽毛松乱，无光泽，运动无力，两脚瘫痪，眼流泪，上下眼睑粘连（图 5–4），有时眼发干，形成干眼圈，角膜混浊不透明，严重的角膜软化或穿孔，眼球凹陷，双目失明（图 5–5）。有些病鸽受到外界刺激即可引起阵发性神经症状，头颈扭转，做圆圈运动，或扭头并后退和惊叫，此症状发作的间隙期尚能吃食。乳鸽死亡率较高，严重时可达 100%。

图 5–4　眼内有干酪样物质，将眼粘连在一起（刘敏提供）

图 5–5　维生素 A 缺乏严重时引起失明（刘敏提供）

轻度维生素 A 缺乏一般不表现临诊症状，长期维生素 A 不足，可出现维生素 A 缺乏症状。成年鸽发病呈慢性经过，主要表现为食欲不佳，羽毛松乱，消瘦，爪、喙色淡，冠发白，趾爪蜷缩，两脚无力，步态不稳，往往用尾支地；产蛋率和孵化率降低，公鸽性功能降低，精液品质退化。有些病鸽也可出现从眼睑和鼻孔流出透明或混浊的黏稠性渗出物。

3. 病理变化

本病的病变主要为眼、口、咽、消化道、呼吸道和泌尿生殖器官等上皮角化，肾及睾丸上皮的退行性变化，有的中枢神经系统也见退行性变化。

患病鸽可见眼结膜囊内有大量干酪样渗出物，眼球萎缩、凹陷，严重病例角膜会出现穿孔。口腔和食道黏膜发炎，有白色小结节或覆盖一层白色的豆腐样的薄膜，剥离后黏膜完整且无出血溃疡现象。呼吸道黏膜被一层鳞状角化上皮代替，鼻腔内充满水样分泌物，液体流入副鼻窦后，导致一侧或两侧颜面肿胀，泪管阻塞或眼球受压，视神经损伤。腺胃黏膜变厚、角质化，这些病变使黏膜功能丧失，从而引起细菌和病毒的继发感染。肾呈灰白色并有纤细白线状的网，肾小管和输尿管内蓄积大量尿酸盐（图 5-6）。此外，在心脏、心包、肝脏和脾脏表面也可见尿酸盐的沉积。这是由于缺乏维生素 A 引起肾脏功能障碍，导致尿酸盐不能正常排泄所致。病鸽的胸腺、法氏囊及脾脏等免疫器官发生萎缩，免疫功能明显下降。

图 5-6　维生素 A 缺乏引起肾脏中尿酸盐沉积

4. 诊断

根据发病情况、临诊症状、病理变化和饲料分析可做出初步诊断。测定血清和肝的维生素 A 含量有助于确诊，如血清中维生素 A 含量低于 0.34 μmol/L 或肝组织中维生素 A 含量低于 7 IU/ 克，就可以确诊为维生素 A 缺乏。另外，测定血液中尿酸含量明显增高，以及用维生素 A 试验性治疗疗效显著，皆可作为有力的诊断方法。

本病与以下病有相似的临诊症状或病理变化，须注意鉴别诊断。

（1）与黏膜型鸽痘的鉴别诊断：黏膜型鸽痘多发于冬季，表现呼吸困难，消瘦，在上呼吸道、口腔和食管部黏膜出现假膜，一般不会波及嗉囊、腺胃，假膜不易剥落，恶臭，撕去假膜则露出出血的溃疡面。另外，一般体表也会出现痘痂。

（2）与念珠菌病的鉴别诊断：念珠菌病一年四季均可发生，常发于 2 ～ 4 月龄童鸽，常伴有呕吐，呕吐物呈豆腐渣状。剖检可见消化道黏膜覆盖有鳞片状的干酪样物，假膜容易剥离，且剥离后不留痕迹。

（3）与痛风病的鉴别诊断：痛风往往是由于饲料中蛋白质含量过高造成的，病变主要在内脏，眼病变很少。剖检可见内脏组织器官如心脏、心包、肝脏和脾脏表面可见尿酸盐的沉积，肾脏尿酸盐沉积最严重。

5. 防治措施

维生素 A 在体内不能合成，必须从饲料中摄取，因此要根据鸽不同生长阶段的营养特点，调节维生素、蛋白质和能量水平，保证其生理和生产需要。为预防乳鸽的先天性维生素 A 缺乏症，要求带仔亲鸽的饲料中必须含有足够的维生素 A。

维生素 A 是一种脂溶性物质，很不稳定，在空气中容易被氧化而失效。植物中维生素 A 的含量极少，主要是含维生素 A 原，其在胡萝卜及黄玉米中含量最丰富，随着饲料的贮存时间过长也易被破坏，故应注意饲料的加工、运输、贮存工作，防止发生酸败、发酵、产热和氧化等，减少维生素 A 的破坏。

治疗首先要消除致病因素，在日粮中补充富含维生素 A 或维生素 A 原的饲料，如鱼肝油及胡萝卜等。乳鸽可肌内注射或口服 1 ～ 2 毫升鱼肝油（每毫升含 5 万单位维生素 A）。需大群治疗时，可在每千克饲料中补充 1 万单位维生素 A。在短期内给予大剂量的维生素 A，对急性病例疗效迅速而安全，但慢性病例不可能完全康复。由于维生素 A 不易从机体内迅速排出，应注意防止长期过量使用而引起中毒。

四、鸽维生素 B_1 缺乏症

维生素 B_1 又称硫胺素。维生素 B_1 是碳水化合物代谢所必需的物质，以辅酶的形式参与糖代谢，可以抑制胆碱酯酶的活性，保证胆碱能神经的正常传递。

维生素 B_1 缺乏症以碳水化合物代谢障碍及神经系统的病变为主要临诊特征，表现典型的“观星症”。

1. 病因

维生素 B_1 属于水溶性 B 族维生素。水溶性维生素很少或几乎不在体内贮备，主要从饲料中摄取。大多数常用饲料中维生素 B_1 均很丰富，一般无须补充维生素 B_1，之所以出现维生素 B_1 缺乏症，主要是由于饲粮中维生素 B_1 遭受破坏所致。

2. 临诊症状

幼鸽对维生素 B_1 缺乏十分敏感，饲喂缺乏维生素 B_1 的饲料后约 10 天即可出现多发性神经炎症状。病鸽会突然发病，引起食欲不振，羽毛松乱无光泽，生长缓慢，活动减少，不爱鸣叫，嗜睡，腿软无力，步伐不稳，自坐其腿上，头向背后极度弯曲呈角弓反张状，呈现“观星”姿势（图 5–7）。由于脚麻痹不能站立和行走，病鸽以跗关节和尾部着地，坐在地面或倒地侧卧不起，体温可降低至 36℃以下，严重的因衰竭而死亡。

图 5–7　维生素 B_1 缺乏症引起的“观星”症状

成年鸽饲喂维生素 B_1 缺乏

的日粮，多在3周后才出现临诊症状，与幼鸽的症状相似。病初食欲减退，羽毛蓬乱，生长缓慢，体重下降，两腿无力，步伐不稳，肌肉麻痹，开始时发生于趾部，然后向腿部、翅膀和颈部发展的上行性麻痹。病鸽会突然发生全身抽搐，呈“观星”状，这种症状呈阵发性发作，病情一次比一次严重，后期出现强直性痉挛。有些病鸽出现贫血和拉稀，呼吸频率呈进行性减少，体温下降。一般经12周后因衰竭而死亡。

3. 病理变化

维生素B_1缺乏致死鸽的皮肤呈广泛水肿，其水肿的程度取决于肾上腺的肥大程度。肾上腺肥大，生殖器官萎缩，睾丸比卵巢的萎缩更明显。心脏轻度萎缩，胃和肠壁萎缩。

4. 诊断

根据发病日龄、饲料中维生素B_1缺乏、临诊上多发性外周神经炎的特征症状和病理变化可做出诊断。

在生产中，应用诊断性的治疗，即给予足够量的维生素B_1后，可见到明显的疗效，也可作为诊断方法。

根据维生素B_1（硫胺素）的氧化产物具有蓝色荧光，且荧光强度与维生素B_1含量成正比。因此，可用荧光法定量测定原理，测定病鸽的血、粪便、组织以及饲料中维生素B_1的含量，以达到确切诊断和对本病监测预报的目的。

5. 防治措施

由于谷类饲料中含有丰富的维生素B_1，所以，只要避免使用过于陈旧的原粮，防止饲料过于单一，合理加工，注意保管，避免霉变，一般不会发生维生素B_1缺乏症。

当出现维生素B_1缺乏症时，给鸽群补充维生素B_1，病情严重的鸽子应当采取肌内或皮下注射，每次10毫克，每天或隔天1次。病情轻的可以在饲料或饮水中添加维生素 B_1，不过添加维生素 B_1 的饲料或饮水放置的时间不宜过长，因为维生素 B_1 长时间暴露在空气中会受到破坏，并且不可与带碱性的物质混合。

五、鸽维生素 B_2 缺乏症

维生素 B_2 是由核醇与二甲基异咯嗪结合构成的，呈橘黄色，故又称核黄素。它是体内细胞色素还原酶、黄质氧化酶、心肌黄酶、组氨酶等 12 种酶系统的重要成分，这些酶对体内细胞的氧化还原过程都有非常重要的作用。成年鸽每天需要量约 1.2 毫克 / 只。缺乏维生素 B_2 会影响上述各类酶的合成及其相应物质的代谢，最终导致维生素 B_2 缺乏症的发生，出现以幼鸽的趾爪向内蜷曲，两腿发生瘫痪为主要特征的营养缺乏病。

1. 病因

（1）饲料补充核黄素不足，如常用的禾谷类饲料中维生素 B_2 特别贫乏 (每千克不足 2 毫克)，又易被紫外线、碱及重金属破坏。

（2）饲喂高脂肪、低蛋白饲料时维生素 B_2 需要量增加；带仔鸽比平时的需要量提高 1 倍；低温时供给量应增加；患有胃肠病时影响维生素 B_2 的转化和吸收。

（3）药物的颉颃作用，如抗球虫药氨丙啉等会影响维生素 B_2 的利用。

2. 临诊症状

维生素 B_2 缺乏主要影响上皮组织和神经，最为明显的外部症状是卷爪麻痹症状（图 5–8）。

维生素 B_2 缺乏时，幼鸽皮肤干燥、粗糙，生长缓慢，消瘦，腹泻，不愿走运，甚至头、尾、翅低垂，脚趾向内弯曲蜷缩，肌肉松弛，

图 5-8　维生素 B_2 缺乏表现卷爪，脚麻痹而无力

严重时萎缩，瘫伏于地上或网上。被催赶走路时以关节着地，两翅展开，像杂技演员走钢丝一样。成年鸽的产蛋量下降，所产的鸽蛋蛋白稀薄，孵化率降低，常孵至第二周末发生死亡，死胚呈现皮肤结节状绒毛、颈部弯曲、躯体短小、关节变形、水肿、贫血和肾胀变性等病理变化；有时也能孵出雏，但多数带有先天性麻痹症状，体小、浮肿。

3. 病理变化

病死雏鸽肠壁薄，肠内充满泡沫状内容物。病死成年鸽的坐骨神经和臂神经等较大的外周神经显著肿大和松软，尤其是坐骨神经的变化更为显著，其直径比正常大 3 ~ 5 倍。

4. 诊断

通过对发病经过、日粮的分析、足趾向内蜷缩、两腿瘫痪等特征性症状，以及病理变化等情况的综合分析，即可做出诊断。

5. 防治措施

在配合饲料时应供给充足的维生素 B_2，豆类植物中维生素 B_2 含量较多，谷类中含量较少，配制时应予以注意，添加适量酵母、脱脂乳、苜蓿草粉等，可预防本病的发生。对雏鸽喂标准配合日粮或在每吨饲料中添加 2 ~ 3 克维生素 B_2 即可预防本病发生。

本病初期，全群可在每千克饲料中加入维生素 B_2 20 毫克饲喂，治疗 1 ~ 2 周；个体治疗，对已患病的鸽，其饲料中每千克加入 4 毫克维生素 B_2，连喂 7 ~ 15 天，可收到较好的效果。对足爪已经蜷缩、坐骨神经损伤的病鸽，使用维生素 B_2 治疗也基本无效。

六、鸽烟酸缺乏症

烟酸又称为尼克酸、维生素 PP、抗癞皮病维生素。其性质稳定，可溶于水，在自然界分布广泛，青绿植物、米糠、麸皮、稻谷、小麦、大麦、油类作物籽实的麸饼类等均含有一定量的烟酸。

烟酸在鸽体内可转化为烟酸胺，与机体内的脂肪、蛋白质及糖的代谢有密切关系，是动物体内营养代谢必需物质。若出现烟酸缺乏或长期不足的情况，可引起烟酸缺乏症，患病鸽以口炎、下痢、跗关节肿大等为主要特征症状。

1. 病因

（1）饲料中烟酸的含量不足：谷物类原料中烟酸含量较低。以玉米为主的日粮中缺乏色氨酸；或者日粮中缺乏维生素 B_2 和维生素 B_6 均可能引起烟酸缺乏症。

玉米含烟酸量很低，并且所含的烟酸大部分是结合形式，未经分解释放而不能被机体所利用；玉米中的蛋白质又缺乏色氨酸，不能满足体内合成烟酸的需要。在体内色氨酸的合成需要由维生素 B_2 和维生素 B_6 的参与，一旦维生素 B_2 和维生素 B_6 缺乏也会间接影响烟酸的合成。

（2）烟酸的合成减少：鸽肠道合成烟酸能力低，如果在生产上长期使用抗生素，会使鸽胃肠道内微生物受到抑制，微生物合成烟酸的量更少。

（3）对烟酸的需要量增多：带仔鸽期间，或由于鸽群患有热性病、寄生虫病、腹泻症，或消化道、肝和胰脏等功能障碍等，均可能导致烟酸缺乏症。

2. 临诊症状

缺乏烟酸的幼鸽，可能导致神经的兴奋性升高，易受惊吓。可能有口腔黏膜发炎，羽毛生长不良，体重显著下降及下痢等症状。但主要是跗关节肿大，脚骨短粗呈弓形弯曲，极少出现跟腱滑落，以此可与锰及胆碱缺乏症相区别。成年鸽症状不明显，仅表现脱毛，有时能看到足和皮肤有鳞片皮炎。

3. 病理变化

主要的剖检变化是跗关节肿大，脚骨短粗和弯曲变形。此外，可能见到口腔、食道黏膜表面有炎性渗出物，十二指肠、胰腺出现溃疡性病变。

4. 诊断

根据发病经过、日粮分析、临诊特征性症状和病理变化综合分析后可做出诊断。

5. 防治措施

避免饲料原料单一，注意日粮中玉米比例，尽可能使用富含 B 族维生素的酵母、麦麸等配合饲料，并注意添加胆碱或蛋氨酸。

针对发病原因采取相应的措施，对确认烟酸缺乏的患病鸽逐只口服烟酸 30 ~ 40 毫克 / 只，几天后便可使患病鸽康复。但对病重的鸽，治疗效果较差。

七、鸽维生素 B_6 缺乏症

维生素 B_6 又名吡哆素。包括吡哆醇、吡哆醛、吡哆胺 3 种化合物。为无臭、味酸苦的白色至微黄色结晶性粉末，性质稳定。动物、植物、发酵饲料、种子被皮、豆类籽实、谷物、蔬菜都含量丰富。

在植物中主要以吡哆醇形式存在，即一般所用的维生素 B_6；在动物饲料中以吡哆醛和吡哆胺形式存在。由于维生素 B_6 对体内的蛋白质代谢有着重要的影响，故患维生素 B_6 缺乏症会表现食欲下降、生长不良、骨短粗病和神经症状。

1. 病因

维生素 B_6 来源较广，一般不会发生缺乏症。饲料在碱性或中性溶液中，以及受阳光、紫外线照射均能使维生素 B_6 破坏，进而引起维生素 B_6 缺乏。

2. 临诊症状

患病幼鸽精神不振，食欲下降，生长缓慢，可能出现异常兴奋、鸣叫、奔跑、痉挛等神经症状。病鸽双脚神经性颤动，多以强烈痉挛、抽搐而死亡（图 5-9）。有些幼鸽发生惊厥时，无目的地乱跑，翅膀扑击，倒向一侧或完全翻仰在地上，头和腿急剧摆动，这种较强烈的活动和挣扎导致病鸽衰竭而死。

图 5-9 患病幼鸽表现双脚神经性颤动，最后抽搐而亡

成年病鸽精神沉郁，食欲减退甚至废绝，体重明显下降，产蛋量和孵化率明显下降，逐渐衰竭死亡。

3. 病理变化

死鸽皮下水肿，内脏器官肿大，脊髓和外周神经变性，有些呈现肝变性。

4. 诊断

本病没有明显的特征性病变，可根据发病鸽的病史和病鸽临诊症状做出诊断。

5. 防治措施

加强饲养管理，在配合饲料时避免维生素 B_6 被破坏，可预防本病的发生。

在病情较轻时，给每只病鸽饲喂或混料维生素 B_6 0.1 毫克，效果较好，若同时补给维生素 B_1 和维生素 B_2 及烟酸，则有助于提高疗效。对病情严重的鸽，治疗效果不大。

八、鸽叶酸缺乏症

叶酸也称维生素 B_{11}。因其普遍存在于植物绿叶中而得名。叶酸对机体蛋白质及核酸的合成、新细胞的生长都有重要的作用。鸽叶酸缺乏症是以生长不良，贫血，羽毛色素缺乏，有的发生伸颈麻痹等特征症状的营养代谢疾病。

1. 病因

当饲料中叶酸供给量不足，又无青绿植物补充时，有可能引起叶酸缺乏症。如鸽群长期服用抗生素或磺胺类药物抑制了肠道微生物时，或者患有球虫病、消化吸收障碍病等均可能引起叶酸缺乏症。

2. 临诊症状

幼鸽表现为生长缓慢，长羽不良及羽色减退，贫血，消化不良，下痢，跗关节肿大和长骨短粗，这些症状与烟酸缺乏症类似。另外，表现特征性的伸颈麻痹（图 5–10），若不立即投给叶酸，在症状出现后 2 天内便死亡。

成年鸽表现贫血，产蛋量下降，蛋的孵化率也降低。

图 5-10 叶酸缺乏会表现伸颈麻痹

3. 病理变化

病死鸽主要的肉眼病变可见胃肠黏膜有出血点，肝、脾、肾苍白，肌胃可能增大，充满液体，有出血及水肿。种鸽缺乏叶酸所产种蛋，胚胎往往在孵化后期死亡，胚体出现上腭缺损，嘴变形，胫跗骨弯曲、并趾、出血，肢体变短等。

4. 诊断

根据发病经过、日粮分析、临诊特征性症状和病理变化进行综合分析后可做出诊断。

5. 防治措施

饲料原料尽量多样化，避免单一用玉米作饲料。在饲料里应搭配一定量的豆饼、啤酒酵母或亚麻仁饼，以保证叶酸的供给，预防效果较好。

病鸽个别治疗，可肌内注射叶酸制剂 50 ~ 100 微克 / 只，往往在 1 周内血红蛋白值和生长率恢复正常。群体治疗，在每 100 千克饲料中加入 500 毫克叶酸，拌料投服。若配合应用维生素 B_{12}、维生素 C 进行治疗，可收到很好的疗效。

九、鸽维生素 B_{12} 缺乏症

维生素 B_{12} 因含有钴元素，故又称钴维生素。在自然状态下有

氰胺素、羟钴胺素、甲钴胺素及 5′ – 脱氧腺苷钴胺素等多种存在形式，其中氰胺素是常见的维生素 B_{12} 形式，性质稳定，效力好。维生素 B_{12} 主要存在于动物性饲料，如鱼粉、肝脏、乳，发酵饲料和藻类中。维生素 B_{12} 是机体代谢的必需营养物质，鸽的需要量每天约为 0.24 微克 / 只，若长期缺乏则引起营养代谢紊乱、贫血等。

1. 病因

饲料中长期缺钴；长期服用磺胺类药物，影响肠道微生物合成维生素 B_{12}；笼养鸽不能从饲料中获得维生素 B_{12}；带仔种鸽对维生素 B_{12} 需要量增大，未能及时增添。

2. 临诊症状

病鸽食欲不振，发育缓慢，长羽不良、缺乏光泽，贫血。成年鸽产蛋量下降，蛋重减轻，种蛋孵化率低，孵至后期胚胎常出现死亡。

3. 病理变化

外观病死鸽的黏膜和结膜苍白，剖检可见肌胃糜烂。可能出现脂肪心、脂肪肝、脂肪肾和滑腱等变化。死亡的胚胎体型矮小，腿肌萎缩，有广泛的出血和水肿，有出血点，骨短粗，脂肪肝。

4. 诊断

根据发病经过、日粮分析、临诊特征性症状和病理变化进行综合分析后做出诊断。

5. 防治措施

在种鸽饲料中每吨加入 4 毫克维生素 B_{12}，可使种蛋孵化率提高，并使孵出的乳鸽体内贮备足够的维生素 B_{12}，预防幼鸽出现维生素 B_{12} 缺乏症。另外，注意在正常饲料中添加氯化钴制剂或酵母等富含钴的原料，可防止维生素 B_{12} 缺乏。

患病鸽肌内注射维生素 B_{12} 2 ～ 4 微克 / 只，或按 4 微克 / 千克饲料的治疗剂量添加，有一定的治疗效果。

十、鸽维生素 C 缺乏症

维生素 C 又称抗坏血酸。维生素 C 广泛存在于绿叶蔬菜、水果和苜蓿等青饲料中，现已能人工合成。维生素 C 是强还原剂，体内所产生的氧化物、过氧化物的毒性可被维生素 C 所缓解，能促进胃黏膜的再生和溃疡的愈合，具有防治坏血病和解毒作用。鸽每天的维生素 C 需要量是 0.7 毫克 / 只。鸽子自身可合成维生素 C，在临诊上较少发生维生素 C 缺乏症。

1. 病因

维生素 C 在碱性溶液中易氧化分解，饲料在磨碎、干燥、久贮及热加工过程中均容易使维生素 C 被破坏。另外，长期或严重的应激以及某些热性疾病可增加维生素 C 的消耗，可能导致维生素 C 不足或缺乏。

2. 临诊症状

幼鸽维生素 C 缺乏，可出现精神、食欲不振，倦怠，进行性消瘦，贫血，关节炎，严重时口腔出现溃疡或坏死灶。

3. 病理变化

剖检可见皮下、肌肉、关节、内脏器官及黏膜不同程度的出血，口腔炎，脂肪心、脂肪肝及脂肪肾等病理变化。

4. 诊断

根据季节、发病经过、临诊特征性症状和病理变化进行综合分析后可做出诊断。

5. 防治措施

注意在饲料中增加富含维生素 C 的青绿饲料、绿叶蔬菜或三叶草等，加上鸽可以在嗉囊内合成部分维生素 C，一般不会发病。但维生素 C 有较好的抗热性，可提高产蛋量，增加蛋壳强度，增加公鸽精液生成，增强抵抗感染能力，因此在鸽饲料中仍应补充维生素 C，尤其在夏季、转群运输、免疫接种和发病时更应补充。

个体治疗可注射维生素 C 制剂，若鸽有口腔炎，配合给予碘甘油涂抹。对群体治疗，可在饮水中添加维生素 C 及葡萄糖，也可在饲料中添加维生素 C 和酵母。另外，在实践中，即使没有明显的维生素 C 缺乏症，对某些溶血性疾病、消化道疾病和创伤愈合等，配合维生素 C 治疗也会取得较好效果。

十一、钙磷 - 维生素 D 缺乏症

钙、磷和维生素 D 的作用相似并且相互促进，为此特将这两部分内容合并起来介绍。

钙是鸽体内需要量最多的一种矿物质元素之一，钙不仅是骨骼、蛋壳的主要成分，而且在维持神经、肌肉、心脏的正常生理功能和调节酸碱平衡、促进血液凝固等方面均起重要作用。维生素 D 是 10 多种具有维生素 D 活性的化合物的总称，主要作用是参与机体的钙、磷代谢，促进钙、磷在肠道的吸收以及在骨骼中的沉积，同时还能增强全身的代谢过程，促进生长发育，是参与组成骨骼、喙、爪和蛋壳的必需物质，是维持鸽体正常钙、磷代谢所必需的物质。

钙在贝壳粉、石粉、骨粉、蛋壳粉等矿物质中含量丰富，而在

一般谷物、糠麸中含量很少。鸽对植物磷的利用率很低，禾谷类籽实饲料中的磷 30% ~ 70% 为植物盐的形式，植物盐必须经过水解才能利用。维生素 D 来源主要有两个：一是晒干的青绿植物，其中的麦角固醇（又称维生素 D_2 原）经紫外线照射后转化成维生素 D_2；二是鲜肝、肝粉、鱼肝油等，其中的维生素 D 是由皮肤中的 7- 脱氢胆固醇（又称维生素 D_3 原）经紫外线照射而形成的，形成后大多贮存在肝脏。维生素 D_3 效能比维生素 D_2 大 50 ~ 100 倍。在配合日粮时，要注意添加磷酸氢钙、磷酸二氢钙等。

维生素 D 和钙磷缺乏或钙磷比例失调，会引起食欲和饲料利用率降低，异嗜癖，生长速度、产蛋量、蛋壳强度和孵化率下降，骨营养不良，严重的会造成佝偻病。

1. 病因

当日粮中钙磷供应不足、钙磷比例失调，或维生素 D 制剂添加量不足，鸽群缺乏阳光或紫外线的照射，消化吸收功能障碍以及患有肝或肾疾病等均可造成骨营养不良。

2. 临诊症状

乳鸽易发生骨营养不良，最早的在 10 日龄左右出现症状，大多在 1 月龄前后临诊症状明显。病乳鸽表现生长停滞，体质虚弱，骨骼发育不良，两腿无力，行走不稳或不能站立（图 5-11）。腿骨变软、变脆，易骨折；喙和趾变软，易弯曲；肋骨也变软，椎肋与胸肋交接处发生肿大，触之有小球状结节。

成年鸽出现骨营养不良主要表现为产蛋减少，甚至停产；蛋壳不坚，硬度下降，造成破蛋率高；严重时薄壳蛋（图 5-12）、软壳蛋、异形蛋明显增多（图 5-13）。随后产蛋量明显减少，种蛋孵化率降低。少数鸽在产蛋后，往往腿软不能站立，表现出像“企鹅样蹲着”的特别姿势（图 5-14），蹲伏数小时后才恢复正常。严重的病鸽也有胸骨、肋骨、腿、趾变软和行走困难的现象。

图 5-11　维生素 D 缺乏症表现肌无力，无法站立

图 5-12　维生素 D 缺乏引起蛋壳变薄，破蛋增加

图 5-13　维生素 D 缺乏引起软皮蛋、异形蛋增加

图 5-14　维生素 D 缺乏引起“企鹅样蹲着”姿势

3. 病理变化

剖检乳鸽可见脊椎与肋骨交接处形成“珠球状”结节，肋骨向后弯曲；长骨的骨端钙化不良、质脆，严重时胫骨也变软、易弯曲。成年鸽的喙、胸骨变软，龙骨弯曲（图 5-15、图 5-16），骨质变脆且容易折断；肋骨与胸骨、椎骨结合处内陷，肋骨内侧表面有小球状的突起。

图 5-15　维生素 D 缺乏引起胸部龙骨弯曲

图 5-16　维生素 D 缺乏引起龙骨变形

4. 诊断

根据发病经过、临诊症状和剖检病变，结合饲料分析，可做出诊断。若要达到早期诊断，或监测预防的目标，尚需配合血清碱性磷酸酶、钙、磷和血液中维生素 D 活性物质的测定，以及骨骼 X 光照片等综合指标进行判断。

5. 防治措施

本病以预防为主，首先要保证日粮中钙、磷和维生素 D 的供给量，其次要调整日粮中钙、磷搭配的比例，适当的钙、磷比例非常重要。青年鸽日粮中钙和有效磷的比例以 2∶1 为宜，种鸽日粮中钙和有效磷的比例以 3∶1 为佳。另外，加强饲养管理，尽可能让鸽子多晒太阳，每天可晒太阳 15 ～ 50 分钟；也可在鸽舍中定期开紫外线灯照射（紫外线灯距离鸽笼 1 ～ 1.5 米，每次照射时间 5 ～ 15 分钟，每天开 3 ～ 4 次），可以有效预防钙磷－维生素 D 缺乏症的发生。

当发生钙磷－维生素 D 缺乏症时，除在日粮中增加骨粉和维生素 D_3 制剂外，同时在每千克饲料中添加多种维生素 0.5 克，并可加喂鱼肝油 10 ～ 20 毫升 / 千克，一般持续 2 ～ 4 周，疗效较好。个体治疗时病鸽可滴服鱼肝油数滴，每天 3 次；或肌注维丁胶性钙注射液，每天 0.2 毫升，连用 7 天左右，但也不能操之过急，应根据钙、磷和维生素 D 缺乏的程度给予相应的量，避免盲目加大剂量，否则会对肾脏造成损害，甚至引起中毒。

十二、硒－维生素 E 缺乏症

硒和维生素 E 之间具有互相补偿和协同作用。维生素 E 缺乏症往往和硒缺乏症有着密切联系，为此特将这两部分内容合并起来介绍。

硒是体内某些酶、维生素以及某些组织成分必需的微量元素，可防止过氧化物对细胞的损害。

维生素 E 是几种生育酚的总称，存在于植物组织中，尤以麦胚油、豆油、棉籽油及花生、豆类的含量为多。维生素 E 在鸽营养中的作用是多方面的，不仅是正常生殖功能所必需，而且是一种最有效的天然抗氧化剂，对饲料中的很多重要成分如脂肪酸及其他高级不饱和脂肪酸、维生素 A、维生素 D_3、胡萝卜素及叶黄素等具有可靠的保护作用，能够预防脑软化症。由于机体在代谢过程中会产生过氧化物，破坏细胞的脂质膜，导致细胞发生变性和坏死，而维生素 E 能够抑制不饱和脂肪酸的过氧化过程，对细胞的脂质膜起保护作用。

维生素 E 和硒缺乏都能引起脑软化和肌肉组织营养不良，造成幼鸽表现脑软化症、渗出性素质和肌营养不良（又称白肌病）。

1. 病因

（1）供应量不足：一般蛋白质饲料均缺乏维生素 E，只有植物种子的胚乳中含有比较丰富的维生素 E，如果配合饲料时没有注意维生素 E 的供给，会出现供应不足现象。机体的硒缺乏，主要由于饲料中硒的含量不足或缺乏，而饲料中硒的含量不足又与土壤中可利用的硒的水平相关。

（2）维生素 E 被破坏：维生素 E 化学性质不稳定，在饲料中可受到矿物质和不饱和脂肪酸所氧化；与鱼肝油混合，由于鱼肝油的氧化，可使维生素 E 的活性丧失。饲料贮存过长或维生素 E 的颉颃物质（饲料酵母、四氯化碳、硫酰胺制剂等）刺激脂肪过氧化，均使饲料中维生素 E 损失。青饲料自然干燥时，维生素 E 损失量可达 90% 左右。在一般条件下，籽实原粮保存 6 个月后维生素 E 损失 30% ～ 50%。

（3）吸收障碍：当蛋白质严重缺乏、肝胆功能障碍、肠炎等，会影响机体对硒、维生素 E 的吸收。

2. 临诊症状

成年鸽发病一般不出现外观的症状，只是种蛋的孵化率有所下降，往往于孵化的第 6 天胚胎的死亡率最高。死亡蛋胚的中胚层肿大，胎盘内的血管受到压缩，出现血液瘀滞和出血；胚胎的眼睛晶体混浊和角膜出现斑点。公鸽则发生性欲不强，精液品质不良，睾丸变小和退化。

患病幼鸽精神委顿，食欲减少，体质下降，消瘦，趾和喙发白，两腿麻痹，软弱无力，站立不稳或不能站立，喜卧，最后倒卧一侧，皮肤发绀（图 5–17），血液凝固不良，有时呈现转圈运动，最后因衰竭而死亡。

图 5–17　维生素 E 缺乏导致皮肤发绀

3. 病理变化

腹围增大，腹部触摸时有波动感。腹腔有大量淡黄色清晰的渗出液体，肝脏表面覆盖着一层白色或淡黄色透明的胶样渗出物，与肝组

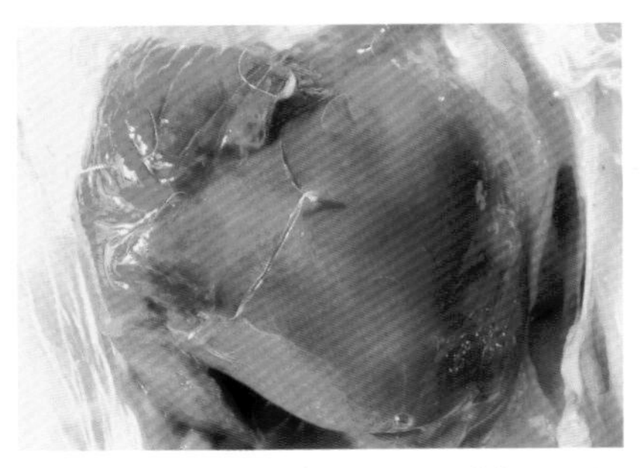

图 5–18　维生素 E 缺乏引起肝脏表面出现黄色胶样渗出物

织紧密粘贴，不易脱落（图 5–18），有的易分离（图 5–19）。病程较长的病例，肝脏肌化。全身皮下，尤其是胸腹部皮下和颈部皮下有淡黄色胶样渗出液。肌肉，尤其是胸部和腿部肌肉因营养不良而呈苍白色（图 5–20），有些病例有出血斑或黄白色条纹状坏死（图 5–21）。心包有大量淡黄色

图 5–19　维生素 E 缺乏症表现肝脏外裹透明样胶状物

图 5–20　维生素 E 缺乏引起胸肌营养不良而呈苍白色

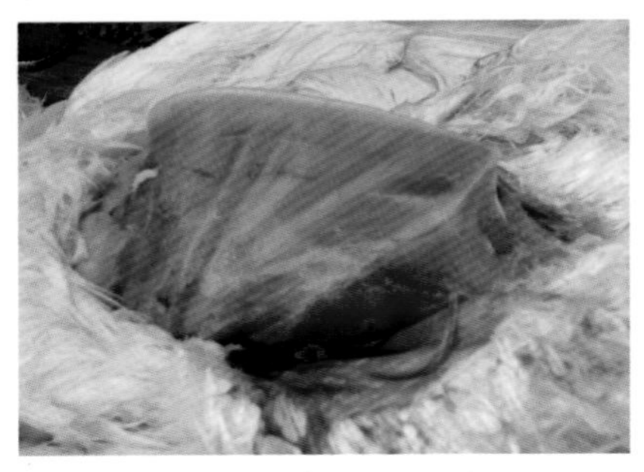

图 5–21　维生素 E 缺乏症出现白肌坏死和肌肉皮下出血

图 5–22　维生素 E 缺乏引起心肌有白色条纹及坏死

清晰液体，心肌特别松软，有些病例有白色条纹及坏死（图 5–22）。脑软化症的病变主要在小脑，小脑发生软化及肿胀，脑膜水肿，有时有出血斑点，小脑表面常有散在的出血点；严重病例可见小脑质软变形甚至不成形，切开时流出乳糜状液体。

4. 诊断

根据流行特点、临诊症状和特征性白肌病变等可做出初步诊断，必要时可对饲料中维生素 E 和硒进行含量测定，可辅助诊断。

5. 防治措施

预防本病关键是配好饲料，尤其是在缺硒地区，注意加入维生素 E 和含硒的微量元素添加剂，应保证每千克饲料中含有维生素 E 20 ~ 25 毫克和硒 0.14 ~ 0.15 毫克，对带仔鸽的饲料中维生素 E 和硒还应适当增加。

此外，应加强饲料的保管，饲料应存放在干燥、阴凉、通风的地方，存放时间不宜过久，不要受热，防止酸败。

出现脑软化、渗出性素质、肌肉组织营养不良的发病鸽群，应查找饲料及原料的来源，必要时更换原料。个体治疗分以下几种情况。

硒缺乏症的病例，每只鸽可立即用 0.005% 亚硒酸钠液皮下或肌内注射 1 毫升，注射数小时后可见症状减轻；还可按每千克饲料添加亚硒酸钠 0.5 毫克，连喂 3 天可见康复。

维生素 E 缺乏症的病例，每只鸽可口服 300 单位维生素 E，连喂 3 天可康复；也可按每千克饲料添加 50 ~ 100 毫克维生素 E（或 0.5% 植物油），连用 15 天，有良好效果。

既缺乏维生素 E 又缺乏硒的病例，可用亚硒酸钠加维生素 E 注射液同时进行治疗，按每千克饲料添加亚硒酸钠 0.5 毫克、蛋氨酸 2 ~ 3 克也可收到良好疗效。

十三、鸽痛风

痛风是一种由于蛋白质代谢发生障碍引起的高尿酸血症。本病多发生于青年鸽和成年鸽，雏鸽也能发生，特别常见于饲喂动物性蛋白质饲料较高的肉鸽群。本病的临诊表现为运动迟缓，腿、翅关节肿胀，厌食，衰弱和腹泻。其病理特征是血液尿酸水平增高，尿酸盐（主要是尿酸钠）在鸽关节囊、关节软骨、内脏、肾小管及输尿管中沉积。

1. 病因

痛风的发病原因有多种，其沉积的尿酸盐是由核蛋白产生的，其可能来自食物中的蛋白质，也可能是由自身组织所产生，故本病的病因既可能与饲料营养有关，也可能与肾脏功能障碍有关。其常见的有以下几个方面。

（1）营养性因素：是鸽痛风之主要病因。

① 饲料中的蛋白质（特别是核蛋白和嘌呤碱）含量过高：豆饼、鱼粉、骨肉粉、动物内脏等核蛋白和嘌呤碱较高，有人通过火鸡试验，当日粮中蛋白质含量占 38% 时，引起幼火鸡的痛风；而将蛋白质的含量降至 20% 时，则停止发病，病火鸡逐渐康复。

② 可溶性钙盐含量过高：贝壳粉及石粉的主要成分为可溶性钙盐，若日粮中贝壳粉或石粉过多，易形成钙盐性痛风。

③ 饲料中维生素 A 缺乏：若维生素 A 缺乏，因肾小管上皮细胞的完整性受到破坏，导致尿酸盐沉积而引起痛风。

④ 饮水不足：在炎热季节长途运输，若饮水不足，会造成机体脱水、尿酸盐沉积而诱发痛风。

（2）中毒因素：许多药物对肾脏有损害作用，可导致痛风。如磺胺类药物、氨基糖苷类抗生素等在体内通过肾脏排泄，对肾脏具有潜在性的毒性作用。霉菌毒素和植物毒素污染饲料也可引起中毒。

（3）其他因素：鸽舍过分拥挤、潮湿阴冷、鸽群缺乏适当的运动、日光照射不足以及其他疾病都是促进痛风发生的因素。

2. 临诊症状

依据尿酸盐在体内沉积部位的不同，痛风可以分为内脏痛风和关节痛风两种类型，有时可以同时发生。鸽群中常见的是内脏痛风。

本病多呈慢性经过，成年鸽发生痛风后，表现全身性营养障碍的症状，病鸽精神委顿，食欲减少，饮水增加，羽毛生长缓慢、松乱，贫血。有时可见腹泻，排出白色、半液状的稀粪，其中含有多量尿酸盐，肛门松弛，收缩无力。母鸽还表现产蛋减少，甚至停产。病鸽逐渐消瘦和衰弱，部分有神经症状，多因麻痹而衰竭死亡，其死亡率较高。有些病例还并发关节型痛风。

3. 病理变化

病死鸽剖检可见肝脏肿大，瘀血；心包、气囊上有石灰样的尿酸盐沉积，心包积液；肾脏肿大，色泽变淡，表面有尿酸盐沉积所形成的白色斑点（图 5-23）；输尿管扩张变粗，管腔中充满石灰样沉淀物。严重的在肝脏、心包、脾脏、肠系膜及腹膜等器官表面覆盖一层石灰样白色薄膜。

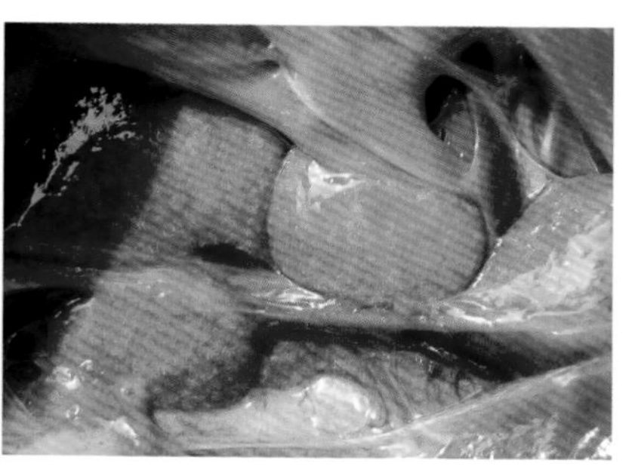

图 5-23　痛风引起肾脏中尿酸盐沉积

关节痛风病例剖检时可见关节表面和关节周围组织中有白色尿酸盐沉着，有些关节表面还发生糜烂。

4. 诊断

取气囊、关节等处的石灰样物触片，在显微镜下观察，可以看到大量针状的尿酸钠结晶；再结合病因、病史、临诊症状和特征性病理变化可做出诊断。必要时采集病鸽血液检测尿酸的含量，可进一步确诊。

5. 防治措施

本病必须以预防为主，加强饲养管理，控制饲料中蛋白质的含量在 15% ~ 18%，注意饲料中钙磷比例，供给充足的维生素 A，可防止或降低本病的发病率。另外，痛风的发生与肾脏功能障碍有密切关系，所以平时要注意防止影响肾脏功能的各种因素的存在，避免药物性中毒和霉菌毒素性中毒。

一旦发现本病，可适当降低饲料中的蛋白质含量，减少甚至停止饲喂动物性蛋白质饲料，减少喂料量，供给充足的饮水和新鲜青绿饲料，并可在饲料中补充丰富的维生素（特别是维生素 A）。也可试用鲜草药海金沙或车前草（1 千克煎汁后，用 15 千克清水稀释）供自由饮用，促使尿酸盐排出体外。

十四、鸽啄食癖

啄食癖是啄肛、啄羽、啄趾、啄蛋甚至啄皮肉等恶癖的统称。多是由于饲养或管理中存在不合理的因素而造成的，是鸽子放在一起饲养时较易发生的一种现象。由于相互啄食，往往造成创伤，甚至死亡。其中啄肛危害最大，常将肛门周围及泄殖腔啄得血肉模糊，甚至将后半段肠管啄出吞食；啄羽如果是偶尔发生，问题不大，严重时啄掉大量羽毛，特别是尾羽被啄光（图 5-24），露出皮肤，就会进一步引起啄皮肉和啄肛（图 5-25），同时吞食羽毛也会造成年鸽食道膨大和堵塞；啄趾一般多见于幼鸽，也会造成脚趾出血、跛行等现象。

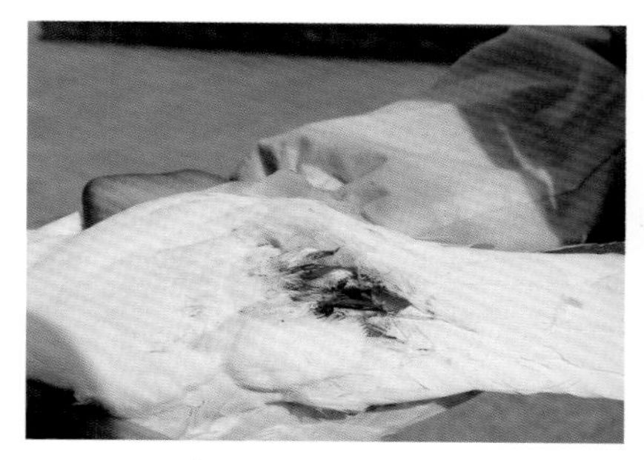

图 5-24　尾羽被啄

图 5-25　皮肤被啄破

1. 病因与症状

鸽群啄食癖发生的原因和机理至今尚不完全清楚。试验和生产实践证明，引起啄食癖的原因大致可包括以下几个方面。

（1）饲养管理不良：①鸽舍太简陋，产蛋后鸽不能很好地休息，再加上其他鸽的骚扰等原因，造成脱肛，其他鸽见到红色黏膜就会去啄，引起啄肛；②群体饲养密度过大，鸽舍内和运动场都很拥挤，不利于休息与活动；③鸽舍内光线过强，或通风不良，潮湿闷热，以至不能舒适地休息；④个别鸽发生外伤时，其他鸽出于好奇去啄，越啄越厉害。另外，当食槽过高时，也有可能引起啄趾。

（2）饲料中缺乏营养：①饲料中缺乏食盐时，鸽往往为了寻求有咸味的食物，而引起啄肛、啄皮肉或吮血；②饲料中蛋白质含量太低或缺乏含硫氨基酸（蛋氨酸、胱氨酸），很容易引起啄羽；③饲料中缺乏某些微量元素或维生素（维生素 D、维生素 B_{12}、叶酸等）时，也很容易发生啄食癖；④饲料中糠麸太少，饲料体积较小，往往代谢能得到了满足而本身没有饱感，或因限量饲喂，没有吃饱，这样均可能引起啄食癖；⑤饲料中掺有未被充分粉碎的肉块、鱼块，结果易引起啄肛、啄皮肉。

（3）其他原因：①虱、螨等体外寄生虫的刺激；②有些可能是个别鸽偶尔啄一下，啄破流血后，其他鸽会效仿而跟着去啄。

2. 诊断

本病较易诊断，根据其异常表现即可做出诊断。有啄癖的鸽不爱吃饲料，而对绳子、垫草、沙砾、碎石以及自身的羽毛、蛋、肌肉、肛门、粪便等有兴趣。群养鸽会出现许多鸽追啄一只鸽的某个部位的异常现象。

3. 防治措施

（1）预防：本病应着眼于预防，消除可能引起啄食癖的各种原因，还可采用以下措施。

① 做好饲养管理，合理通风，保持鸽舍良好的卫生环境，饲养密度要合适，人工照明的亮度不要太强，尤其是给予产蛋鸽的光线要合理，可适当暗些。

② 饲料的营养成分要全面、充足，不能单一饲喂某种饲料，特别是一些重要的氨基酸、微量元素和维生素更应保证需要。

③ 鸽群患有体表寄生虫时，应立即采取灭虫措施。

（2）治疗：当发生啄食癖时，应注意隔离或分小群饲养，饲料中可添加一些制止啄食癖的药物或营养元素，如在饲料中加入1.5% ~ 2% 的生石膏粉（硫酸钙）或加入 1% 硫酸钠，酌情饲喂半个月左右；也可将饲料中的含盐量提高到 2%，喂 2 ~ 4 天，并保证饮水充足。需注意的是，不可将食盐加在饮水中，否则易因为饮水过多而引起鸽食盐中毒。当啄肛癖较严重时，可将鸽群暂时关在鸽舍内，换上红灯泡，窗上糊上红纸，使舍内一切东西均呈红色，从而使肛门的红色不显眼，过几天啄食癖平息后，再恢复正常饲养。

第六部分

鸽中毒性疾病、普通病及胚胎病

鸽中毒性疾病往往是人为因素造成的，多与鸽场员工的责任心不强有关。例如鸽场员工不重视原料及成品饲料的存贮保管，造成霉变而引起饲料黄曲霉毒素超标；鸽场员工不按规定合理用药，擅自加大用药剂量，或盲目用药，药物与饲料搅拌不均匀，造成药物性中毒；鸽场员工缺乏农药使用知识，使用不当，引起农药性中毒。鸽普通病也多与饲养管理息息相关，为此将这两部分内容合并介绍。

另外，业内对鸽胚胎病的研究较少，但其在生产上的重要性日益显现，为此借此一角予以介绍。

一、黄曲霉毒素中毒

本病是由黄曲霉毒素引起的，不少养殖者常认为本病是由霉玉米引起的，易将黄曲霉毒素中毒与曲霉菌病混淆，其实这两种病不是一回事，两者之间虽有一定相关性，但差异明显。

黄曲霉毒素中毒是鸽最为常见、极易被忽视和对经济效益影响较大的中毒性疾病。本病轻则引起生产性能下降（如产蛋量下降、受精率下降等），重则出现消化功能障碍、神经症状、腹水、肝脏受损、全身性出血和肿瘤等症状和病变，危及生命。

1. 病因

本病的病因主要是鸽采食被黄曲霉毒素污染的饲料所致。

黄曲霉毒素是黄曲霉菌和寄生曲霉菌的代谢产物。黄曲霉菌广泛存在于自然界中，是粮食、饲料和种子的主要霉菌之一。如粮食及其加工副产品的水分超标，极易造成黄曲霉毒素含量超标。

黄曲霉产生的毒素种类很多，目前已确定的有 20 余种，主要有 B_1、B_2、B_{2a}、B_3、D_1、G_1、G_2、G_{2a}、M_1、M_2、P_1、Q_1、Q_2 和 R_0 等，其中毒力最强的是 B_1 毒素，是已发现的最强的化学致癌物质，毒性比氰化物强 100 倍，还能引起突变和导致畸形。

黄曲霉最适宜的繁殖温度为 22 ~ 30℃，相对湿度为 80% 以上。如果在粮食收获、加工和贮藏过程中保管不善，黄曲霉在高温（27℃）、高湿（相对湿度 80% 以上）条件下或饲料中的含水量达 13% 时极易大量繁殖，并产生大量黄曲霉毒素。

黄曲霉毒素理化性能稳定。黄曲霉菌是一种真菌，所产生的黄曲霉毒素是目前发现的各种真菌毒素中最稳定的毒素。黄曲霉毒素可溶于甲醇、乙醇、氯仿、丙酮中，不溶于水和乙醚中，高温、强酸、紫外线照射都不能将其破坏，在高压锅中，120℃ 2 小时，毒素仍存在；一般蒸煮不易使其破坏；加热至 268 ~ 269℃时开始分解。用 1.2% 石灰水浸泡处理含有黄曲霉毒素的饲料，可去毒 98% ~ 99.9%；强碱和 5%次氯酸钠可使黄曲霉毒素 B_1 完全破坏。

鸽对黄曲霉毒素极其敏感。黄曲霉毒素对人、畜及家禽（包括鸽）的毒性较强，可引起急性和慢性中毒，主要是损坏肝脏，并且具有致癌作用。一旦原料粮或饲料中黄曲霉毒素超标，千万不能饲喂鸽子，否则得不偿失，经济损失较大。

2. 流行病学

本病呈世界性分布。20 世纪 50 年代末最先在英国发生，死亡 10 万只雏火鸡，称为“火鸡 X 病”。后相继在美国、巴西、南非等 18 个国家有报道过本病。我国江苏、广东、广西、贵州、湖北、黑龙江、天津、北京等许多地区也都有畜禽发生此病的报道。

本病在高温、高湿的季节和温暖潮湿的地区极易发生，多发生于梅雨季节的南方，但本病在全国各地一年四季皆可发生。

3. 临诊症状

黄曲霉毒素中毒因鸽的年龄不同、采食量的多少、毒素的含量和采食时间的长短等，可分成急性、亚急性和慢性 3 种病型。

雏鸽一般都为急性中毒，有时无症状，迅速死亡。病程稍长时，表现精神委顿，食欲废绝，体重轻，羽毛松乱、无光泽且易脱毛，常鸣叫，运动失调，甚至严重跛行，面部、眼睛和喙部苍白，两眼流泪。腿和脚部皮肤可出现紫红色出血斑，死亡前常见有抽搐、角弓反张等神经症状（图 6–1），病死率可达 100%。

青年鸽、成年鸽的耐受性相对雏鸽会高些，多呈亚急性或慢性经过，常表现为精神不振，食欲减少，饮水增加，消瘦体弱，容易呕吐、腹泻，排出白色或绿色稀粪，贫血。成年鸽还表现开产推迟，产蛋量下降，蛋品质下降（破壳蛋、砂壳蛋和软壳蛋等增多），孵化率降低。发病鸽易继发细菌性疾病，出现全身恶病质现象。中毒时间较长（一般超过 1 年）会诱发各种肿瘤，如肝癌、卵巢癌、肌胃癌等，表现腹腔异常肿大（图 6–2），死亡率升高，呈零星死亡。

图 6–1　黄曲霉毒素中毒的雏鸽死亡前有抽搐或角弓反张现象

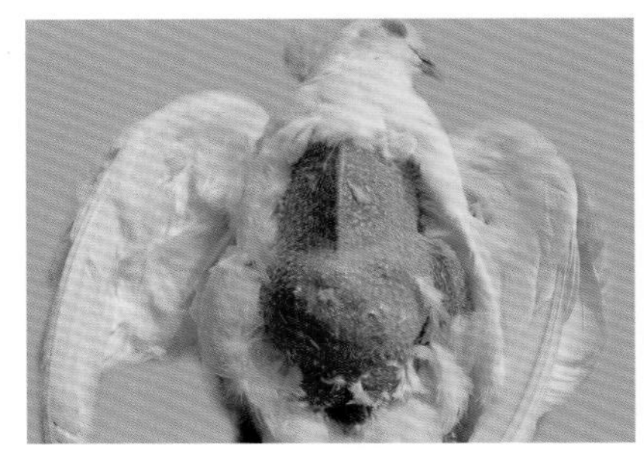

图 6–2　肿瘤引起腹部肿大

4. 病理变化

黄曲霉毒素中毒的特征性病理变化在肝脏。急性中毒的肝脏常肿大，质地较软，色泽变淡或呈淡黄色，有出血斑点或坏死灶；在显微镜下可见肝脏脂肪变性，肝细胞肿胀，细胞核增大，胞质呈圆形空泡状。肝小叶周围胆管上皮细胞增生，形成条索状，胆囊扩张。肾脏也苍白和稍肿大，胰腺有出血点，胸部皮下和肌肉常见出血。

在亚急性和慢性中毒时，肝脏发生肝细胞增生、纤维化和硬变，时间越长肝硬化越明显，肝脏中见有白色小点状或结节状的增生病灶，肝色泽变黄，质地坚硬，体积缩小。在显微镜下可见肝实质细胞大部分消失，大量纤维组织和胆管增生。中毒时间超过 1 年时，肝脏中可能出现肝癌结节（图 6–3），并可见其他癌或肿瘤，如卵巢肿瘤（图 6–4、图 6–5）、肌胃肿瘤（图 6–6）、胰腺肿瘤（图 6–7）、肠道肿瘤（图 6–8）、肾脏肿瘤（图 6–9）和腹腔纤维瘤（图 6–10、图 6–11）等。心包和腹腔中常有积水，腺胃和肠黏膜有出血性炎症，小腿和爪的皮下也常有出血点。

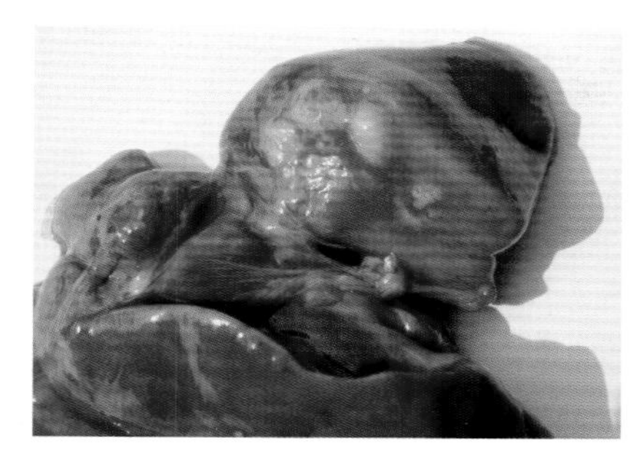

图 6-3　肝脏肿瘤

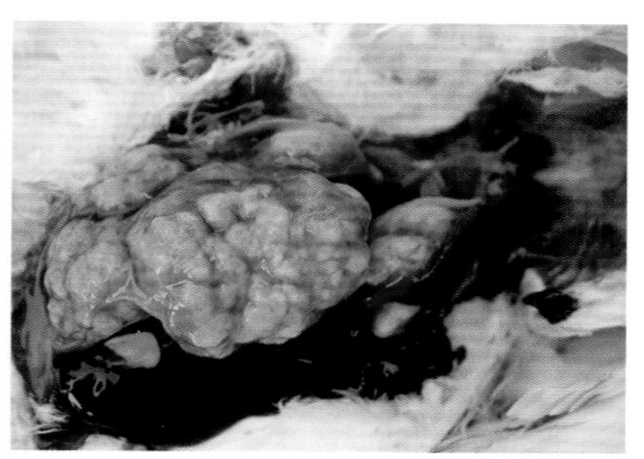

图 6-4　卵巢菜花样肿瘤

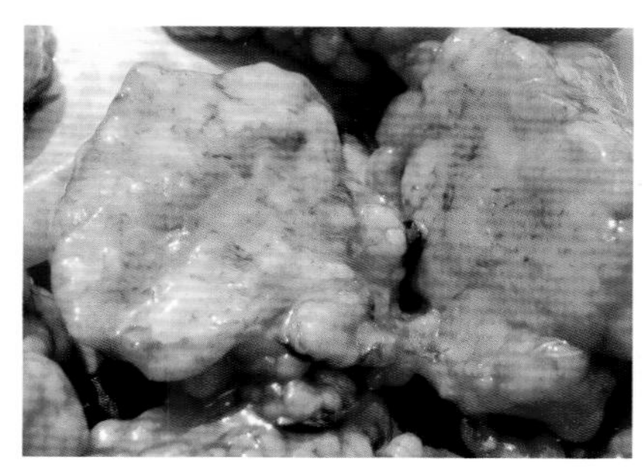

图 6-5　卵巢肿瘤的切面

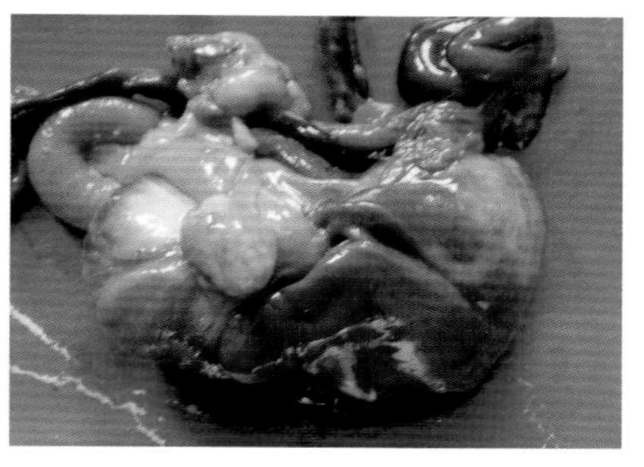

图 6-6　肌胃肿瘤

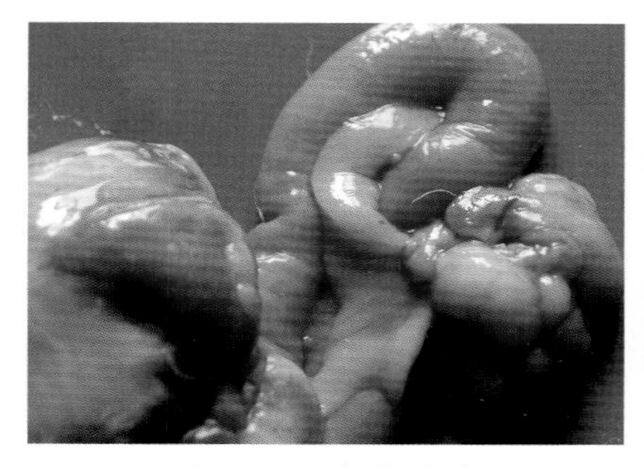

图 6-7　胰腺肿瘤

图 6-8　肠道肿瘤

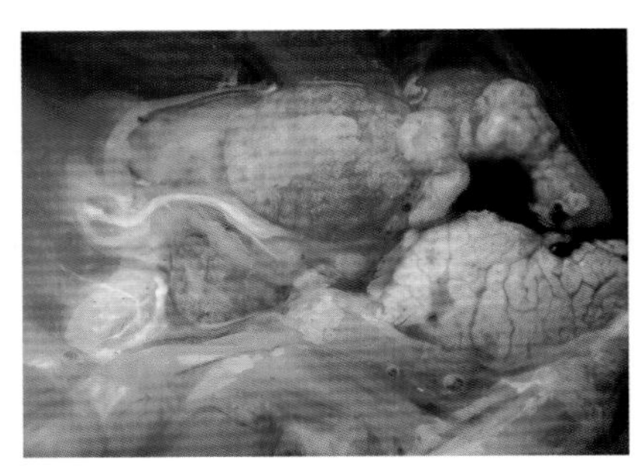

图 6-9　肾肿肿瘤

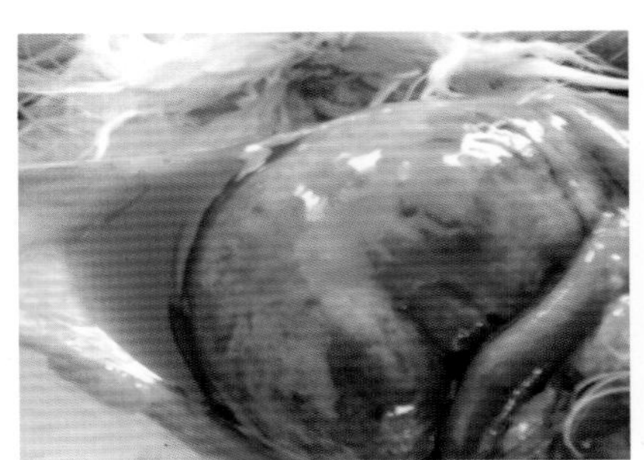

图 6-10　腹腔纤维瘤

图 6-11　腹腔纤维瘤切面

5. 诊断

首先要调查病史，检查饲料品质与霉变情况，结合临诊症状和病变，并排除传染病与营养代谢病的可能性，可做出初步诊断。若要达到确切诊断，必须进行以下程序检验。

（1）可疑饲料的病原真菌分离、培养与鉴定：用高渗察氏培养基于 24 ~ 30℃下培养，观察菌落生长速度、菌落的颜色和表面以及渗出物、菌落的质地和气味，记录下来后，用显微镜观察培养物的活培养检查，以及制止性检查，以鉴定出此优势菌为黄霉菌或寄生曲霉。

（2）可疑饲料的黄曲霉毒素测定：具体有以下几种方法。

① 可疑饲料直观法：可作为黄曲霉毒素预测法。取有代表性的可疑饲料样品（如玉米、花生等）2 ~ 3 千克，分批盛于盘内，分摊成薄层，直接放于 365 纳米波长的紫外线灯下观察荧光。如果样品中存在黄曲霉毒素 G_1、G_2，可见到含 G 族毒素的饲料颗粒发出亮黄绿色荧光；如若是含黄曲霉菌 B 族毒素，则可见到蓝紫色荧光。若

看不到荧光，可将颗粒捣碎后再观察。

② 化学分析法：先将可疑饲料中黄曲霉毒素提取和纯化，然后用薄层层析法或柱层层析法或高压液相层析法与已知标准黄曲霉毒素相对照，以确认所测的黄曲霉毒素性质和数量。

（3）生物学鉴定法：具体方法如下。

① 雏鸭法：将可疑饲料饲喂几只 1 日龄雏鸭，如可引起雏鸭 4 ～ 5 天后中毒死亡，则说明饲料中有黄曲霉毒素。

② 复制法：用可疑饲料或提取的毒素对鸽子进行发病试验，皆可复制出与自然病例相符合的阳性结果。

近年来，采用放射免疫法和酶联免疫法测定黄曲霉毒素，具有快速、简易、灵敏等特点；气相色谱－质谱选择的离子监测法定量分析，其灵敏度高。

6. 防治措施

预防中毒的根本措施是不喂发霉饲料，对饲料定期进行黄曲霉毒素测定，淘汰超标饲料。搞好预防的关键是防霉与去毒工作，且以防霉为主。

为了防止饲料发霉，抑制霉菌的生长繁殖，可在饲料中加适当的防霉剂，常用的有丙酸盐（丙酸钙、丙酸钠）、山梨酸、龙胆紫等。75% 的丙酸钙，每吨配合饲料可加 1 千克，若是在高温高湿的环境下，每吨可增加到 1.5 ～ 2 千克。

已被产毒黄曲霉菌株或黄曲霉毒素污染的玉米、花生饼等粮食及饲料，全部废弃为宜。

鸽舍内要通风良好，保持适当湿度，加强饲养管理和卫生工作。料槽或料盘要保持清洁，避免堆积过久而结块发霉，喂料要少给勤添，保持垫料干燥，如有潮湿或霉变，应及时更换。

目前，没有治疗黄曲霉毒素中毒的特效药物。鸽群如果发生黄曲霉毒素中毒时，应立即更换饲料，给予含碳水化合物较高的、易消化的饲料，减少或不喂含脂肪多的饲料，加强护理，一般会恢复。当黄曲霉毒素中毒严重时，除立即更换饲料外，应及早给予盐类泻剂，如硫酸镁，促进毒素的排出；使用保肝止血药物，5%葡萄糖水让其自由饮用，同时供给维生素 A、维生素 D 和复合维生素 B，可缓解中毒症状；因黄曲霉毒素会抑制免疫功能，使免疫力下降，需注意使用抗生素以控制并发性或继发性疾病感染。病鸽的排泄物中都含有毒素，鸽场的粪便要彻底清除，集中用漂白粉处理，以免污染水源和地面。被毒素沾污的用具可用 2%次氯酸钠溶液消毒。

中毒病鸽的器官组织内都含有毒素，不能食用，应深埋或烧毁，避免出现人中毒事故，造成公共卫生食品安全事件。

二、鸽磺胺类药物中毒

磺胺类药物是一类化学合成的抗菌药物，是防治鸽细菌性疾病和球虫病的常用药物。它们性质稳定、易于储藏、价廉物美，很受广大用户的欢迎。但是，此类药物的副作用比常用的抗生素大，对鸽机体也有伤害作用，甚至可能会引起急性或慢性中毒。

不同种类、不同品种、不同日龄的鸽子对磺胺类药物的敏感差异很大。一般说来，纯种的鸽子比杂种的鸽子敏感，雏鸽比成年鸽敏感。

1. 病因

临诊上常用的磺胺类药物分为两大类，一类容易被肠道吸收，如磺胺嘧啶（SD）、磺胺二甲嘧啶（SM_2）、磺胺 –5– 甲氧嘧啶（SMD）、磺胺 –6– 甲氧嘧啶（SMM）、磺胺甲噁唑（新诺明，SMZ）、磺胺喹噁啉（SQ）和磺胺甲氧嗪（SMP）等；另一类是不容易被肠道吸收，如磺胺脒（SG）、酞磺胺噻唑（PST）等。其中容易被肠道吸收的磺胺类药物较易引起鸽子的中毒。

在防治鸽原虫病包括鸽球虫病中，常用磺胺-6-甲氧嘧啶、磺胺二甲嘧啶和磺胺喹噁啉等。用药过程中，要求必须使用足够的剂量和连续用药，才能收到效果，否则原虫易产生耐药性，并将这种耐药性能遗传下一代。而磺胺类药物中毒主要与药物的品种、剂量、使用时间及鸽的年龄有关，有些磺胺药的治疗量与中毒量很接近，一次误服大剂量的药物，或连续用药时间在7天以上，都能引起严重中毒。此外，幼龄、体质瘦弱的鸽或饲料中缺乏维生素K时，更易中毒。

2. 临诊症状

急性的病例，病鸽表现鼻瘤苍白，有时还出现兴奋、摇头、惊厥、麻痹等神经症状。如细心观察体表，可见皮下广泛性出血（图6-12），有时眼睑和鼻瘤也有出血。有些病鸽腹泻，严重的会死亡。

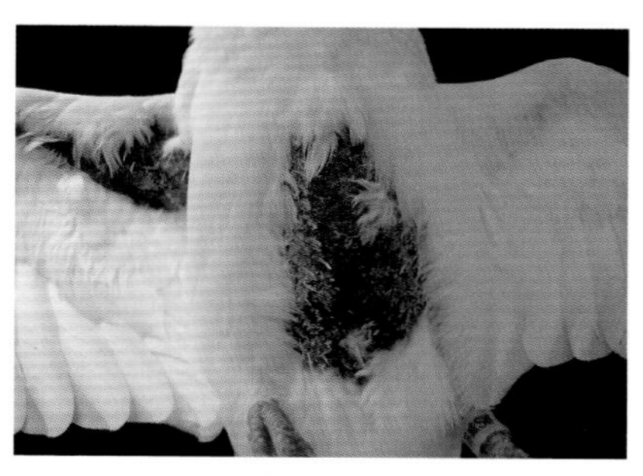

图6-12　中毒后体内大出血，引起皮肤发紫（刘敏提供）

发生轻度的磺胺类药物中毒时，机体出现轻度的不良反应，成年鸽也许无明显临诊症状，少数产蛋鸽出现食欲减退，产蛋减少；部分雏鸽有时表现为不活跃，采食减少，生长变慢。磺胺类药物若长期慢性中毒，病鸽表现为精神委顿，羽毛松乱，食欲减退或废绝，渴欲增加，全身虚弱，生长停滞，贫血，黄疸，下痢，粪便呈酱油色，有时也呈灰白色，呼吸困难；产蛋鸽产蛋量急剧减少，出现软壳蛋或薄壳蛋，蛋壳粗糙，最终鸽衰竭死亡。

3. 病理变化

常见病变主要是皮肤、肌肉、内脏器官出血。剖检可见皮下、胸肌及腿内侧肌肉有点状或斑状出血，血液稀薄，凝血时间延长。心包积液，心内外膜出血，严重时心脏破裂（图6-13），引起大出血，导致腹腔有血凝块或整个腹腔充满血液（图 6–14、图 6–15）。腺胃、肌胃角质膜下及肠管黏膜有出血。肝脏异常肿大，呈紫红或黄褐色，有出血斑点。脾肿大。肾脏肿大，呈土黄色，有出血斑点。输卵管变粗，充满了白色尿酸盐（图 6–16）。

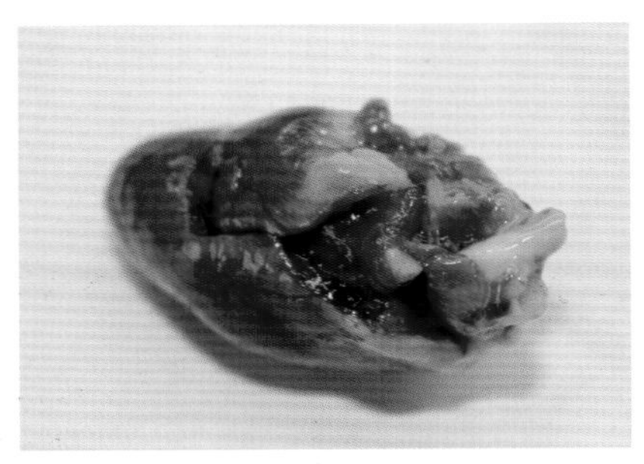

图 6–13　磺胺类药物中毒引起心脏左心室破裂（刘敏提供）

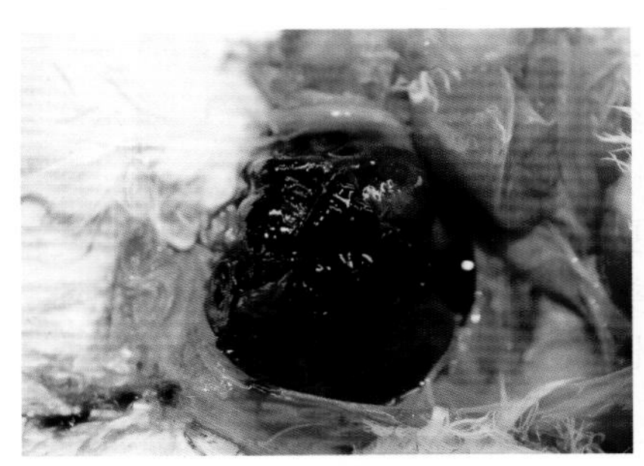

图 6–14　心脏破裂造成腹腔有血凝块（刘敏提供）

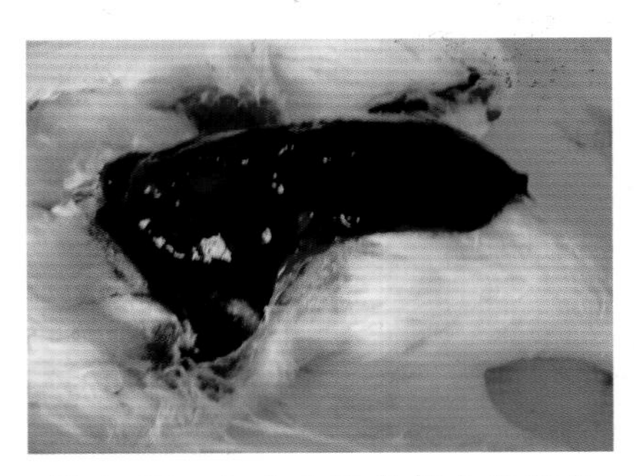

图 6–15　大出血造成整个腹腔充满血液（刘敏提供）

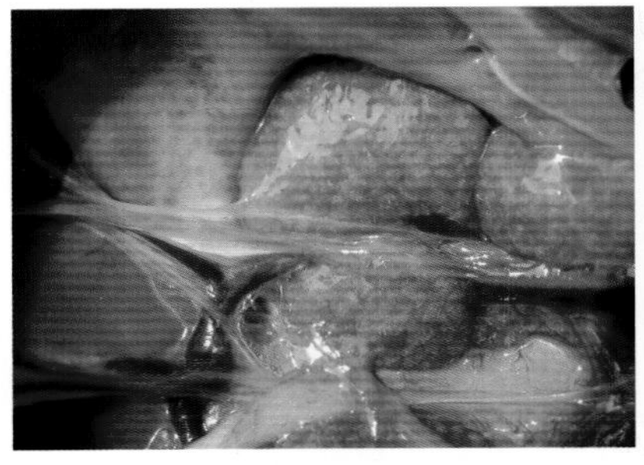

图 6–16　肾脏肿大，呈土黄色，充满白色尿酸盐

4. 诊断

主要通过用药史调查询问是否应用过磺胺类药物，了解鸽群发病的时间和经过，使用磺胺类药物的种类、剂量、添加方式、供水

情况和用药时间，结合临诊症状和病理变化，可做出诊断。

5. 防治措施

目前，针对细菌性传染病和原虫病防治的药物很多，仅抗球虫的药物就有 20 多种，如有其他药可代替时，应尽量避免使用磺胺类药物，确需使用时应选用含抗菌增效剂的磺胺类药物。使用磺胺类药物时，计算、称量要准确，搅拌应均匀，连续用药时间不宜过长，一般不超过 5 天，尤其是对雏鸽使用磺胺喹噁啉及磺胺二甲嘧啶时更应注意。治疗肠道疾病时，应尽量选用在肠道内吸收率低的磺胺类药物，剂量不能太大，使用时间要严格控制；同时，应注意提高饲料中 B 族维生素和维生素 K 的含量，供给充足的饮水。1 月龄以下的雏鸽和产蛋鸽应尽量避免使用磺胺类药物。

一旦发现中毒，应立即停止用药，供给充足的饮水，也可饮用 1% ~ 2%小苏打溶液和 5%葡萄糖水，每千克饲料中可添加 0.2 克维生素 C、5 毫克维生素 K，同时注意添加多种维生素或复合维生素 B。症状严重的病例，还可口服 25 ~ 50 毫克维生素 C，或肌内注射 50 毫克维生素 C，连用 3 ~ 5 天。

三、鸽有机磷农药中毒

有机磷农药是一种毒性很强的杀虫剂，其种类较多。有机磷农药在农业生产和环境杀虫方面应用较为广泛，常用的有敌百虫、乐果、敌敌畏、1605、1059、3911（甲拌磷）等。有机磷农药会由于抑制鸽体内胆碱酯酶的活性，造成神经、生理功能紊乱，鸽有机磷农药中毒后常呈急性经过，表现为流涎、瞳孔缩小、抽搐、腹泻等胆碱能神经高度亢奋的症状。

1. 病因

（1）鸽误食了喷洒有机磷农药的青菜、粮食、青饲料等而引起中毒，也可能误饮了被有机磷农药污染的水而引起中毒。

（2）用敌百虫驱除鸽体表寄生虫时，使用浓度过高或浸泡时间太长而引起中毒。

（3）用敌敌畏进行对鸽舍内外杀虫，喷洒时稍有不慎，便会污染饮水、饲料或空气而引起中毒。

2. 临诊症状

发生有机磷农药中毒最急性的，往往见不到任何临诊症状，突然死亡。

本病多为急性发作，病鸽表现突然停食，精神不安，无目的地奔跑，运动失调，两腿发软，不能站立（图 6–17），嗉囊积液，口角流出多量的口水、鼻液，流眼泪，呼吸困难，频频摇头，全身发抖，口渴，频频做吞咽动作，腹泻。濒危时，瞳孔收缩变小（图 6–18），口腔流出大量口水（图 6–19），倒地，两肢伸直（图 6–20），肌肉震颤、抽搐，昏迷，最后因抽搐或窒息而死亡。

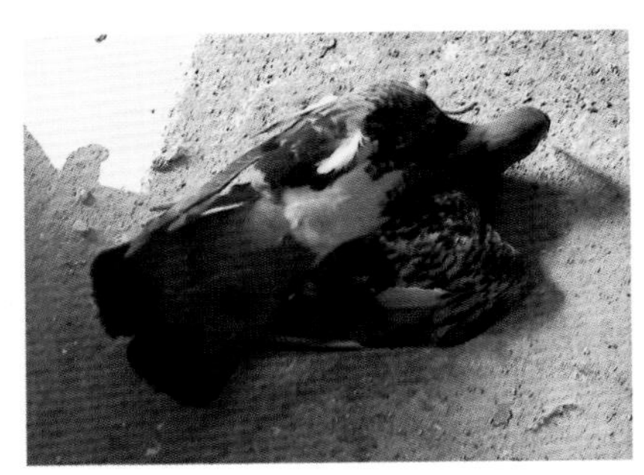

图 6–17　鸽有机磷农药中毒后两脚发软，站立不稳

图 6–18　鸽有机磷农药中毒后流口水，瞳孔缩小

图 6-19　鸽有机磷农药中毒后口腔流出大量涎水

图 6-20　鸽有机磷农药中毒濒危时倒地，两肢伸直，抽搐而亡

3. 病理变化

剖检可见皮下或肌肉有点状出血（图 6-21），血液呈暗黑色。肌胃内容物呈墨绿色（图 6-22），有大蒜味，肌胃黏膜充血或出血（图 6-23）。肝脏、肾脏呈土黄色，肝肿大、瘀血（图 6-24）。肠道黏膜弥漫性出血，严重时可见黏膜脱落。喉气管内充满带气泡的黏液，腹腔积液，肺瘀血、水肿，有时心肌及心冠脂肪有出血点。

图 6-21　有机磷农药中毒后皮肤有点状出血

图 6-22　有机磷农药中毒后肌胃内容物呈墨绿色

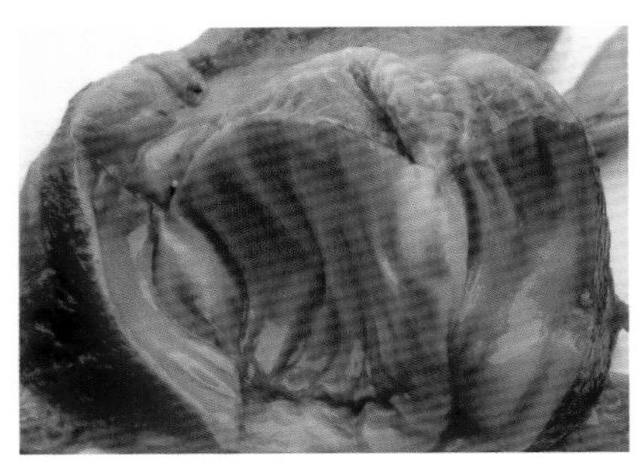

图 6-23　肌胃出血

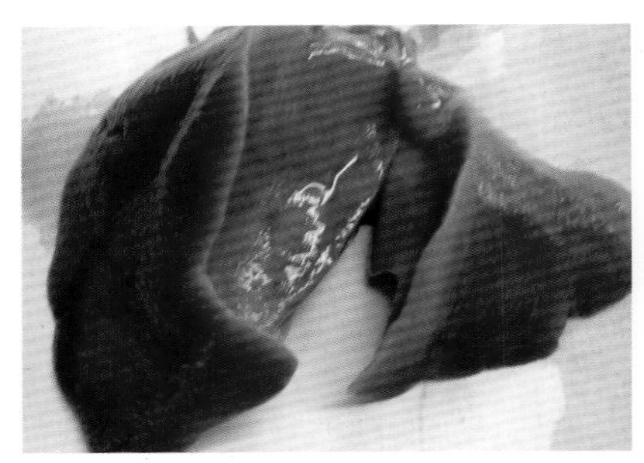

图 6-24　肝脏肿大、瘀血，呈土黄色

4. 诊断

根据临诊症状、病理变化和病死鸽肌胃内容物具有大蒜味的特点，结合具有接触有机磷农药的病史可能，可做出初步诊断。

5. 防治措施

有机磷农药中毒发生后往往来不及治疗就发生大量死亡，因此应加强日常的饲养管理，对购进的玉米等原粮要检测，最好从有资质的粮食部门采购。加强农药的管理，禁止将农药与稻谷、饲料存放在同一仓库内。在消灭鸽体表寄生虫时，应尽可能避免使用敌百虫等有机磷农药，而选用拟除虫菊酯类的低毒杀虫药。

一旦怀疑是有机磷农药中毒，应停止使用可疑饲料或饮水，以免毒物继续进入鸽体内。同时积极治疗，及时清除毒物，如冲洗体表的残留药，用 0.1% 高锰酸钾溶液冲洗解毒，喂服硫酸镁、硫酸钠、蓖麻油、石蜡油、生油等泻剂。每只鸽肌内注射 1 毫升解磷定注射液，首次注射过后 15 分钟再注射 1 毫升，以后每隔 30 分钟服阿托品 1 片，连续 2 ~ 3 次，并给予大量的清洁饮水。必要时手术治疗，先切开嗉囊前的皮肤，再切开嗉囊，清除其内容物，最后缝合切口，手术后停食 1 天，可口服云南白药和抗生素。

四、热应激

鸽子的正常体温为41.8℃，由于缺乏汗腺和皮脂腺，并且有羽毛覆盖，对热敏感，当环境温度超过其舒适区上限时会发生热应激。热应激是机体高度紧张、疲劳的衰竭症，可分为惊恐、抵抗和死亡3个阶段。一般当气温超过33℃，相对湿度接近80%时，就会影响鸽子的生长和生产性能，鸽表现采食量下降，产蛋量降低，蛋重减轻，蛋壳变薄，种蛋受精率和孵化率降低，发病率及死亡率增高，严重的出现中暑死亡。

1. 病因

热应激发生的病因主要是天气炎热，管理上没有随季节变热而及时改善鸽舍通风条件；大群饲养，鸽密度太大；在大暑天时高密度的长途运输，起运前鸽群没有得到充足的饮水，运输过程中没有注意通风、合理停车休息等。当出现以上情况时，会严重妨碍鸽体内热量的散发，致使体温平衡失调，导致鸽体出现生理功能紊乱，发生热应激。

2. 临诊症状

发生热应激的鸽，常见呼吸急速，渴欲增强，双翅翘起或下垂，呆立，不愿走动。若不及时采取对策，热应激会进一步加剧，鸽体潮湿，病情加重，出现眼结膜、口黏膜发绀，意识不清，严重的昏迷甚至死亡。

3. 病理变化

热应激死亡的鸽，肉眼可见全身广泛性充血，呈现一片潮红的外观。剖检后皮下组织、脑及内脏器官充血。

4. 诊断

根据季节炎热、鸽舍温度高或大暑天长途运输等事实，结合临诊症状和剖检观察，可初步做出诊断。

5. 防治措施

预防热应激的发生和减少热应激危害的措施：①在夏季来临前对通风降温设备进行检修、添置，在气温很高的地区建议增加湿帘降温设施。②在高温季节，加强鸽舍的通风，调整好鸽群密度。结合气温情况，及时启动排气扇、湿帘，必要时在鸽舍加装遮阳网，对鸽舍屋顶和鸽舍之间的场地进行喷水降温。③尽量避免在天气炎热时运输，必须运输的应选择清晨或夜晚天气凉爽时进行，并根据路途的远近安排合理的密度、休息时间，严禁在中午气温很高时运输。运输前应给予鸽群充足的饮水，饮水中可添加维生素 C、维生素 B_6、维生素 B_{12} 和维生素 E 的复合多维。④根据鸽舍气温情况和高温持续时间，必要时除在饮水中添加多种维生素外，也可加喂抗热应激剂，以降低极端高温对鸽子的影响。

一旦发现有热应激现象，立即采取降温措施，如对鸽舍内加强通风、喷雾降温等。供给充足的饮水，可在饮用水中加入 1% ~ 2% 葡萄糖。若是夏天高温时运输，应将运输车辆立即在树阴下停车，必要时将部分鸽笼先卸下，以利通风。

五、鸽嗉囊病

鸽嗉囊病是鸽子的一种常见的上消化道疾病。本病可分为两类：一类是软嗉囊病，另一类是硬嗉囊病。各种年龄的鸽都可发生，但以 1 ~ 3 月龄的鸽多见。临诊以嗉囊炎、嗉囊积食、嗉囊积液、嗉囊积气、嗉囊下垂、嗉囊肿瘤等为主，外观嗉囊异常肿大。

1. 病因

（1）软嗉囊病：引起软嗉囊病的主要原因有食入腐败变质的饲料或饮水；摄食了容易发酵的饲料，或误食毒物后在嗉囊内发酵和产生大量气体，引起嗉囊发炎和显著膨胀所致；鸽子打斗、撞击而使体内气囊破裂，引起嗉囊积气；嗉囊创伤或受病原微生物感染，长时间的嗉囊积食；其他因素引起的嗉囊积液。有的鸽患胃肠炎、念珠菌病、毛滴虫病等疾病继发引起本病。

（2）硬嗉囊病：引起硬嗉囊病的主要原因有暴食，特别是供水不足的暴食；采食了变质或不易消化的饲料；误食异物；受不健康的亲鸽哺食；摄入蛋白质含量高或含盐高的饲料、保健砂；患急性传染病引起的胃肠炎也可诱发本病。

2. 临诊症状和病理变化

（1）软嗉囊病：病鸽表现食欲减退或完全不食。嗉囊胀大而下垂（图 6–25），其内充满乳糜或腐败的黏性液体或气体，手摸有软绵绵的波动感，似有弹性。口气酸臭，口内唾液黏稠，常呕吐，腹泻，喜饮水。挤压嗉囊或将鸽倒提时，会流出灰色或乳白色的酸臭液，严重的因嗉囊溃烂而死亡。

（2）硬嗉囊病：病鸽临诊症状表现为精神不振或不安，不愿采食和饮水，甚至废绝。嗉囊胀大，触之坚硬结实（图 6–26）。呼出

图 6–25　患软嗉囊病的病鸽嗉囊胀大而下垂，触之有软绵绵的波动感

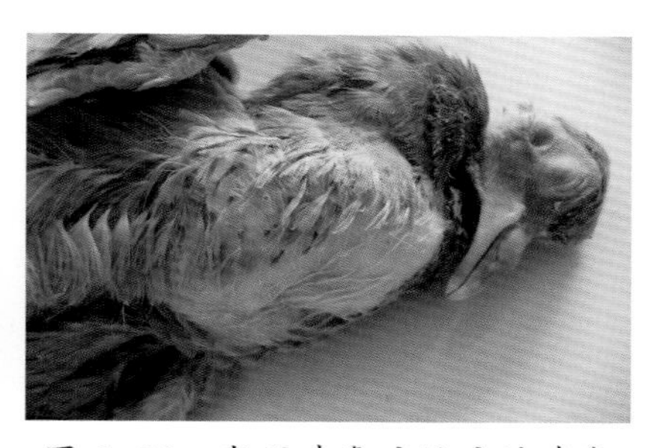

图 6–26　患硬嗉囊病的病鸽嗉囊胀大，触之坚硬结实

气味酸臭，口腔唾液黏稠。排粪减少，粪便稀烂或便秘，日渐消瘦。因饲料的消化吸收受到影响，发生营养障碍；或整个消化道处于麻痹状态，无法吸收营养，因饥饿而死亡；或因嗉囊肿大而压迫气管和颈静脉，引起窒息死亡。

3. 诊断

根据嗉囊异常肿胀、内容物硬实或绵软便可做出诊断，鉴别诊断需注意与鸽毛滴虫病、念珠菌病等引起的嗉囊炎区别。

（1）与鸽毛滴虫病的鉴别诊断：鸽毛滴虫病常发于1月龄内乳鸽，病鸽口腔有小片淡黄色干酪样物，嗉囊瘪塌，嗉囊黏膜一般无病变，刮取溃疡处假膜做湿片镜检，可看到活动的小虫体。

（2）与念珠菌病的鉴别诊断：念珠菌病的显著特征是病鸽口腔、食道、腺胃和嗉囊等部位生有黄白色的干酪样假膜，剥离假膜可见糜烂、溃疡，病料作涂片镜检可见霉菌的菌丝。

4. 防治措施

加强饲养管理，合理安排饮食，充分供应清洁的饮用水，避免供水不足；注意饲料的搭配，不要饲喂霉变腐败变质的饲料，应供给优质、全价的饲料，也不要在鸽饥饿时喂得过饱，避免暴饮暴食而引发消化不良。合理供应保健砂。针对一些易引起嗉囊病的特殊病因，需提出相应对策加以防范，如因乳鸽孵出后没几天就死亡的，可以把大小相近的其他乳鸽合并，让新鸽代养，可避免亲鸽乳糜炎的发生。

软嗉囊病的治疗首先是将嗉囊中的内容物排除掉，再进行冲洗，可喂胃舒平、酵母、土霉素等药，也可将食用盐、醋、复合维生素B溶液稀释成水溶液，用注射器注入病鸽口中，一天2次，一次5毫升，一般数日可愈。

硬嗉囊病的治疗可根据积食严重程度不同而采取不同的治疗方法。在积食初期可喂酵母、乳酶生、胃蛋白酶或健胃消食片促进消化。

轻者一般可灌服 2% 苏打水或 2% 盐水，或用 0.1% 高锰酸钾水冲洗。将鸽头朝下用手轻轻按摩嗉囊，使食物软化，吐出积食和水，然后喂维生素 B_6 半片或 1 片，可起止吐作用。严重的需要手术治疗。

六、顽固性腹泻

引起腹泻的原因很多，除前面所介绍的传染病、寄生虫病、中毒病引起的外，也有由非传染性因素刺激消化道而引起的普通性腹泻，其中顽固性腹泻最让养殖户头痛。发生本病时鸽群精神、饮食尚好，通常不出现死亡，表现长期腹泻，用药后也许能缓解些，但过两天又开始腹泻，且以水样腹泻为主。

1. 病因

主要由于饲养管理不到位所引起，常见的问题有：在早春和晚秋时昼夜温差大，未能及时关闭鸽舍窗户；冬季墙壁出现破损或窗户关得不严等现象，造成鸽舍内贼风肆虐。养殖地区因盐碱地或缺水而出现水质酸碱度、硬度等指标长期不达标；有些地区虽采用自来水作为饮用水，因采用传统的养殖模式，鸽舍内的水箱、水管、水杯等污染严重，引起水二次污染，造成饮水质量不合格。饲料中存在抗营养因子，如大豆中的酶蛋白酶抑制因子、小麦中的木聚糖、鱼粉中的组胺、油脂中的过氧化物等含量过高，当出现饲料中豆粕熟化不够、小麦配比超过 30%、麸皮超过 20%、棉籽饼超过 5%、添加的油脂酸败等情况，会引起鸽腹泻；换料突然，没有设过渡期，造成应激性腹泻。鸽舍内空气混浊，氨气味刺鼻，蜘蛛网纵横交错，灰尘大；立体养殖笼中上层鸽子的粪便因档粪板太小或堆集太厚而滑落到下层鸽子身上、料槽、水杯上。屋顶漏雨或上层鸽笼水管漏水，造成鸽子羽毛被长久淋湿而受凉。

图 6-27　病鸽排黄色水样稀便

2. 临诊症状与病理变化

鸽的精神、食欲一般无太大变化，临诊主要表现为顽固性腹泻，多呈水样，部分拉土黄色稀粪（图 6-27），肛门周围的羽毛常被弄湿，通常不出现死亡。

剖检一般无明显的可见病变，或仅见肠黏膜潮红、增厚的轻度炎症变化。

3. 诊断

本病主要根据临诊症状就可做出初步诊断。

4. 防治措施

本病的预防主要是加强饲养管理，及时清理鸽粪，做好防尘除尘工作，鸽舍内合理通风，保证空气质量，秋冬季晚上及时关闭窗户以保温。对水箱、水管和水杯应定期清洗消毒，供应水质优良的饮用水。供应优质全价的饲料，换料应设定一个过渡期。降低各种应激因素，为鸽群营造一个舒适的生活环境。

一旦发病，需及时找出并针对性消除导致腹泻的病因，如是饲料原性腹泻应降低甚至取消引起腹泻的原料，如是受凉引起的腹泻应消除贼风、漏雨、漏水，如是空气质量太差的应及时通风、除尘。同时，可内服吸附剂（按每只鸽 0.5 克活性炭末或木炭末混入料中饲喂，早晚各 1 次，连用 3 ~ 5 天），或蒙脱石（每吨饲料中添加 1.2 千克，个体治疗 2 克 / 只），适当配合应用微生态制剂，预防继发、抗感染的措施，可收到明显的效果。

七、鸽胃肠炎

鸽胃肠炎是鸽常发的一种消化道疾病，临诊主要表现为腹泻。各种年龄的鸽都可发生，但以幼龄鸽和青年鸽较易发生，其病情往往比成年鸽严重。

1. 病因

本病主要是由于饲养管理不善，如饲喂的饲料质量不良，鸽子采食腐败发霉变质的或有毒的饲料，或是被粪便污染的饲料；饮水不够清洁卫生，或是饮水器被粪便或病原微生物污染；饲料突然更换或饲料配合不当，尤其乳鸽由亲鸽饲喂浆粒混合料转为未经软化的饲料；患有肠炎的亲鸽在哺育过程中将病传染给雏鸽；保健砂投喂不正常，保健砂变质或缺少微量元素、维生素等；鸽舍阴暗潮湿、气候突变、环境卫生不良、鸽子抵抗力下降等导致胃肠病原菌大量繁殖，从而造成本病。另外，鸽副伤寒、球虫病、衣原体病等疾病也可诱发本病。

2. 临诊症状

病鸽出现精神沉郁、缩颈、目光呆滞、不愿活动，羽毛松乱，消瘦，口色苍白，脚干，食欲减退甚至废绝，经常饮水。腹部膨胀，拉稀粪，初期拉白色或绿色，严重时稀粪呈黏性墨绿色或红色、红褐色的血便，这是由于小肠出血所致。病鸽肛门周围羽毛常被粪便污染。患有肠炎的亲鸽常停止哺育雏鸽。

3. 病理变化

剖检病死鸽，可见腺胃有出血点或溃烂，肌胃角质膜很易剥离，角质层有充血或出血点。十二指肠有炎症、充血、出血和坏死灶；

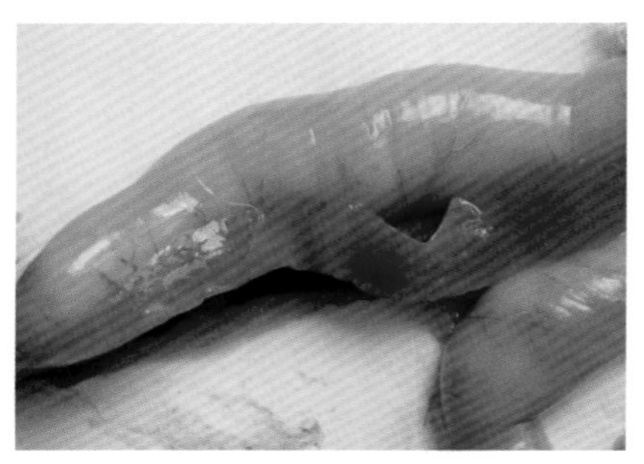
图 6-28　肠管充满气体

大肠的肠道胀大，呈灰白色，也有出血点，内容物呈浅绿色，有臭味；严重的呈黑褐色，肠道内充满气体，肠壁变薄（图 6-28）。

4. 诊断

根据临诊症状和剖检病变可做出初步诊断。鸽副伤寒、球虫病和衣原体病等传染病也能引起胃肠炎，应注意区别，它们除具有传染性，胃肠道的病变也有不同，另外这些还有疾病对应的其他组织器官病变。

5. 防治措施

本病以预防为主，加强饲养管理，平时对鸽群要精心管理、细心饲养，供给清洁的饮水，注意饲料的搭配，保证饲料质量，尽量饲喂新鲜的饲料，严禁喂给变质和虫蛀的饲料，饲料中保证无异物。经常供给新鲜的保健砂。

治疗胃肠炎，病鸽可用 0.02% ~ 0.05%高锰酸钾溶液自由饮水，连饮 3 ~ 4 天。病情严重的可口服氟苯尼考、庆大霉素、氟哌酸、磺胺类、黄连素等药物进行治疗。若亲鸽发病，在治疗亲鸽的同时，还应对其哺育的雏鸽进行预防和治疗。

八、鸽肺炎

鸽肺炎是呼吸道疾病的一种，主要有支气管炎、大叶性肺炎和肺坏疽（坏疽性肺炎）。本病属个体发病，没有传染性；任何年龄的鸽子均可发生，尤以幼小和体弱的鸽子发病较多。支气管肺炎是支气管与个别肺小叶发生卡他性炎症，是肺炎中比较轻的一种；而大叶性肺炎是与肺相连的大部分肺泡和支气管发生纤维素性炎症，是肺炎中比较重的一种；肺坏疽是腐败性细菌使肺组织产生腐败性分解而引起的肺炎，在鸽群中较为常见、多发。

1. 病因

发生本病的原因比较多，饲料中维生素 A 缺乏；鸽舍狭小、潮湿，空气污秽；饲料单纯而造成营养不良；饲料霉变；气候骤变；长期的阴雨寒冷；吸入刺激性气体；误吸异物入肺；受某些病菌侵害；感冒或已患某种疾病等可导致鸽子体质虚弱、抗病力下降，使支气管黏膜受到刺激而发炎，严重的引起肺组织发生炎症。

2. 临诊症状

发生本病时，常以支气管炎开始，以后逐渐恶化而演变成大叶性肺炎，甚至肺坏疽，临诊症状也会随之加重。病鸽初期临诊表现精神沉郁，食欲减少，渴欲增加；咳嗽，呼吸次数增多，随呼吸可听见水泡音，并口流黏液；轻度发热和呼吸困难，表现为喘气，甚至张口呼吸，口腔黏膜发绀，呼出带臭味的气体；日趋消瘦，有的下痢；有的病例还发生气囊炎。后期严重的患病鸽会窒息死亡；不死者转为慢性肺炎，病程延长，并继发其他疾病，变成体弱、瘦小的僵鸽（图 6–29）。

图 6–29　体弱、瘦小的僵鸽

3. 病理变化

剖检患肺炎而死的病鸽，其病变往往局限于肺部。肺充血、瘀血、水肿（图 6–30），表面粗糙，有的被纤维蛋白所覆盖。严重的病例肺坏死，肺内有颗粒状黄色干酪样物质。

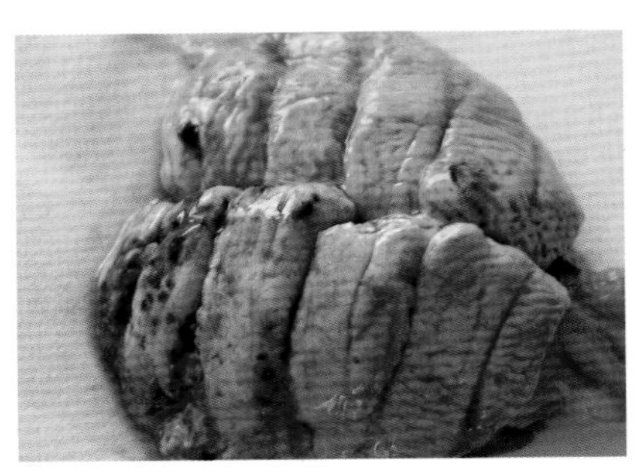

图 6-30　肺充血、瘀血、水肿

4. 诊断

根据临诊症状和剖检病变可做出初步诊断，注意与传染病引起的肺炎相区别。传染病引起的肺炎多具有传染性，除肺部出现病变外，还有其他组织器官病变。

5. 防治措施

预防本病应平时注意搞好清洁卫生，加强饲养管理，排除鸽舍内的刺激性气体。冬天要注意防寒保暖，尤其要注意避免乳鸽和幼鸽受凉。饲料要新鲜、质量要好，以增强鸽子的抗病力。在口服投药或人工喂雏时要格外小心，勿让药物或饲料误入气管和肺脏。

对病鸽可使用下列药物治疗，庆大霉素肌注，每只 6 000 ~ 10 000 单位，口服每只 2 万单位，每天 1 次；强力霉素饮水，每升水加 50 ~ 100 毫克；泰乐菌素肌注，每只 5 000 ~ 10 000 单位，饮水时每升水加 150 ~ 250 毫克；另外，使用青霉素、链霉素、卡那霉素都有效果。一般需要连用 3 ~ 4 天。在治疗的同时，还要服用维生素 C 片、鱼肝油 1 ~ 2 滴，并给予中药配合治疗，效果更佳。中药配方为黄芩 100 克、桔梗 70 克、麻黄 50 克、杏仁 70 克、半夏 70 克、枇杷叶 70 克、薄荷 40 克、甘草 40 克，煎水供 100 只服用，每天 1 剂，连用 3 天。

九、鸽创伤

鸽创伤是受体外生物（如同群的鸽、狗、猫、昆虫等）或物体侵害，引起鸽体肌肤或器官的损伤，如啄、抓、跌、撞、碰、压、扭、刺、咬、击等，使组织结构的完整性遭受破坏。鸽常见的创伤有啄伤、撞伤、咬伤、刺伤等（图 6–31 ～图 6–34）。

图 6–31　啄伤

图 6–32　咬伤

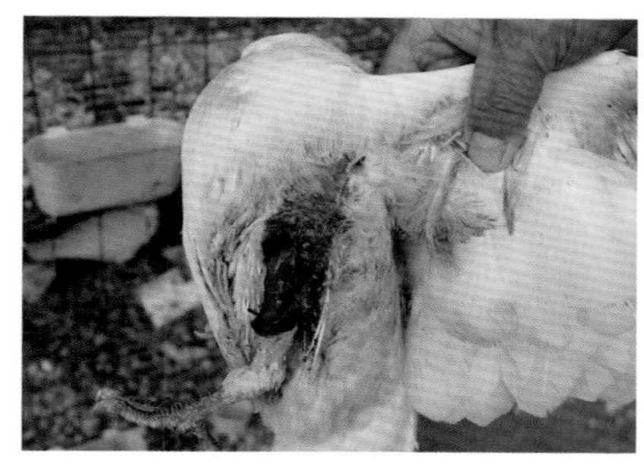

图 6–33　刺拉伤

图 6–34　注射疫苗不当引起的外伤

1. 病因

鸽创伤主要原因：猫、鼠、虱、螨等有害生物入侵引起咬伤；两雄争伴偶，或引入新伙伴引起啄伤；非全价饲料、饲养管理等原因引起啄肛；鸽子天生好动，鸽笼等设备有残缺或有毛刺，出现撞伤或刺伤。

2. 临诊症状和病理变化

会引起皮肤、肌肉、软组织撕伤、挫伤、创伤，使组织的完整性遭受破坏，表现为充血、出血、炎症、破损、肿胀、坏死、溃烂、缺失，并有疼痛，后果严重的可致关节骨折。

鸽体表如出现脓肿，常见的脓肿部位是脚底部，其他部位也可能发生，往往是由于组织感染，或直接感染了葡萄球菌而引起化脓的病症。脓肿初期局部红、肿、热、敏感，以后则成熟变软，触之有波动感。

3. 诊断

对本病诊断不难，通过临诊症状可做出诊断。

4. 防治措施

主要是消除引起创伤的原因，加强饲养管理。注意基础设施的建设和维护，避免猫、鼠等有害生物的入侵，避免设备对鸽子的伤害，供应全价饲料，混养时注意合理的饲养密度和合适的雌雄配比比例，避免雄多雌少而引起争斗。

轻度的创伤多能自行愈合。对于皮肤、软组织、关节挫伤所致的红、肿、热、痛现象，可使用镇痛喷剂进行治疗。对脓肿的处理应待其成熟后及时切开，将脓汁排净后，用消毒水将脓肿冲洗干净，内涂以碘酊并包上绷带，2 天换 1 次药，同时喂抗生素如阿莫西林，一般 1 周可痊愈。对一般性创伤的处理，应先用 4% 双氧水、0.1% 高锰酸钾溶液等消毒水冲洗伤口，清理并抹干，随之撒上抗生素粉。若出血较严重，可涂搽云南白药、碘酊局部止血和肌注维生素 K_1 防止内出血。若是伤口过大的重度创伤应采用外科治疗，并辅以适当的全身抗感染处理，用已消毒的针、线缝合，同时口服或注射抗生素，连用 2 ~ 3 天，以防继发性感染。若发生了骨折和错位，应先校正受伤部位，然后用合适的夹板固定，为控制感染可适当口服抗生素。

十、鸽胚胎病

随着规模化、集约化养鸽业的不断深入发展，鸽蛋人工孵化也逐渐被广大养鸽者所接受。鸽胚胎病的防治也受到重视。科学防治鸽胚胎病对提高出壳乳鸽的品质，以及保证鸽子的成活率、鸽群生产性能和提高经济效益有着重要的作用。

鸽胚胎病的危害主要表现有 3 个方面：一是出现胚胎死亡（图 6–35），降低了出雏率；二是影响出壳乳鸽的品质，病弱雏的生长发育都不如健康雏，且成活率低；三是影响鸽场的生物安全，鸽胚胎病不少是由蛋源性传染病所引起的，种鸽所携带的病原微生物可通过种蛋带菌—病胚—病雏的途径广为扩散，并且病弱雏也是病原的携带者，成为养鸽场里重要的传染源。

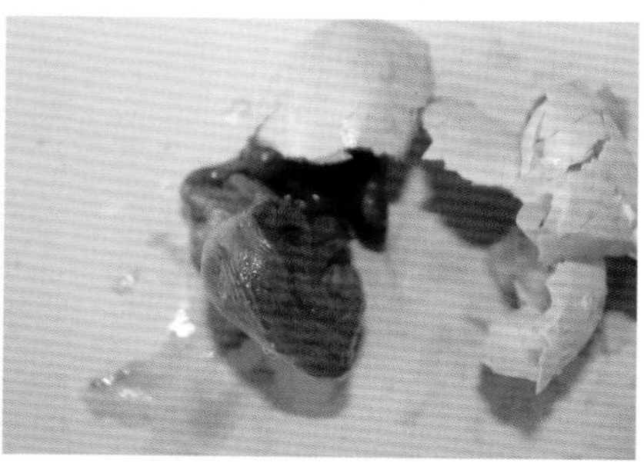

图 6–35　胚胎死于蛋中

根据病因，鸽胚胎病可分为营养缺乏性胚胎病、中毒性胚胎病、传染性胚胎病、理化因素性（孵化条件控制不当性）胚胎病和遗传性胚胎病等，其中营养性胚胎病 70%，传染性胚胎病占 15%，孵化条件控制不当性胚胎病占 10%，中毒性和遗传因子性胚胎病占 5%。

不过，对鸽胚胎病的研究还不够深入，对其分类尚需细化和丰富。总的来说，鸽胚胎病由母源性原因引起的占主导地位，同时胚胎本身的抗病力、免疫力、调控能力等都十分薄弱，看来并不十分严重的原因，也可导致胚胎死亡。虽然部分雏鸽可以出壳，但却成为弱雏、畸形雏，或出壳后不久即死亡，或初期发育迟滞，被迫淘汰。据统计，鸽胚胎病给养鸽场造成的损失非常巨大，应引起高度重视。

1. 营养缺乏性胚胎病

营养缺乏性胚胎病是最常见的鸽胚胎病，造成胚胎营养不良。本病除了极少部分是由于遗传因子缺陷所致的营养不良外，绝大多数是由于种鸽营养不良所导致的。本病主要表现为肢体短小，骨骼发育受阻，胚胎发育不良（图 6-36 ~ 图 6-38）。

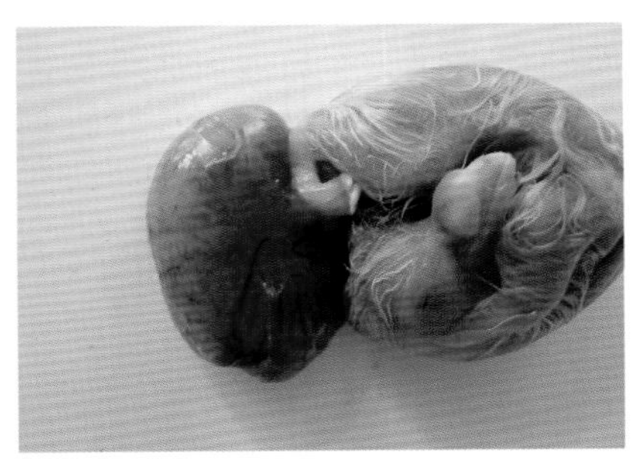

图 6-36　胚胎中期死亡

（1）蛋白质和必需氨基酸不足引起的胚胎病：种蛋的品质与种鸽饲料营养水平的关联很大，制订饲料配方时不仅要求蛋白质含量要达标，更要注重必需氨基

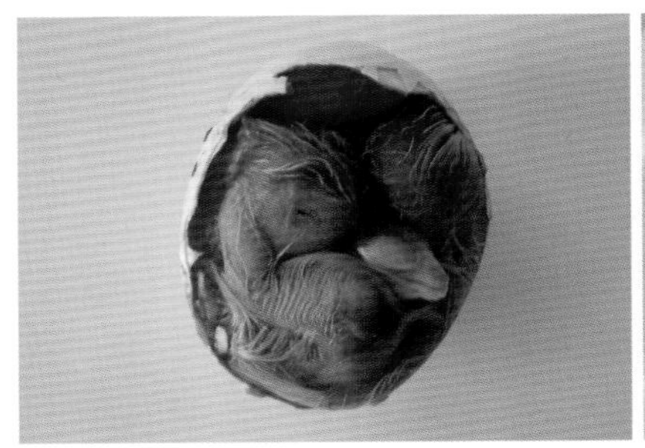

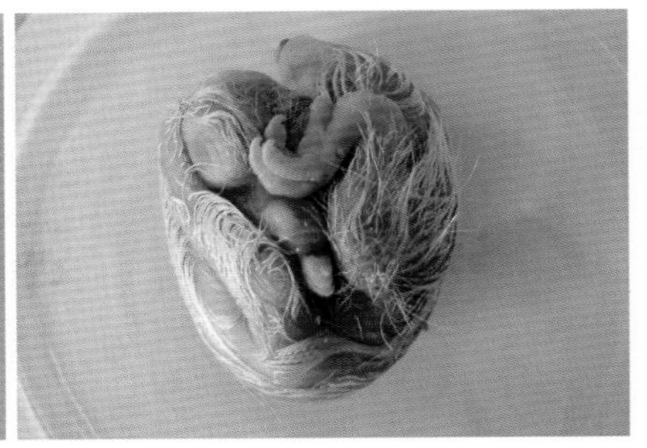

图 6-37　胚胎后期死亡

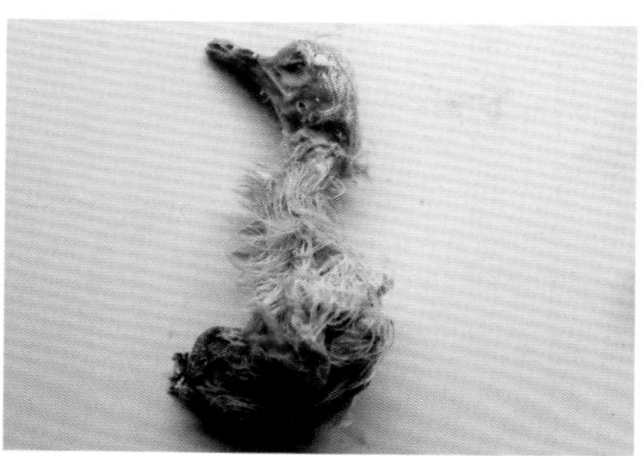

图 6-38　胚胎发育不良

酸水平平衡。提供营养全面、充足的饲料是保证受精率和孵化率的重要因素。若种鸽饲料中蛋白质含量长期低于 14%，或者必需氨基酸水平不平衡（尤其是蛋氨酸、赖氨酸添加不足），种蛋的受精率和孵化率会明显下降，且易出现胚胎病，胚胎发育迟缓，体型弱小，严重的会出不了壳；即便勉强出壳，乳鸽的品质也下降，体弱多病，最后也会成为残雏。

（2）维生素缺乏引起的胚胎病：主要有维生素 A 缺乏、B 族维生素缺乏、维生素 D 缺乏和维生素 E 缺乏。

① 维生素 A 缺乏：鸽体内没有合成维生素 A 的能力，若种鸽饲料中维生素 A 供应不足或消化吸收障碍，会使种蛋内维生素 A 含量不足，种蛋的受精率下降，易产生胚胎死亡和干眼病。胚胎死亡多发生在胚胎循环系统的形成和分化时期，死亡率约 20%。剖检死胚，可见畸形胚较多，卵黄囊中尿酸盐沉积，特别是末期在尿囊中有大量的尿酸盐。有时胚胎有明显的痛风病变。在孵化末期发育不全的死亡胚胎，其羽毛、脚的皮肤和喙缺乏色素沉着。种鸽日粮中添加维生素 A、动物性饲料和青绿饲料，可预防维生素 A 缺乏症。

② 维生素 D 缺乏：当种鸽缺乏维生素 D 或种鸽缺乏光照，可导致蛋内维生素 D 含量不足。维生素 D 缺乏时蛋壳较薄、易破，新鲜蛋内的蛋黄可动性大。胚胎死亡多发生在孵化后第 6 ~ 9 天，在

形成骨骼和利用蛋壳物质时期，胚胎死亡达高峰。剖检死胚，可见胚腿变曲，皮肤黏液性水肿，有时有大囊泡，皮下结缔组织呈弥漫性增生，肝脏脂肪变性。本病的发生呈一定季节性，雨季发生较多。

③ 维生素 B_1 缺乏：饲料中维生素 B_1 供给不足或贮存不当，可引起种鸽维生素 B_1 缺乏，导致蛋中维生素 B_1 含量不足。胚胎死亡多发生在孵化后期；有些孵化期满，但因无法啄破蛋壳而闷死；有些则延长孵化期，即使出壳，陆续表现维生素 B_1 缺乏症。

④ 维生素 B_2 缺乏：产蛋鸽对维生素 B_2 的需要量比较大，如果饲料中添加不足或质量低劣或贮存不当，就会造成维生素 B_2 缺乏。维生素 B_2 缺乏时，胚胎死亡多发生在孵化第 10 天或第 11 天至出雏期间。孵化率仅为 60% ~ 70%，尿囊生长不良、闭合迟缓，蛋白质利用不足，贫血，皮肤水肿、增厚，颈弯曲，躯体短小，轻度短肢，关节明显变形，胫部弯曲。因缺乏维生素 B_2，绒毛无法突破毛鞘，因而呈现蜷曲状集结在一起，表现为典型的发育不全的结节状绒毛。至孵化后期，胚体仅相当于第 12 ~ 13 天胚龄的正常胚体大小，即使出壳，雏鸽亦表现瘫痪或先天性麻痹症状。

⑤ 维生素 B_{12} 缺乏：维生素 B_{12} 缺乏时，胚胎死亡高峰在孵化第 13 ~ 15 天，高达 40% ~ 50%。特征性病变是皮肤弥漫性水肿，肌肉萎缩，心脏扩大及形态异常。剖检死胚可见部分或完全缺少骨骼肌，破坏了四肢的匀称性，并且可见尿囊膜、内脏器官和卵黄出血等症状。

⑥ 维生素 E 缺乏：维生素 E 与硒的功能相同，它们之间具有互相补偿和协同作用，产生的缺乏症也相同。当种鸽缺硒时，不仅产蛋减少，孵化率降低，即使出壳后，也表现为先天性白肌病，不能站立，胰腺坏死，并很快死亡。维生素 E 缺乏可加速胚胎死亡，常在孵化至第 6 天出现死亡高峰。死胚表现胚盘分裂破坏，边缘窦中瘀血，卵黄囊出血，尿囊液混浊，肢体弯曲，皮下结缔组织积聚渗出液，腹腔积水等症状。

（3）矿物元素缺乏引起的胚胎病：主要因缺乏铜、锰、锌等微量元素引起的胚胎病。

① 铜缺乏：缺铜雏鸽较易产生主动脉瘤、主动脉破裂和骨畸形，鸽子缺铜一般无贫血。种鸽给予高度缺铜饲料达 20 周，不仅胚胎发育受阻，呈现贫血，同时在孵化 2 ～ 4 天后，还可见有胚胎出血和单胺氧化酶活性降低，并有早期死亡现象。

② 锰缺乏：种鸽饲料中缺乏锰，不仅蛋壳强度低，容易破碎，使孵化率下降，而且所产蛋中锰的含量明显减少，受精率下降。死胚呈现软骨发育不良，腿、翅缩短，肢体短粗，胚体小，绒毛生长迟滞；喙弯曲，下腭变短，呈"鹦鹉嘴"，球形头，腹部膨大、突出。有 75% 的胚胎呈现水肿。

③ 锌缺乏：种鸽缺锌时，孵化率下降，许多胚胎死亡，或出壳不久即死亡。胚胎脊柱弯曲、缩短，肋骨发育不全。早期胚胎内脊柱显得模糊，四肢骨变短，有时还缺脚趾、缺腿、缺眼。能出壳的雏鸽十分虚弱，不能采食和饮水，呼吸急促和困难，幸存雏鸽羽毛生长不良、易断。

④ 碘缺乏：种鸽用缺碘的日粮饲喂，所产蛋孵化至晚期，胚胎死亡，孵化时间延长，胚胎变小，卵黄囊吸收不良。孵出的雏鸽会出现先天性甲状腺肿。

（4）短肢性营养不良症：种蛋缺乏锰、胆碱或生物素等能引起此种胚胎病。病胚躯体短小，下肢短而弯曲，颈部弯曲，喙短且弯，呈特征性的"鹦鹉嘴"，但骨质良好。胚蛋中的蛋白大部分没有利用，蛋黄浓稠。孵化后期少数胚胎死亡，孵出的雏鸽异常弱小，下肢关节肿大变形，骨粗短，无饲养价值。

2. 传染性胚胎病

胚胎受细菌、病毒、霉菌等病原微生物感染时，都可引起胚胎发育障碍甚至死亡（图 6–39 至图 6–44）。传染性胚胎病根据病原微生物来源分为两类，一类是垂直性传染病（如副伤寒、支原体病、念珠菌病等），本类占传染性胚胎病中大多数，病原微生物来源于种鸽，由种鸽经蛋垂直传播给下一代；另一类是水平传播性疾病，

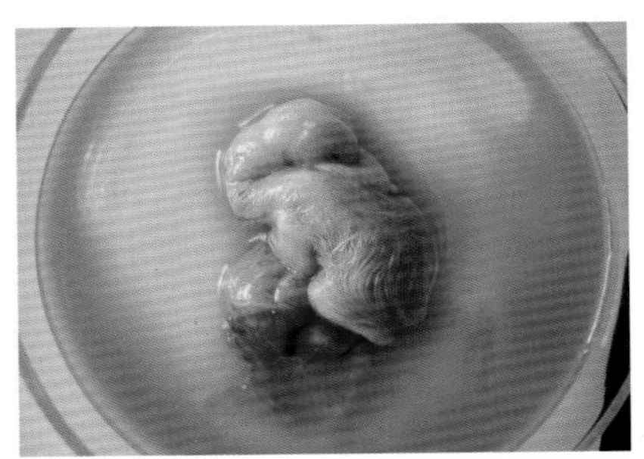

图 6-39　胚胎早期死亡

图 6-40　中期死胚蛋

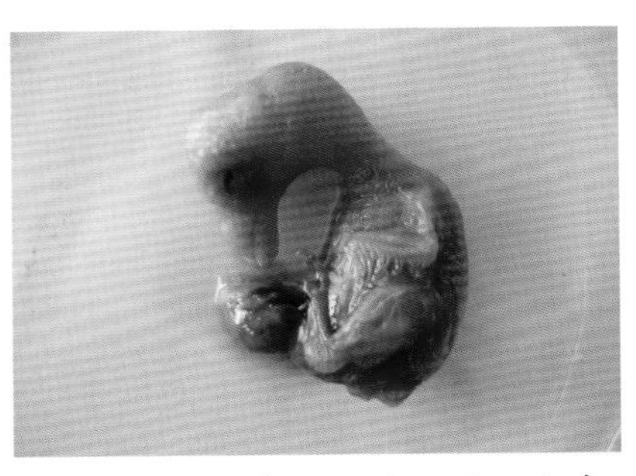

图 6-41　病毒致死的胚胎，全身出血，爪和翅尖出血更明显

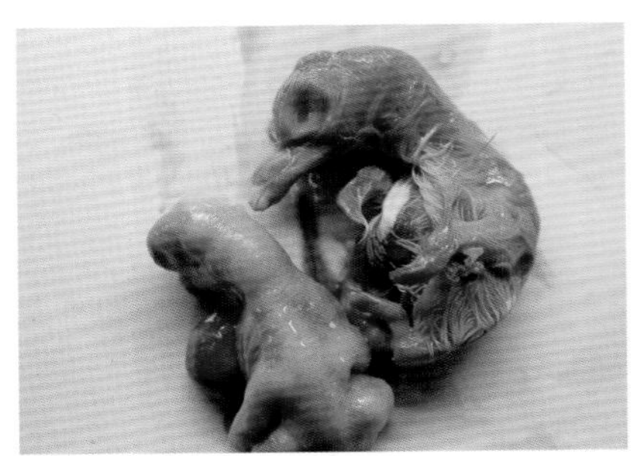

图 6-42　病毒使胚胎早期死亡，胚胎全身、爪和翅尖出血，脑水肿

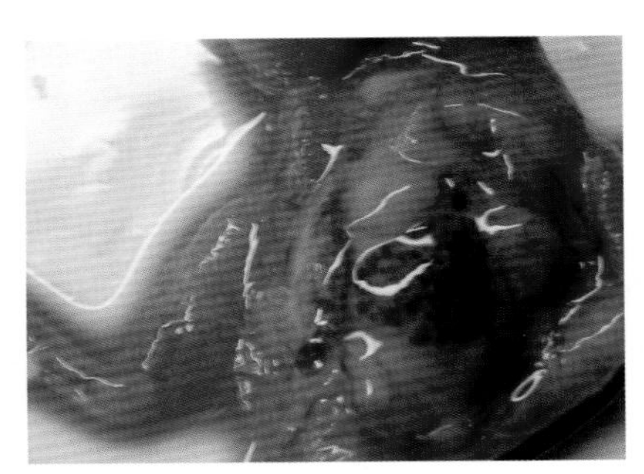

图 6-43　病毒致死的胚胎肝脏有出血、坏死病变

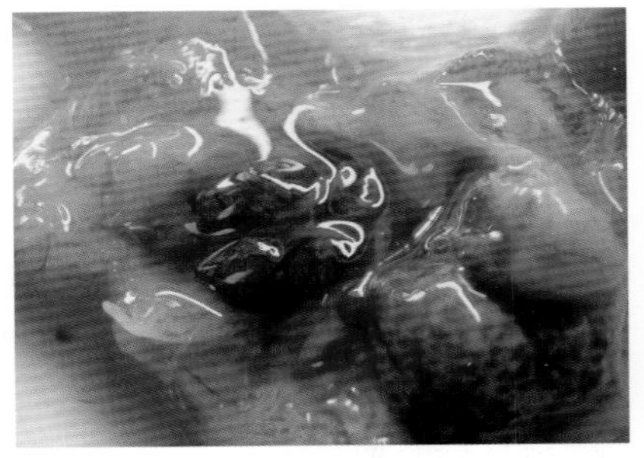

图 6-44　病毒致死的胚胎肾脏肿大、出血病变

病原微生物水平交叉传播，主要是由于孵化器不经常消毒、种蛋不及时捡出或保管不当等原因引起。常见的传染性胚胎病主要有以下几种。

（1）胚胎副伤寒：副伤寒是发生最多的细菌性胚胎病，也是重要的垂直性传播疾病。种蛋通常有 10% ～ 30% 带有沙门菌，其造成的病胚，在孵化中期开始发生死亡，剖检可见卵黄有凝结现象；孵化至 16 天为死亡高峰，剖检死胎可见肝、脾肿大，肝有小灰白色坏死灶，心、肺表面有细小的坏死结节，直肠末端蓄积白色尿酸盐。多数病胚可以出壳，在 10 日龄之内陆续发生沙门菌病（俗称黑肚皮病），并在同群雏鸽中传播扩散。预防本病的根本措施是培育沙门菌阴性种鸽群，在尚未做到这一点之前，对雏鸽要做好药物预防。另外，保持产蛋巢清洁，种蛋产出后要尽早入孵，最好在产出后 1.5 小时之内和入孵前进行 2 次消毒，并定期做好孵化器的消毒工作。

（2）鸽支原体病：种鸽群发生本病时，种蛋带菌率较高，孵出大量带菌雏鸽，使病原广泛扩散。胚胎所受损害一般比较轻，部分胚体水肿，气管、气囊有豆渣样渗出物，肝、脾稍肿大，有的腿关节肿胀，对出雏率有一定影响。预防本病的根本措施是选育支原体阴性的种鸽；暂时做不到时，可对种蛋进行消毒处理，用来降低或消除种蛋内的支原体，种蛋入孵之前在 0.04% ～ 0.1% 红霉素溶液中浸泡 15 ～ 20 分钟。

（3）卵黄囊炎和脐炎：本病是由胚胎期延续到出壳后的鸽的一种常见细菌病。病原菌主要有大肠杆菌、葡萄球菌、沙门菌、化脓性球菌、变形杆菌等。大多是由蛋壳入侵的，大肠杆菌和沙门菌可来源于种鸽。孵化温度不当或高低不匀，种蛋中某些营养成分不足，会促使本病发生。病胚卵黄囊囊膜变厚，血管充血，卵黄呈青绿色或污褐色，吸收不良，脐部发炎肿胀。出雏时死雏及残弱雏较多，其后腹部肿大，皮肤很薄，颜色青紫，脐孔破溃污秽。挑出可以喂养的轻病雏要及时应用抗生素治疗。预防措施主要是防止种蛋蛋壳污染、搞好种蛋及孵化器的消毒，提高孵化技术水平。

（4）曲霉菌病：本病是种蛋在保存和孵化期间被霉菌污染而引起。霉菌可由气孔侵入蛋内，导致胚体水肿、出血，肺、肝、心表面有浅灰色结节。孵化后期，造成一部分胚胎死亡、发臭，种蛋有时会破裂，污染其他种蛋和孵化器而扩大传染。孵化器内湿度过大会增加发病率。本病在鸽胚发生的较少。

3. 孵化条件控制不当性胚胎病

孵化条件的四要素：温度、湿度、翻蛋和通风。在孵化过程中，由于孵化温度调节、湿度控制、气体代谢、种蛋放置方法不正确、翻蛋不及时（图 6–45），均可引起胚胎死亡或发育障碍（图 6–46）。

（1）温度：恒温孵化易于掌握，但会影响后期的出雏效果。目前生产上多采用变温孵化，前期温度一般为 37.9 ～ 38.3℃，出雏时温度 37.2 ～ 37.6℃，孵化室的温度应维持在以上 20℃。温度过高，发生所谓“血圈蛋”，胚膜皱缩，常与脑膜连接在一起，呈现头部畸形；有时造成胚胎异位，内脏外翻，腹腔不能愈合。温度过低，心脏扩张，肠内充满卵黄物质和胎粪，胚胎颈部呈现黏液性水肿；胚胎发育缓慢，出雏推迟。

（2）湿度：湿度过大，黏稠的胚胎液体形成凝固的薄膜，使幼雏不能呼吸而窒息死亡。湿度过小，胚胎生长不良，胚胎与胚膜

图 6–45　人工孵化设备内景

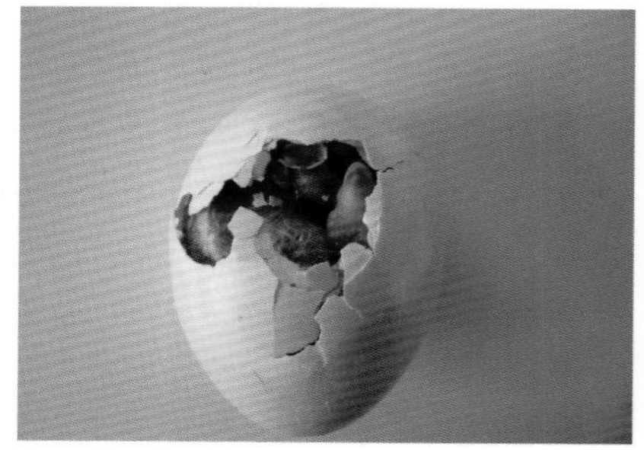

图 6–46　无法出壳的弱雏

粘连，出雏困难，幼稚瘦小，绒毛枯而短。建议前期相对湿度55%为宜，出雏时相对湿度65%。

（3）翻蛋：现在的孵化器一般都自动定时翻蛋（一般每2小时翻蛋1次，每次翻蛋倾斜90°），以防止胚胎粘壳。若不及时翻蛋，蛋黄很容易因上浮与蛋壳粘连，造成胚胎发育不良或死胎；当蛋的倾斜角度不够，也会出现蛋黄与蛋壳粘连，引起胚胎死亡。

（4）通气：良好的通风可保证孵化器空气新鲜，氧气充足。孵化前期需氧量较低，应逐渐增加通风量；在出雏时，胚胎需氧量要比入孵时高10倍，通风不良会造成胚胎窒息，所以孵化到中后期，更要保证良好的通风。

4. 中毒性胚胎病

一般急性中毒直接使鸽子死亡，而长期的慢性中毒比较隐蔽，会对胎胚产生毒害作用，可造成基因突变和致畸作用，并产生免疫抑制作用，甚至于引起胚胎死亡。

（1）霉菌毒素：有些真菌毒素（如黄曲霉毒素B_1、棕曲霉素A、柠檬色霉素等）可产生致畸作用，出现部分胚胎死亡，部分胚胎畸变，如四肢和颈部短缩、扭曲，小眼畸形，颅骨覆盖不全，内脏外露，体型缩小，喙错位等。

（2）农药：敌百虫等农药残留可引起蛋壳变薄，使蛋易破碎，也影响蛋的孵化率及雏鸽的发育。即使在日粮中供给足量的钙、磷，也无法改变蛋壳变薄这个现象。

（3）药物：主要是用药不当或不合理。使用毒性较强的药物，如乙胺嘧啶、苯丙胺等，对胚胎有致畸作用；大剂量或长期使用药物，如长期使用抗病毒化学药物，对胚胎也有影响。

5. 遗传性胚胎病

由于某些遗传性缺陷或蛋贮存时间过长，会造成胚胎畸形或死亡。本病亦占有一定比例，特别是在集约化生产中，畸形与缺陷的数量有所增加。本病多见于孵化的 16 ～ 17 天，表现喙变短、上下喙不能咬合、眼球增大、脑疝、四肢变短、翅萎缩、跖骨加长、缺少羽毛、神经麻痹等畸形特征。在孵化后期及出壳后早期，死亡率会增加。

6. 胚胎病的预防方法

由于对胚胎病的病因学诊断尚缺乏系统研究，仅凭病理学特征很难实现对症治疗，并且对胚胎病的治疗措施不多，重点在种鸽和孵化两个环节上做好预防工作。

（1）做好种鸽的防疫工作，保证种蛋合格。不要使用患传染病种鸽所产的种蛋孵化。对经蛋垂直传播的传染病，应加强检疫，淘汰阳性鸽，建立阴性种鸽群。种蛋入孵前要贮存好，保存时间越短，孵化率越高。春、秋季保存时间不宜超过 5 ～ 7 天，夏季保存时间不宜超过 3 ～ 5 天，冬季不宜超过 10 天。

（2）提高种鸽的营养水平，确保种蛋的质量，是防止胚胎病发生的极为重要的环节。主要是加强种鸽的饲养管理，保证种鸽饲料品质（一定要保证饲料新鲜、全价）。因为种鸽营养缺乏或摄入食源性有毒物质，均可引起胚胎发育障碍。

（3）做好孵化室、孵化器及所有孵化用具的消毒。种蛋入孵前要严格消毒，常用的消毒方法有：甲醛熏蒸消毒（每立方福尔马林 14 毫升＋ 7 克高锰酸钾），百毒杀溶液（1∶600 稀释）、新洁尔灭溶液（1∶1 000 稀释）喷雾种蛋表面，用百毒杀溶液、新洁尔灭溶液、高锰酸钾溶液（1∶1 000 稀释）浸泡种蛋 1 ～ 2 分钟。

（4）严格执行孵化制度，按胚施温、施湿。掌握好翻蛋、通气技术，使蛋内受温均匀，获得充足的新鲜空气，促进胚胎健康发育。

附：鸽胚胎发育图

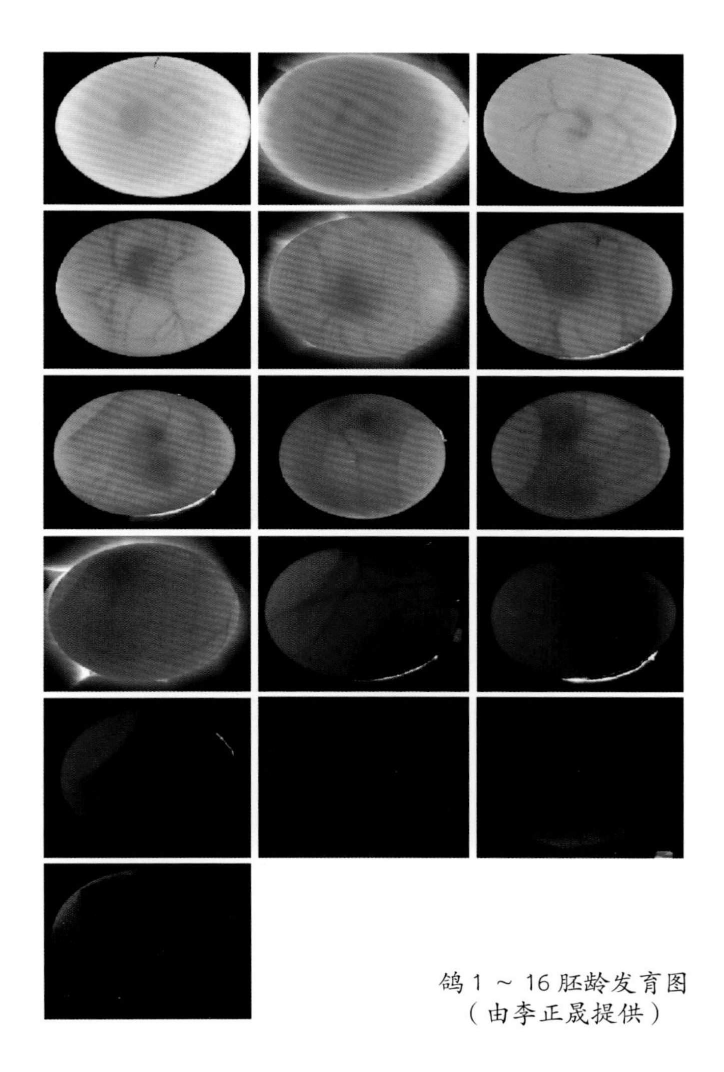

鸽 1 ～ 16 胚龄发育图
（由李正晟提供）

主要参考文献

[1] Y. M. Saif 主编，苏敬良，高福，索勋主译 . 禽病学（第 11 版）[M]. 北京：中国农业出版社，2005.
[2] 王志亮，刘华雷主编 . 新城疫 [M]. 北京 : 中国农业出版社，2012.
[3] 赵宝华，朱飞燕主编 . 鸽病防控百问百答 . 北京：中国农业出版社，2012.
[4] 卜柱，赵宝华主编 . 看图高效养鸽关键技术 . 北京：金盾出版社，2012.
[5] 赵宝华，邢华主编 . 鸽病防治 [M]. 上海：上海科学技术出版社，2011.
[6] 卜柱，戴有理主编 . 肉鸽高效益生产综合配套新技术 [M]. 北京：中国农业出版社，2010.
[7] 戴鼎震主编 . 肉鸽生产大全 [M]. 南京：江苏科学技术出版社，2002.
[8] 顾澄海编著 . 养鸽新法（第 2 版）[M]. 上海：上海科学技术出版社，2010.
[9] 杨连楷编著 . 鸽病防治技术（修订版）[M]. 北京：金盾出版社，2007.
[10] 张振兴主编 . 特禽饲养与疾病防治（第 2 版） [M] . 北京：中国农业出版社，2014.
[11] 甘孟侯主编 . 中国禽病学 [M]. 北京：中国农业出版社，1999.
[12] 焦库华主编 . 禽病的临床诊断与防治 [M]. 北京：化学工业出版社，2003.
[13] 陈溥言主编 . 兽医传染病学（第 5 版）[M]. 北京：中国农业出版社，2008.
[14] 辛朝安主编 . 禽病学（第 2 版）[M]. 北京：中国农业出版社，2008.
[15] 邹剑敏，卜柱主编 . 高效生态养鸽新技术 [M]. 北京：中国农业出版社，2015.
[16] 王增年，安宁编著 . 无公害肉鸽标准化生产 [M]. 北京: 中国农业出版社，2006.
[17] 赵宝华 . 我国肉鸽疾病的发生现状 [J]. 中国家禽，2010，32（23）：64 ～ 67.
[18] 赵宝华，窦新红，卜柱，等 . 我国鸽新城疫流行特点及防控对策 [J]. 中

国家禽，2013，35（8）：488 ~ 489.
[19] 陈鹏举，赵东明，张翰等．鸽 I 型副黏病毒的分离与鉴定 [J]. 畜牧与兽医，2002，34（10）：27 ~ 28.
[20] 邹永新，余双祥，刘思伽，等．广东地区鸽禽 I 型副黏病毒分离株生物学特性研究 [J]. 中国家禽，2008，30（16）：42 ~ 43.
[21] 李梅，张菊仙，魏杰文．云南省鸽新城疫病毒的分离鉴定 [J]. 中国预防兽医学报，2001，23（3）：290 ~ 192.
[22] 赵宝华，傅元华，范建华，等．鸽新城疫油乳剂灭活疫苗的研制 [J]. 江苏农业学报，2010，26（6）：1293 ~ 1297.
[23] 赵宝华，窦新红，吴荣富，等．正确认识禽流感 [J]. 中国禽业导刊，2013，30（8）：15 ~ 17.
[24] 胡清海，黄建芳，等．鸽腺病毒感染 [J]. 中国家禽，1999，21（3）：41 ~ 42.
[25] 余晓彬，邵冬冬，戴鼎震，等．鸽痘病毒的分离与鉴定 [J]. 中国家禽，2009，31（7）：45 ~ 46.
[26] 赵宝华，卜 柱，徐 步，等．肉鸽大肠杆菌的分离与鉴定 [J]. 经济动物学报，2010，14（4）：225 ~ 227，231.
[27] 赵宝华，窦新红，刘敏．死胚鸽蛋中绿脓杆菌的分离鉴定与药敏试验 [J]. 经济动物学报，2015，19（1）：31 ~ 33.
[28] 罗锋，陈泽华，苏遂琴，等．鸽毛滴虫病的研究进展 [J]. 中国兽医寄生虫病，2007，15（3）：51 ~ 54.
[29] 赵宝华，程旭，卜柱，等．肉鸽霉菌病的病原鉴定及病理组织学研究 [J]. 经济动物学报，2010，14（3）：161 ~ 163，167.
[30] 路光．安徽省部分地区家鸽球虫种类调查 [J]. 中国兽医寄生虫病，1995，3（3）：38 ~ 39.
[31] 丁文卫，赵宝华．乳鸽球虫病的诊断和防治 [J]. 经济动物学报，2015，19（4）：227 ~ 228.
[32] 张安．赵宝华．影响鸽蛋人工孵化率的十大关键因素 [J]. 中国禽业导刊，2015，32（15）：66 ~ 67.
[33] 赵宝华，张安，王宗洲．鸽蛋人工孵化率低的影响因素分析 [J]. 中国家

禽，2015，37（15）：63 ~ 64.

[34] Alexander D J，Parsons G. Avian paramyxovirus type 1 infections of racing pigeons：2 pathogenicity experiments in pigeons and chickens [J]. The Veterinary Record，1984，114（19）: 466 ~ 469.

[35] Dovc A. Zorman–Rojs O. Vergles Rataj A Health status of free–living pigeons（Columba livia domestica）in the city of Ljubljana 2004（2）: 501 ~ 520.

[36] Allagi–Pordany A，Wehmann E，Herczeg J et al. Identification and grouping of Newcastle disease virus strains by restriction site analysis of a region from the F gene [J]. Arch Virol，1996，141（2）: 243 ~ 261.

[37] Skurnik D, Menach A L, Zurakowski D, et al. Integron–associated antibiotic resistance and phylogenetic grouping of escherichia coli isolates from healthy subjects free of recent antibiotic exposure. J Antimicrob Chemother, 2005, 49: 3062 ~ 3065.